天下文化

BELIEVE IN READING

彩圖1　BZ反應當中的模式。

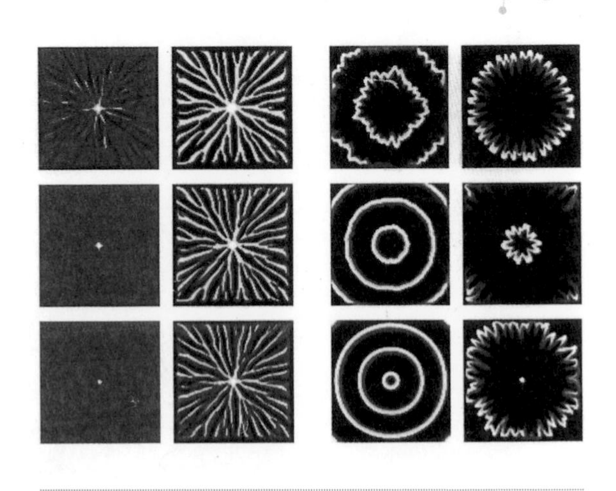

彩圖2　呈螺旋型的黏菌聚集數學模型。

彩圖3　呈同心圓的黏菌聚集模型。

彩圖4　向日葵的螺線模式。

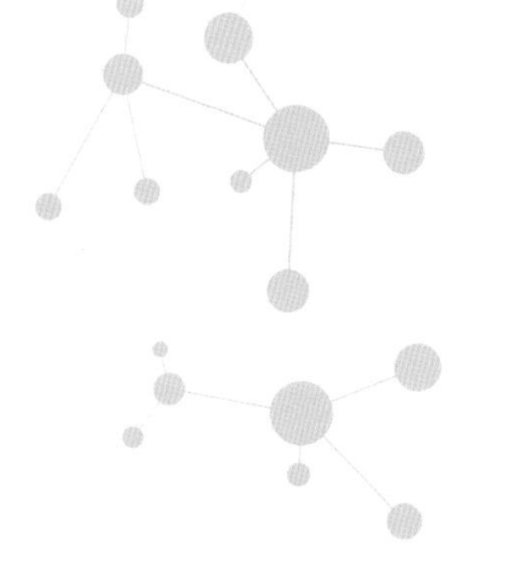

彩圖5　電腦產生的野生胡蘿蔔圖像。

彩圖6　電腦產生的薄荷圖像。

彩圖7　左邊為真正的柳絲渦螺（*Amoria ellioti*）貝殼，右邊為電腦模擬。

彩圖8　電腦產生的渦螺圖像。

彩圖9 在自然棲息地的傘藻（*Acetabularia acetabulum*，一般稱為「美人魚帽」）聚落。

彩圖10　藍紋神仙魚（*Pomacanthus semicirculatus*）。

彩圖11　與群眾流動模型有關的蘭花碎形。

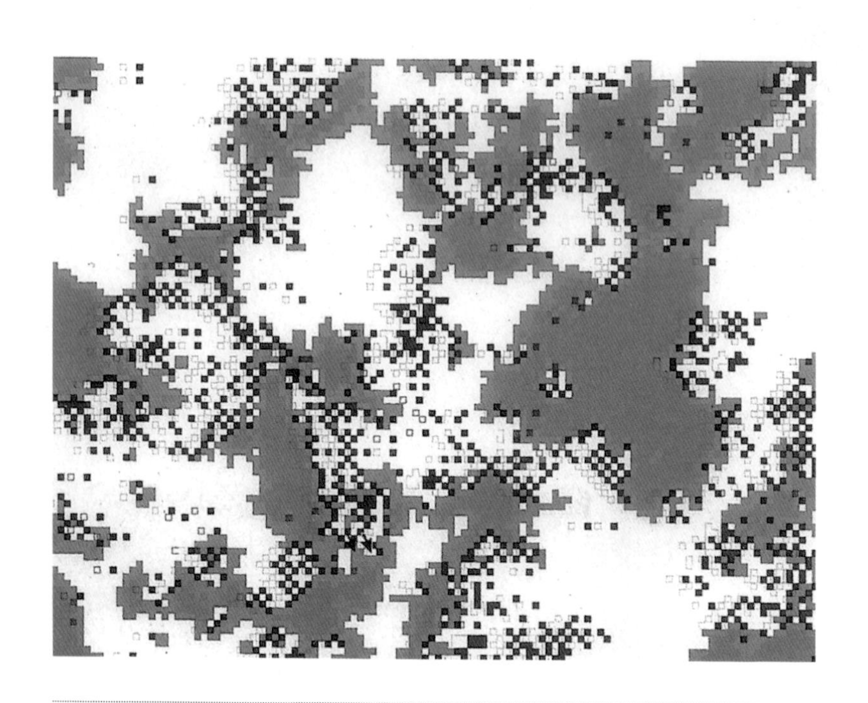

彩圖 12　波斯灣部分生態系的格狀自動機模型。圖中的綠色部分相當於大褐藻，紫色為海膽，紅色為龍蝦，藍色是至少四天沒進食的龍蝦，而白色則為裸露的岩石。

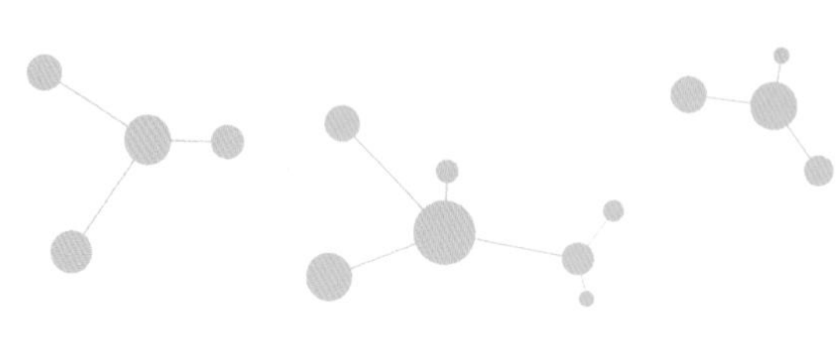

生物世界的數學遊戲

Life's Other Secret: The New Mathematics of the Living World

史都華 著 By Ian Stewart

蔡信行 譯

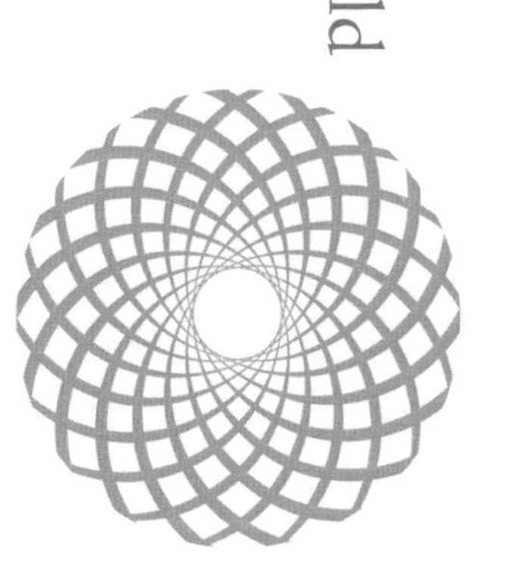

目錄

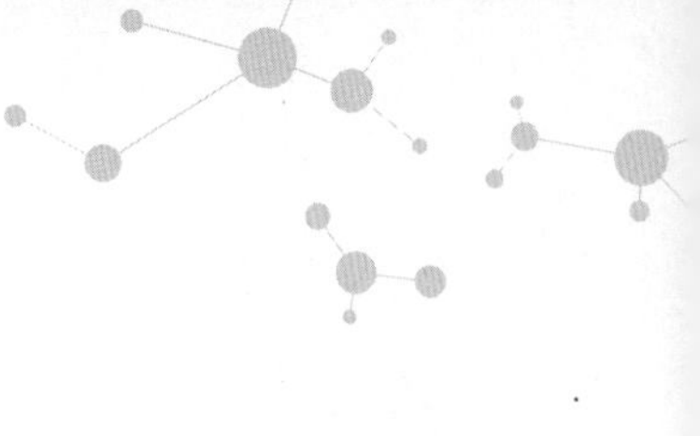

序

二十一世紀的新科學——生物數學

史都華

何謂生命？生命從哪裡來？為什麼生物世界與無機世界如此不同？生命究竟有多特別？

這些問題，自從科學初萌之時，就一直困擾著人類——說實在的，早在科學誕生之前，這些問題就存在著，數千年來不斷激起辯論，而爭論的主題，就是生物體的特殊本質。生物（有機體）是多樣的、柔韌的、無法預測的；生物可以自己做抉擇，對環境做出反應，而最重要的是——可以繁殖。有機世界看起來與無機世界全然不同：生物學與物理學好像有天壤之別。

或者一向就像這樣。

哲學家和科學家一直在爭論，我們是否可能像瞭解天氣變化或行星的運動一樣去瞭解生命。過去一直有人認為，生命體是由某種特殊的物質構成，這種物質基本上不同於形成空氣、海洋、山丘或陸地的組成物質。但另一方面也有人認為，生命可能只是一種特殊結構，由普通的無機物質所組成。

生命的起源向來也是熱烈爭辯的話題，有些人認為生命真是太特殊了，所以只能由超自然的東西來支配；另外一些人抱持的想法則是，在足夠充裕的環境下，而且假設時間也足夠，那麼平凡的東西必定會以更為複雜的方法自我組合，使生命自動浮現。這幾種觀點都是極端，還有許許多多不同的想法介於中間。

一直要到二十世紀中葉，我們對於生命是否含有無機的組成，才開始有清楚的認知。

DNA，是生命的第一個奧祕，它的分子結構的發現，解開了這個特殊的謎。生命是一種化學形態——但這種化學不像試管中所看到的，而是很複雜、能夠讓工業城鎮看起來像恬靜村莊的化學。地球上每個生命體內，都包含著複雜的分子密碼（我們連一個也不知道），這套密碼宛如一部「生命之書」，指定了生命體的形態、生長、發育及行為。我們的命運寫在基因上。

當然，這個發現是歷來最重要的，無疑改變了我們對生物世界的看法，打開了解答生命許多奧祕的全新思路——但不是全部。

還有一些祕密藏在遺傳密碼的更深處。基因對地球上的生命是至關重要的，扮演著形態及行為的決定者，但是這樣的角色可能被過度渲染，特別是在媒體上。基因並不像工程用的藍圖，反而比較像食譜上的烹飪手法；它會告訴我們要用哪些材料、用多少量、次序如何，但是並不提供獲得最後結果的完整正確方式。

每位廚師都知道，食譜與煮成餐食是不一樣的：在烹調與餐桌之間，還有爐子、烤架、鍋碗瓢盆、調味等複雜的因素。揉麵糰、烘焙麵包的方法，上一週用起來極為順手，但這星期卻可能把麵包做得像煎餅一樣扁平。光研究烹調的方法或爐子，或甚至兩者，是找不出失敗原因的；你還必須考慮到控制著水、小蘇打、熱空氣及生麵糰的物理與化學定律——還有其他數也數不清的因素。

不過，在嘗試瞭解生命的同時，我們發現單單只看它的DNA密碼序列（生命的食譜），就這麼引人入勝。DNA簡潔而井然有序；生命體卻是凌亂的。DNA可以用一串符號來掌握；而物理學的定律，甚至需要複雜的數學來敘述。

再者，我們對遺傳學的瞭解有驚人的成長，開啟了無數成功的研究路徑，這將使我們花上數十年，去追蹤那些最為明顯的線索，而較為難以捉摸的則暫且放在一邊。

結果，我們差點就忽視了眼前的重要事實：生命不只是基因而已。

形態之謎

生命在充滿內涵的物理宇宙中運作，受到宇宙中的定律、模式、形態、結構、程序及系統的規範。而基因，在物理定律的規範下作用，如果單獨靠物理或化學作用就能完成艱巨的工作，那麼基因就能放心地順其自然。基因把物理宇宙輕推向特定方向，去選擇其中一種化學物質、模式及過程，而不是另外一種；但控制著生長中的生物體、告訴生物如何應對遺傳指令的，卻是物理及化學作用裡的數學定律。

數學如何控制生物體的生長，是生命的另外一個奧祕（或第二個奧祕，如果你願意這麼稱呼的話）。沒有了數學的規範，我們絕對解不開生命世界的不可思議；由於生命是基因與數學合作的結果，因此我們必須同時兼顧這兩者。有了這層認知，就像拿著一根閃閃發亮的線，穿過生命科學的歷史——不過，持有這種想法的，只是那些被視為是特立獨行的人，而不是主流科學家。這些特立獨行的人，採用大多數物理科學家及數學家對生物學的看法，而不是生物學家的看法，所以他們探討生物學的方法也十分不同。這種差異，正是由那些特立獨行的人來探索生命更深層面的主要原因。

其中一位偉大的特立獨行者，就是有數學背景的動物學家湯普生（D'Arcy Wentworth Thompson, 1860-1948）。湯普生出生於蘇格蘭的愛丁堡，大半輩子都待在蘇格蘭，起先是在丹地（Dundee）的一所大學擔任生物學教授，後來則到聖安竹斯（St. Andrews）大學擔任自然史資深教授。他在一九三七年冊封為爵士，十一年後，也就是他的名作《論生長與形態》（*On Growth and Form*）第二版發行六年後去世。

在這部堪稱先驅的大作中，湯普生指出，物理科學的成功在於瞭解自然界的模式（pattern），他並對生物科學主張類似的進路。湯普生的中心論點是，生物世界中存在著牢不可破的數學模式：貝殼的螺旋形狀、植物不可思議的數目規則、斑馬黑白相間的條紋、水母的流體形態。他不僅為這些模式做歸類，還試著找出其中的物理原理。

湯普生的論述現在看起來（當然是表面上）有點過時而滑稽，這一點也不奇怪。自從這位不隨俗的動物學家，首次發表他的想法至今這八十年來，生物學已全然改觀，它的重心也轉移了——由整個生物體，轉移到生物世界的微小要項：細胞、細胞膜，以及分子。對當代的生物學家來說，湯普生的論點有點天真而過時，所以很容易忽略他的中心論點，這論點就是：生命的許多面貌是根基於物理定律，因此我們可以借助數學來「搜尋模式的科學」，進而瞭解生命。

不過，在這老套的物理學及生物學背後，卻存在著深奧的真理。DNA的發現，並沒有解答湯普生所謂的「形態之謎」，它只是改變了那些必須解答的謎題的背景——但是還沒有提出答案。此外，除非科學家對於生命的數學基礎，也能夠像他們在分子遺傳學所獲得的長足進展一樣，有同等的瞭解，否則永遠找不出答案。在這方面，湯普生的基本觀點現在看來再新穎、有用不過了。

DNA並不是生命的唯一奧祕——克里克（Francis Crick, 1916-2004）在四十多年前，曾激動而有點操之過急的，對英國劍橋某間酒館裡的常客這樣說過。DNA是個極其重要的奧祕，但不是唯一的；數學家可能會說成：DNA是必要的，但不是充分的。雖然克里克和華生（James D. Watson, 1928-）把DNA推為中心舞台的明星，但是湯普生卻把他的眼光放到更深處的奧祕，也就是在幕後操控的自然基本定律，隱身後台的另一種生命之謎。

如果想尋找這第二個奧祕，首先我們一定要認清，從湯普生的時代以來，生物學不是唯一產生劇烈改變的科學，物理學和數學也經歷過全然的改變，變得更有用、更普遍、更有彈性、更貼近錯綜複雜的生命。

這些進展提供了全新的機會，來結合生物學與數學世界的觀點，而現今對於這種結合，正好有迫切的需要。

科學新融合

我預測（而且不是只有我一人），二十一世紀最令人興奮、最有進展的科學領域之一，必將是生物數學（biomathematics），在新的世紀，我們將可見到數學概念及類型的爆增，這些會因為人類需要瞭解生命世界的模式而存在。這些新的觀念，將以全新的方式，與生物學及物理科學相互為用。如果成功的話，這些觀念將可讓我們對那奇特的現象，也就是我們稱之為「生命」的現象，有更深一層的瞭解：我們將看到，生命裡值得驚嘆的本能，是從天地萬物的豐富潛在內涵及宇宙的優美數學運作當中，不可避免地浮現出來。

這種科學新融合的第一個跡象已經可以看到。如今，數學（新的、充滿活力與創造力的數學）可讓我們瞭解生命的每一層級，從DNA到雨林，從病毒到鳥群，從第一個能自體複製的分子的起源，到莊嚴而持續不停的演化之路。

坦白說，我們目前對生物學的數學瞭解，是片段的、零碎的、容易引起爭論的——就跟任何一門新的科學一樣。儘管結果可能不完整或不是很正確，但這些片段已經引起極大的關注，特別是對那些會想像未來何去何從的人。這也是我希望能說服各位的。

～感　謝～

在此我要特別對許多人及機構，致上我的謝意。

我要感謝英國沃里克大學（University of Warwick），給我一年的教學休假，使我得以花大部分時間前往美國、澳洲及紐西蘭。我也要感謝我的朋友和同事格魯畢斯基（Marty Golubitsky）以及休士頓大學數學系的殷勤招待，提供住處與車子給我。約翰和薇薇安．卡司迪（John and Vivian Casti）非常熱心，讓我和內人艾薇兒（Avril）使用他們在新墨西哥州聖塔菲的別墅，聖塔菲研究院（Santa Fe

Institute）在沒有空間的情形下，設法騰出空間給我使用。

負責這本書的編輯魯絲（Emily Loose），以無比的耐心提供我很有價值的協助，從找圖片、放寬截稿期限，到指出本書應有的方向，堅決要求我應以哪種方式敘述這些故事。感謝米強丹尼（Ravi Mirchandani）對我最初的想法提出鼓勵，並協助我把想法發展成可讀的內容。

最後要感謝寇恩（Jack Cohen）教我生物學，特別是那些你在教科書上學不到的東西。寇恩還為我讀完初稿（利用聖誕節假期），改掉不少不恰當以及容易混淆的部分，對我簡化的敘述，提出很多例外情形的解釋。不過，有些我還是保留簡化的形式，這不能怪他：他教了我一件事，在真實的生物學裡，你所說的任何事幾乎都有例外；為了保持一個讀者可理解的故事情節，你可以說出真相——但並非總是所有的真相。

寫於
英國的科芬特里；蘇格蘭的愛丁堡；美國德州的休士頓；
明尼蘇達州的明尼亞波利；新墨西哥州的聖塔菲；新加坡；
夏威夷的卡納帕里；以及澳洲與紐西蘭的許多城鎮
一九九六年十月至一九九七年四月

大海的波濤、水岸邊激起的小小漣漪、海岬間寬闊的沙灣弧線、山丘的輪廓、雲朵的形狀，一切是那麼多采多姿，充滿了那麼多的形態疑問啟人深思，所有的這些，物理學家或多或少都可以適當解讀。不過，這些並非有生命的物體。細胞與組織，貝殼與骨骼，葉子與花朵，都只是萬眾群體的一部分，其中的粒子運動、形成與運作都依循著許多物理定律。

——湯普生（D'Arcy Thompson），《論生長與形態》，1917

我們想提出一種去氧核糖核酸（DNA）的結構。這種結構有許多會使生物界相當感興趣的嶄新特徵。

——克里克（F. Crick）與華生（J. Watson），《自然》（*Nature*）雜誌，1953

第1章

生命方程式

基因並不是生命的唯一關鍵；
基因只是其中一個很重要的關鍵，
在基因背後還有更深奧的東西，那就是
與遺傳密碼相連接的數學法則。

對於尋求物理學或數學的幫助，動物學家或形態學家總是遲遲不肯行動，而生理學家長久以來就一直熱切期盼；造成此種差異的緣由深不可解……即使現在，動物學家甚至連用數學語言來定義最簡單的形態，幾乎是想都不敢想。

——湯普生，《論生長與形態》

從許多方面來看，我們是居住在很普通的星球上。當天文學家把望遠鏡伸向更遠、更深的宇宙時，我們的地球和太陽彷彿不再有什麼特別之處；甚至連組成地球的物質，地球的年齡，繞日軌道，太陽的大小、形狀、顏色和溫度，或地球及太陽在銀河系裡的位置，彷彿也都不再有什麼特別之處。但在某方面，地球是極為特別的。地球之所以特別，是因為我們居住在上面——這並不是說，我們也可能居住在其他的行星上，而是指我們的家鄉，地球，剛好是適合我們這樣的生物（生命體）居住的行星。

如果地球是我們知道的唯一行星，我們可能會認為，生命在宇宙中一定是很尋常的，因為在我們自己的行星上，幾乎到處都找得到生命。的確，我們很難找不到生命，就連在最不適合居住的沙漠裡、在死亡谷（Death Valley）的荒野、最深的海底，及充滿硫磺的火山口，都可以發現生命。就在最近幾年，科學家在地底下數千公尺深的地方，發現了原始的生命形態（是細菌）。這些細菌好像在地底待了數十億年之久，生存、繁殖、死亡，它們甚至很可能就是出現在地球上的第一種生命形態。因此，生命也許起源於海洋深處，起源於海底火山口四周的超高溫水域。

儘管前面所舉的幾個區域，與我們所認為的宜人環境不同，這些區域卻似乎是生命起源的理想地點。除此之外，在地表較為舒適的部分，到處都看得到眾多不同的生命形態：植物、昆蟲、毛蟲、壁蝨、蜘蛛、鳥、魚、哺乳動物……數也數不清。

不過，當我們使用望遠鏡觀看其他行星時，很少看到生命跡象存在，不管是現在還是過去。太陽系的其餘八個行星，以及繞行鄰近恆星的至少十個（我們已知的個數）行星，有的比地球大，有的比地球小，有的溫度較高，有的較低，然而就我們所知，其中沒有哪一個可以維持生命（可能有一個例外，那就是我們的鄰居——火星）[1]。水星及金星的溫度太高，根本無法使像我們這樣的生命生存，而木星及其餘地外行星又太冷了，環繞其他恆星的已知行星，看起來更不適合生命居住。

瞭解了地球的確有點特別之後，接下來的嚴肅問題就是：生命的本質。但是地球究竟哪裡特別？生命可不可能在別的地方誕生？生命是什麼？這些問題在人類歷史上，曾用很多方式回答過。

生命曾被視為從塵埃和水自生而來；也有證據顯示，生命來自一些奇特的外來物質；或者是來自上帝的輕吹一口氣。今天，很多人認為生命是一個龐大分子計算機程式的執行結果，以基因的語言寫成。我將試著讓各位相信，基因雖然奇特，但並不是生命問題的全部答案。更根本的是，我也打算使你相信，想全盤瞭解生命就得依靠數學。小至分子，大至整個生態系（ecosystem），我們在生命的無數層面都發現了數學模式。現在正是把數學和生物學結合在一起的時候。

大自然已經做到這一點。有生命體居住的行星，與無生命居住的行星極為不同，其間的差異超出我們想像，而這些差異，往往是來自數學過程與生物學過程的總合。

圖一　水星上的卡洛里斯盆地（Caloris Basin），表面滿是坑洞。

在許多方面，生命已經在地球上印下無法磨滅的記號。水星表面的無生命世界，與亞馬遜盆地的雨林，兩者簡直是天壤之別。如果你走在水星表面，你所觀測到的主要特徵可能會是岩塊、坑洞及山丘（圖一）。在水星極區一些坑洞的內部深處，你可能會發現極微量的水。水星表面真的是無生命的；這不只意味著「沒有生命」，也暗示著那裡不會發生什麼有趣的事。

相反的，在亞馬遜雨林中，引人興趣的事總是在發生。昆蟲在花間飛來飛去；螞蟻將樹葉咬成碎片，然後護送回窩中，利用樹葉

圖二　由電腦產生的影像，描繪出海床上的火山口窪地。

碎片築窩或當做食物。為了吸取陽光，樹叢費力地爬到森林頂端；攀緣植物則盤繞著樹幹，慢慢將這些樹勒死。寶石般的小青蛙在離地三十公尺的樹叉雨坑中游泳。全身長滿了毛的動物在林間漫步，尋找昆蟲、毛蟲或種子；蛇在腐爛長黴的樹葉間滑行，準備埋伏襲擊。

蛇所做的事比岩塊所做的有趣多了，但這些僅是行星地表上的差異；有生命的行星與無生命的行星，裡面的差別更大，這一點也不言過其實。在地球海平面下十公里的海床上，死亡的生物軀體幾十億年來慢慢累積成厚厚的沉澱和黏泥層，這種沉積層有一些已經變成岩石，然後因為火山活動的巨大爆發被抬起，形成比海平面高出許多的山脈（見圖二）。今天，我們往往可以在高山頂上的岩石中，發現變成化石的貝殼，這樣的證據足以顯示，形成那些山峰的物質以前曾經在海底。

生命塑造世界

地球是生氣蓬勃的；而生命，既是這種蓬勃生氣的產物，也是導因。從太空中看地球，我們會發現這顆行星的與眾不同，主要是顏色：大片的藍色，灑上圖樣變化萬千的白色雲朵，外加顯然沒有變化的褐色塗料——陸地。不過，如果你能觀察地球十億年，並把觀測結果濃縮成簡短的縮時影片，你會發現我們的地質學家這幾十年來才知道的事：那些褐色塊狀有在移動。這種移動稱為「大陸漂移」（continental drift）。

地球表面由相當薄的固態岩石板塊所組成，這些板塊浮在熔融的地函之上。板塊一直在微動著，有些會移開，使新的物質在板塊間湧上來而固化，有些則會滑到其他板塊的下面，把其他板塊的邊緣拱起，形成山脈。如果精通岩石運動的物理原理，你可能就會對這些板塊移動的「快速」感到困惑不解。板塊的移動若以人類的時間來說，可能慢得無法忍受，但以一個行星的時間而言，大陸漂移的速率，比起你對正常的無機地質過程所預期的還要快。原因好像在於，地球板塊的移動受到了生物有機物質的潤滑，就像用油來潤滑不易活動的門板樞紐一樣。

生命也在其他方面影響了地球的發展。大氣中大部分的氧，可能是由最早的細菌和其後代所產生的，當時細菌是地球上最高的生命形態。（我在這裡用「可能」這兩個字，是因為有另一個較不被廣泛接受的學說認為，氧的產生也許與岩石的無機化學過程有關。）所以在地球上，生命不只是有機的裝飾；應該說，生命塑造了我們的世界。其他我們所知道的行星，沒有一個是像這樣的。

其實，宇宙的大部分，是空無一物的空間，是無生命的真空。其餘大部分就是恆星的內部，裡面的高溫和巨大壓力，足以使原子破成碎片。即使在天狼星（Dog Star）上，也不可能有狗生存，當然可以想見，地球是宇宙間唯一能庇護生命的地方。

然而，宇宙是那麼的大，而我們對宇宙的所知卻那麼的少。很有可能在宇宙的某個遙遠地方，存在著某些有組織的物質系統，而且此種系統也配稱得上是

「生命」。不過，我們現在並不清楚，這些有組織的系統是否一定要類似地球生命，或是可以有相當的差異。

生命到底是什麼？是一樣東西還是過程？是如何開始的？有沒有規則來規範生命的存在、形態、模式及行為？如果有，又是什麼樣的規則？

一九五三年之前，生物學家列出了幾個簡單的特質來定義生命，這些特質描述了生物體的大部分特性（可能不是全部），其中包括對環境的反應能力，以及繁殖能力。不過，在一九五三年以後，生物學家選擇的答案就變得比較特定。現在生命被視為一種包含某些特殊化學物質的屬性，這些化學物質就是神奇的DNA分子，或是與DNA相近的RNA（ribonucleic acid，也就是核糖核酸）——後者是少數情形。

DNA，也就是去氧核糖核酸（deoxyribonucleic acid），像一條纏繞的巨大長繩，繩子的兩股像旋花蔓般盤繞著。沿著這兩股，串接了四種特殊的分子，這些分子的作用有如字母表裡的字母，各代表生物體的遺傳密碼。RNA也相類似。

一九五三年有何重要的意義？就是在這一年，克里克與華生根據富蘭克林及韋爾金斯[2]的實驗結果，發現了DNA的分子結構——著名的雙螺旋（圖三）。

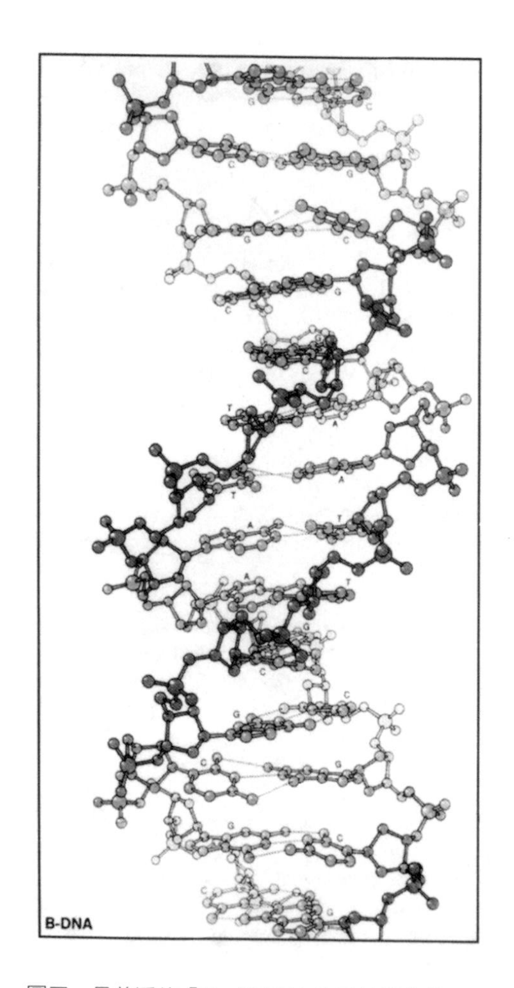

圖三　最普遍的「B」型DNA分子結構的模型。

接下來的幾年，世人開始明白，DNA可以儲存生物體的發展訊息，也漸漸知道DNA可以複製（在其他複雜分子的協助下）。此外我們還知道，在我們居住的世界上，所有生物體都靠著DNA及RNA的性質而生存著。

火星上有沒有生命？

發現DNA為地球上生命的主要角色，是二十世紀（也可能是任何一世紀）最重要的科學發展之一。不過還是有不好的一面：這個發現太強調生命的化學性質，以及DNA內包含的密碼，而把其他更深一層的重要問題擺在一邊。

其中最重大的問題可能是：生命與無機的物質及過程，有無基本上的不同？或者說，生命是否只是一種完全正常的無機過程的特例，不斷聚集推動力，好似一列失控的火車，直到這些過程的結果主宰了這顆行星的歷史為止？我們太容易被生命過程的驚人結果所打動，因而會去想像，過程本身一定也和結果同樣令人讚嘆。

那麼，無機世界與有機世界的真正差別在哪裡？這個問題正是目前科學家爭論火星上有無生命的重點。一九九六年，美國航空暨太空總署（NASA）的一組科學家宣稱，他們在一塊來自火星表面的隕石上發現生命的跡象；這塊從火星表面被彗星撞擊所產生的隕石，直朝地球飛來，最後墜落在冰凍的南極荒地。

陷在那塊古老隕石中的，是與生命有關的分子，是與生命有關的奇特構造，是形似細菌的微小東西，甚至可能是生物的化石。於是有人推論，火星上曾經有生命存在過，但也有很多不同的看法，主要的異議可以歸納成同一件事情：那些跡象的每一項都可能表示，生命也可以純粹由無機過程產生。因此，火星上的生命問題仍然沒有解答——生命與無生命實在太相近了，所以兩者的差別，不能單靠像隕石這樣的「殘骸」來探知。

另外一個被暫放一旁的問題是：DNA是否對生命是必需的？DNA是任何一種傳統生命都會有的特徵？或者，DNA只是一種局部的偶發事件，而這類行星因此出現了生命，但其實出現生命的途徑不只這一種？當然，我們沒有理由預期，這類問題有一個非黑即白的簡單答案，因為這些問題所引發的是另一個相當深入的課題。

我們知道，宇宙遵循低層次的簡單法則，也就是自然律，包括那些支配次原子粒子的法則，以及規範空間和時間的法則。我們也知道，生命的行為好像不會按照這些法則的明白規定來執行。生命是能屈能伸的；生命是自由的；生命彷彿超越了自身物理本源的僵硬規範。

這種超越，我們稱之為「突現」（emergence）。突現不是沒有因果關係，而是因果關係網太過錯綜複雜，人類的心思無法精確掌握。我們無法先一一列出青蛙體內每個原子的移動，再從中瞭解青蛙的活動方式。就某種意義來說，原子是引發青蛙行為的根據——但是，如果從這個部分來討論青蛙的生物特性，是完全行不通的。

為了瞭解生命的深奧含義，我們迫切需要一種具有突現特質的有效理論。我們需要瞭解，這些由法則所規範的系統要如何產生強有力的高層次特質，而這些特質本身仍會遵循自有的突現法則。我們也需要瞭解不同系統之間的高層次共通性，也就是最根本的一致性、不需要依靠特別的解釋或認知的共通特質，那也是生物用來創造生命本身的特質，以及宇宙間的普遍原則。

難解的生命方程式

由歷史過程來看，我們一直以相當不同的方式研究無機與有機世界。我們對無機世界的瞭解幾乎完全仰賴數學。像伽利略、克卜勒，尤其是牛頓，為我們開啟了對無機世界的瞭解[3]。他們把無機世界簡化為數學式，這些方程式代表了大自然的程序，而方程式的解，則告訴我們這些程序如何運作。例如，如果有一方程組描述物質被外力推動時如何移動，而另一方程組敘述重力所施的外力，現在若把兩方程組放在一起，你就可以計算出整個太陽系以及整個宇宙（至少原則上）的運動情形。

現代物理學依循這種研究方法，用心發現了很多做為物理世界基礎的其他數學定律[4]，其中最偉大的成就之一，就是建立了另外一個方程組，可以描述物質在微觀下的行為；這個方程組稱為「量子力學」（quantum mechanics），敘述了與日常經驗迴然不同的世界。

量子世界有如充滿可能性的迷霧，在這個世界裡，「機遇」是決定一件東西是否存在的基本特質，而物質有某種程度的模糊性，所以它可能在同一時間裡做幾樣不同的事——直到你想要知道它正在做哪樣事；這時，它就突然失去了真正的量子本性，而專只做一件事，但事件的選擇是隨機的。儘管受到隨機事件的影響，所有這些在微觀世界呈現的奇特行為，都滿足嚴格的數學方程式[5]。

像這樣使用數學來研究物理，可說是非常有效，但是對生物學呢？生命好像不太像這些數學方程式，不管是牛頓的方程式還是量子的方程式。相較之下，研究動物行為的哈佛定律（Harvard law of animal behavior）就比較能代表生物學；哈佛定律是在說，在小心控制的實驗室條件下，實驗的動物無疑會照牠們喜歡的去做。動物的行為既不會固定不變，也不是隨機的。物理學有條理而簡潔，遵循數學方程式；而生物學則是有機而散亂的，只遵從自己的念頭與喜好。

儘管生物學這般散亂，我仍然要問：是否有數學定律可以像規範無機物質一樣，來規範生物體的行為？是否有「生命的數學」？有一些普通的說法可以回答我的問題，在此我先說明如下，以便排除：如果我們接受生物是由一般物質所構成，也遵循規範一般物質的定律，那麼在某種層級，生物體一定可以只用一般的物理和化學來敘述。畢竟，老虎只是原子的集合，如果寫下這些原子的方程式，正確注明它們是什麼、在哪裡，再加上老虎居住的森林的原子，以及所有棲息在森林內其他生物，諸如叮螫老虎鼻子的蜜蜂、爬在虎毛裡的蝨子，以及老虎所踐踏的草地等等——現在你要做的，就是去解這個龐大的方程組。就某方面來說，你已經把老虎歸納成數學了。

當然，事實上你無法這樣做，因為原子太多了。還有，即使有超級電腦的輔助，也沒有人可以解這些方程式。不過，就算有可行的完整原子敘述，這種方法也無法提供有效描述老虎的數學敘述。這敘述太複雜，也太武斷了，最糟糕的情況在於，它無法告訴我們有關老虎的有用資訊——連老虎有斑紋也沒辦法。

科學的目的，並不在於用極端複雜的方式描述世界，而是要清楚闡述，描述的方式必須容易理解。牛頓的重力理論會這麼重要，不是因為它描述了太陽系每一粒子的運動，而是在於它告訴我們，太陽系可以用人類能夠理解的簡單模型來表現——是涵蓋兩個、三個或二十個天體模型，但不是「十的十五次方」個。同樣的，用來描述生命的任何一種方程式也必須是可理解的，並與生物體的運作方式相符合——就敘述的某層級而言。

雖然上述答案都不符合「可理解」的要求，而被我排除在外，但我也沒有因此得到任何不平凡的答案。生命是一大謎團。

沒有多久之前，人們相信生命好像與無生命非常不同，因而認為生命一定是由不同的物質構成的。這種被稱為「生機論」（vitalism）的看法一度很吸引人，因為它馬上就解釋了為什麼生命是這麼不尋常。如果生命是由不尋常的材料做成，生命當然一定是不尋常的！此外，生機論也自然而然歸類成一種宗教議題：科學只能局限在一般的物質，只有造物主可以取用神聖的生命材料。不過，現在幾乎沒有人同意生機論，就連那些持宗教觀點的人也不同意。

為什麼生機論不再受青睞？理由是，我們發現組成生物體的材料，看起來與組成無機物的物質一模一樣。沒有哪種不具半點生命痕跡的特殊物質，可以區別生物與非生物。我們當然有理由相信，生命之所以與無生命不同，是基於一種科學無法察覺的物質——但這種辯解相當薄弱，無法讓多數人信服。相反的，就現在看來，生命與無生命的差別，顯然是存在於組織而非組成單元上的差別。

以車子來做個比方。車子可以移動，但是一堆汽車零件和一罐汽油就不能。差別在哪裡？答案就是：得看我們如何組合這些零件。如果把各種零件以正確的方式組裝起來，倒入汽油，然後起動，這樣你頃刻間就有一部可以走動的裝置了，而不是一堆動也不動的廢鐵。現在若把車子再拆開，每一個零件還是在那裡，但是不能動。

是要把「能不能動」當做無形的神聖物質？還是要解釋成：「能不能動」是一種程序，而且只有在零件被適當組合起來時才能發生？這兩種解釋哪一種比較

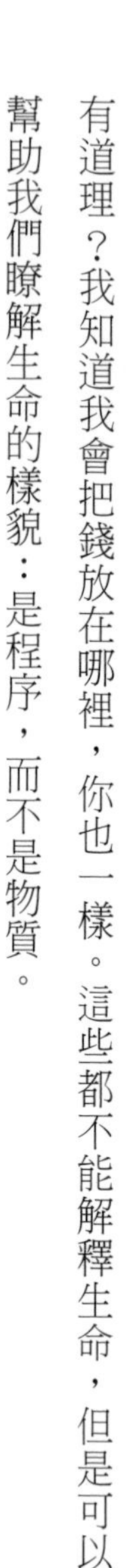

有道理？我知道我會把錢放在哪裡，你也一樣。這些都不能解釋生命，但是可以幫助我們瞭解生命的樣貌：是程序，而不是物質。

生命的「大一統理論」

我們對這程序仍然欠缺全面的瞭解。就許多方面而言，我們並不知道真正的生命是什麼。DNA是宇宙萬物所必需的？還是局部的偶發事件——生命從這裡開始，但這並不是唯一的起點？此外還有非常多的問題，得取決於地球上的生命能否完全代表全部的生命。為了方便討論，我們假設在宇宙某處也有可以稱為「生命」的實體存在。這些生命一定要是「我們所知道的生命」嗎？DNA是生命形態唯一的分子基礎？或者整個遊戲規則可以變得完全不一樣？

差異有許多不同的程度，有些很小而不太顯著。例如，用來把DNA序列變成蛋白質的特殊遺傳密碼，選取上就有一點無厘頭，所以我們很容易想像一些新的生命形態，也用與地球上生命所用的同樣方式來使用DNA，只是密碼不同。這種生命形態就會像一種新的分子「方言」，而不是新的「語言」。如果我們採用狹隘的生命定義，並僅套用地球的遺傳密碼，那麼我們很快就能把定義修正成適用於此種變異情形的版本。

要是新的生命形態使用的是全然不同的分子而不是DNA，那麼就會產生較大的差異。根據這種機制所產生的外星生物體，仍然有基因組（genome），但是細部的化學特性就很不同。外星生物學（alien biology）會徹底重寫世間的教科書（圖四），不過在理論上，這類外星生物體仍然與生存在地球上的生命極為相似，或許我們也能像前面一樣，輕而易舉地擴大生命的定義到包含這些新的生物。這已經指出了「生命」這個概念的主要特質：使我們把某樣東西視為「有生命的」，是這件東西的「行為」，而不是它的組成物質。

然而，宇宙是奇怪的——可能比我們所知道的還奇怪。宇宙中的有機體，都是以碳為基礎的分子所構成，但並沒有什麼特殊的理由一定要如此。生命也可能以矽為基礎；但是金屬或機械類的生物呢？今天的技術已漸漸能製造出可自我複製的機械人。這種機械有可能接受某種遺傳物質，使後代可以適應與演化。我們可能開始覺得，生命幾乎可以由任何東西建構起來：小行星雲中的塵埃旋渦模式、巨大恆星中心十億度離子體的磁環、星系間虛空的重力波形，也許整個宇宙就是一個巨大的有機體，也許在宇宙間以某種方法將物體組織起來，就會使地球

圖四 「散亂遍地，有的在傾頹的作戰機器內，有的在現在已動彈不得的操控機械裡，還有很多僵直而無聲成排躺在那兒，它們是火星人——死掉的火星人。」

上的生命看起來像塵埃一般微不足道。

當然，在另一方面，地球上的生命也可能是僅有的生命，或者我們說，地球上的生命是用僅有的方式組織而成。如果是這樣，我們要達成的任務就容易多了，而DNA也正是其中的重要角色；如果不是，我們就必須勇敢接受生命的廣義概念，而不只是在這顆行星上對生命的認知。因此接下來要面對的大問題，不妨說是要去「描述」生命的特性。生命不是一件東西；它是一個系統的某種抽象性質，並不以特殊分子結構為特徵，而是以適應性、變通性、生殖、自我複雜化、自我組織等特質為特徵。

這些特質於是帶出了數學的問題，因為數學正是研究結構與模式的科學。因此我相信，為了將我們的觀點普遍推廣到所有存在、或（原則上）可能存在的生命或類生命形態，我們必須繼續探討地球上的生命的數學層面。如果我們不斷發掘可供研究生物學的數學，就有望發現生命的深層結構，明瞭生命真正的面貌。這樣的發現終將引導出某種可用於闡釋生命的「大一統理論」，某種更廣義的生命理論。

也許真的會實現。這純粹是猜測罷了，不會為遺傳工程公司的老闆帶來任何收益。但另一方面，如果科學不再探討更深入的問題，也就失去了方向、實質與內涵。

現代遺傳學普遍給人的深刻印象是，生命幾乎離不開DNA密碼。其中最特別的說法之一是，生命之所以非常複雜，是因為描述生命的DNA程式就已經非常複雜。全心集中在DNA上還比較令人自在：生命好像可以做所有不可思議的事，但是如果那些事情都可以寫進DNA密碼書裡，那麼生命就會失去它令人意想不到的多變性。這本大書容納的指令之多將極其嚇人。所以，生命的變通性，歸結起來就是許許多多由遺傳密碼安排的可能事件，而生命之所以具有複雜性，則是因為生命的食譜非常、非常、非常、非常地長。

對這麼令人讚嘆的事物來說，這種解釋方式真是無趣極了。其實，生命恐怕無法用那麼簡單的方法加以解釋。生物成體的複雜性，幾乎從任何角度來說都超過了DNA的複雜性。以老虎為例，單單神經系統的網路圖，就比整個DNA序列複雜千百倍。DNA序列已經是那麼複雜了，加上多樣化的種種可能性，但還未包含那些載明如何建構老虎腦部的充分資訊呢，一整隻老虎就更不必說了。

我們知道這一點，是因為資訊有可能量化。如果有推銷員向你展示一本正常尺寸的二十頁記事本，聲稱裡面的內容是整部《大英百科全書》，那麼你不用看也知道他在騙人。此處所舉的ＤＮＡ與老虎的腦部，也是同樣的道理。

那麼老虎是怎麼辦到的？牠要從哪裡得到欠缺的所有資訊呢？這也許不是問此問題最好的方式；資訊這個概念也許太浮面了，顯現不出真正的問題。不過，如果我們要照上面這樣問，那麼答案也許可以是：這些缺少的資訊，來自那些用來支配任何物質的行為的數學法則（物理定律）。然而，我們一用到這些法則，就會受無機觀點左右，因為所根據的物理定律起初就是因為這觀點而存在。

這整個討論讓我們繞了一大圈，回到湯普生的獨特見解：物理定律及相關的數學模式，在生物學上扮演了相當重要的角色。至於他為什麼會有這種觀點，我們現在就來回顧一下。

《論生長與形態》

那是在一九一七年。在歐洲大陸，英國和德國軍隊與那些從地球四個角落撤退的盟軍，在泥淖的兩邊面對面交戰，戰場上布滿了戰壕、有刺鐵絲網和彈坑，到處躺著垂死的和戰亡的士兵。而在英國，一本書出版了，有如怒海中的一份寧靜。這本書就是《論生長與形態》[6]。書的作者是前面提過的湯普生，是位傑出的動物學家，具有數學的天賦，他留下與眾不同的訊息。這個訊息就是：有機世界就跟無機世界一樣具有數學性。

不過，生物世界的數學基礎更加微妙、更有彈性、更隱藏於深處；它不是像牛頓寫下他的幾個著名定律那般，寫寫幾個簡單、漂亮的生命定律——湯普生既不是植物界的歐幾里得（Euclid），也沒有所謂的動物界「湯普生方程式」。然而，散布在生命世界每個角落的證據，使湯普生相信生物體真的有數學模式存在，而且這些模式背後的抽象原則，能夠闡釋生物世界，更具體地解釋傳統生物學所關心的事物。而他所要做的，就是讓別人也相信。

湯普生做了最佳的臆測，而且就某方面來說他成功了：《論生長與形態》一直是經典之作，直到今天在很多方面依然受到重視，不過卻從未被列入生物學的主流——這倒是有相當的道理。書中有些證據太過間接了，有些所謂的模式相當牽強，還有些數學故事，則與真實的、直接由生物學家的實驗室得來的證據相矛盾。主流一直在進展，不合常規的經典之作還是維持原樣，不過那讓人感到奇怪的非正統觀點，並不會消失；在主流繼續進展的同時，「生命是一種存在於生物學與數學之間的夥伴關係」的觀念，也一同在進展。

在我們準備看現代的發現之前，有幾件事值得我們提醒自己：湯普生所用的證據，距今差不多有一百年了，而書裡面所描述的生物學及數學狀況也一樣。唯有注意到這些，我們才能瞭解生物學與數學兩個領域，在這段期間的進步實在很大，使得生命的問題及其可能的答案，也同樣產生劇烈的改變。

我們從細胞開始討論。

細胞是微小的構造，細胞膜（cell membrane）內含有原生質（protoplasm）；不過細胞雖小，卻很不簡單。每個細胞都含有一些獨特的胞器（organelle），負責重要的任務，例如最大的胞器細胞核（nucleus），負責管理基因，又如粒線體（mitochondria），負責製造能量。顯微鏡發明之後，人們首先發現的事實就是：很多生物都由細胞構成。

細胞（cell）這個名稱，是由虎克所創，他於一六五五年率先注意到軟木塞的蜂巢狀（cellular）構造。一六七四年，雷文霍克觀察到兩千分之一毫米長的細菌，此外他也觀察了血球和精子。不過一直要到一八三九年，透過許旺、謝瑞登等人的研究，科學家才感覺到細胞的重要，真正把細胞視為生命體的基本單元[7]。

人體內大約有一兆個細胞，種類超過一百種，包括神經細胞、血球、肝細胞、骨細胞、肌肉細胞等等。但是人體不僅僅是巨大的細胞綜合體，為了能組合出人類所具有的功能，這些細胞必須以某種特定而複雜的方式組成。譬如說，人腦所擁有的能力，是最棒的超級電腦也比不上的，例如你在看風景時，可以馬上瞧見遠方草地上的牧羊犬。世上還沒有哪個技術，可以建造出你這個人，甚至連你身上的一個細胞也做不出來；地球上也沒有哪位有聲望的生物學家，敢聲稱自己瞭解像細胞一樣複雜的東西。

細胞一直在創造小奇蹟，最驚人的奇蹟之一就是「複製」。單一細胞可以分裂為二，每一半都會形成新的完整細胞，並能再行複製，幾乎是無限制地複製下去。由一個細胞反覆不停的複製，大自然可以創造出大量的細胞，每一個都與原先的細胞一樣複雜。細胞藉由分裂（divide，「除」的英文字也是這個字）而倍增（multiply，「乘」的英文也是這個字），聽起來有點像數學，但並不像小學算術課程所教的數學——事實上也不是。

十九世紀的顯微鏡學家，蒐集到細胞分裂時的圖像，並試圖解開細胞到底如何分裂的謎團。湯普生將這些顯微鏡學家的部分圖像集合起來之後，儘管充滿

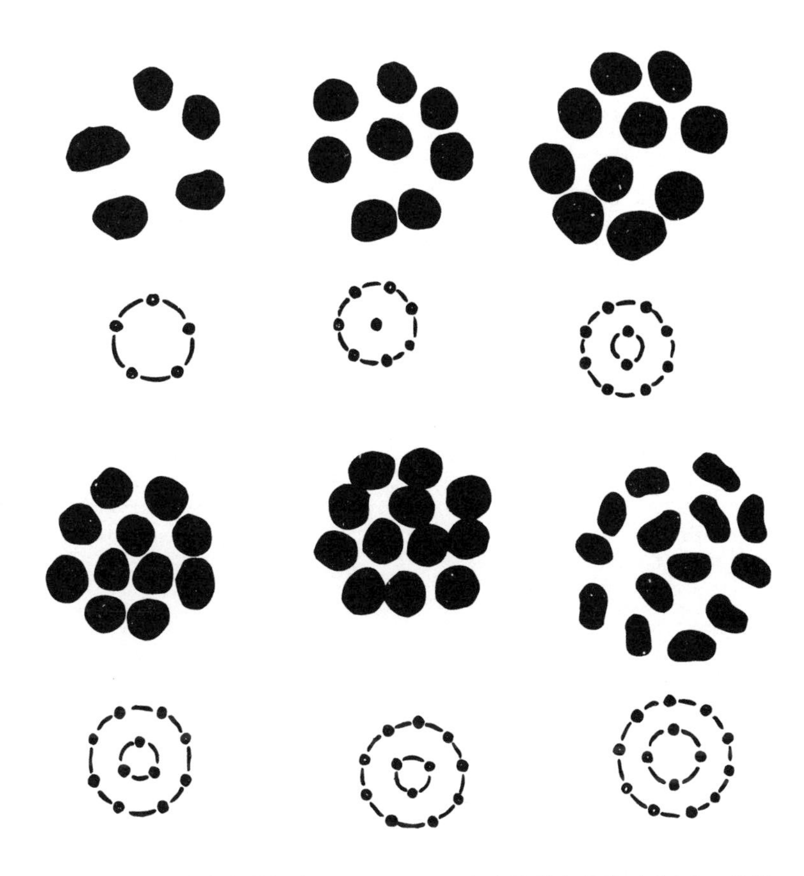

圖五　分裂細胞在赤道板（equatorial plate）上的染色體排列（上），相對於互相排斥的磁體的外形（下）。

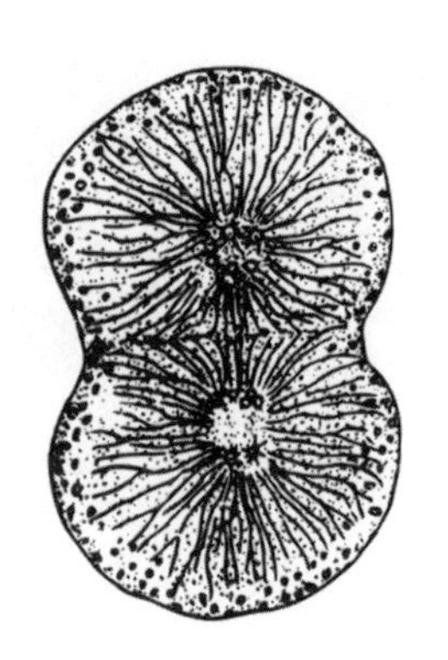
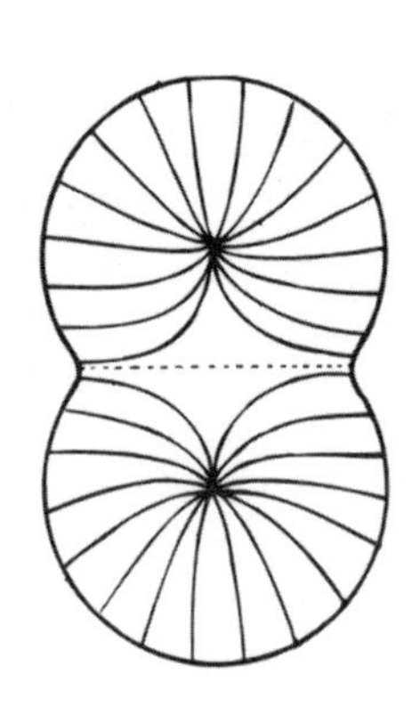

圖六　腦紐蟲（*Cerebratulus*）卵的第一次分裂（左），與兩相等電極間的力場的比較（右）。

了複雜性，但他還是注意到其中的模式與規則。湯普生在染色體（chromosome）的排列中發現算術模式；這種稱為「染色體」的胞器內，帶有細胞（大多數）的遺傳物質（圖五）。此外，他不但指出細胞分裂與電學及重力理論之間的相似性（圖六），甚至還在一個把墨汁加進食鹽水的普通實驗中，發現了化學擴散與細胞分裂的相似之處。

細胞（在剛要分裂之前、分裂中，及剛分裂之後）的形狀是有數學性的。從橫切面來看，細胞的形狀為簡單的曲線：由圓圈發展成出現一個「腰圍」，然後腰圍變窄，消

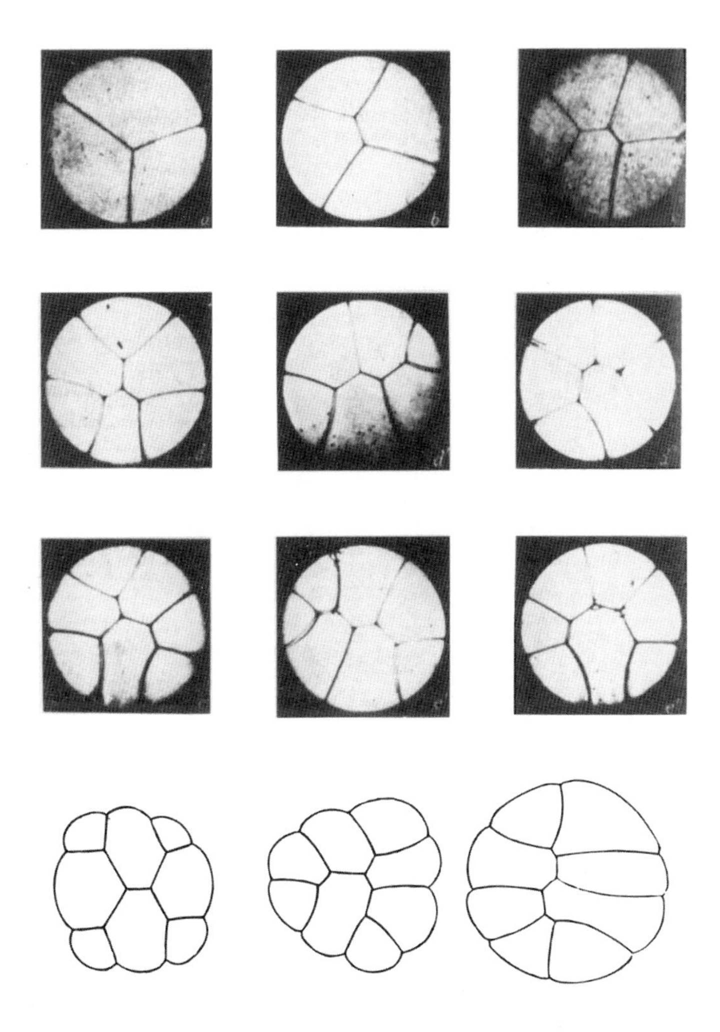

圖七　肥皂泡之分隔組（上），與不同動物發展中之卵的分裂樣式（下）之比較。

瘦成數字「8」的形狀，最後分開，變成兩個圓圈。對湯普生而言，這種簡單的形狀是在表示，細胞分裂與支配肥皂泡及泡沫的物理原理之間，一定有某種關聯（圖七）。

物理學的其中一個大原理是：無機世界的過程，基本上相當懶散，一般而言，無機世界裡的行為發生的方式，是那些只需消耗最少能量的方式。

肥皂泡的能量，來自使肥皂分子維繫在一起的張力。想想看上回吹氣球的情景：你得花一番力氣，才能使氣球的橡皮表面有足夠的彈性張力。肥皂泡的形成，也同樣需要耗費許多能量；正如吹較大的氣球，比吹小氣球更花力氣，要產生表面積較大的肥皂泡或薄膜，比表面積小的需要更多的能量——所以，具有最少能量的肥皂泡，表面積也最小。

盲眼的普拉托[8]發現，肥皂泡或薄膜的形狀，可以完全導自下面這個原理：肥皂泡的最終形狀，會採用使表面積最小的那種形狀。例如，含定量空氣的單獨肥皂泡是圓球形的，因為圓球的表面積最小。分裂的細胞從一個圓球開始，然後分成兩個，經由一最小表面積到另一個最小表面積，中間過程的數字「8」的形狀，也具有最小表面積，但這是比較深奧的一種。

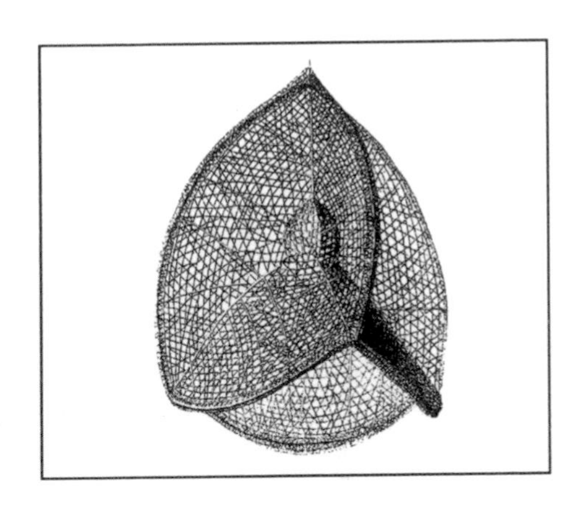

圖八　*Callimitra agnesae*這種有孔蟲的骨骼（實際大小為1.5公釐）。與在五個肥皂泡交界處形成的表面極為相似。

湯普生深深著迷於這類表面形態，他在生物界的各個角落都看到了（至少是他認為他看到了）這樣的例子：他在細胞膜、水母的形狀、藻類、菌類，甚至極微小動物的骨骼中看到這些形態。

當四個肥皂泡碰在一塊兒，會沿著六個共同表面，兩兩以一〇九度角相接觸。如果有第五個比較小的泡泡陷在共同交界處，這個泡泡會變形成隆起的圓錐。我們可以在微小生物*Callimitra agnesae*（是一種有孔蟲）的矽膠骨骼上，看到恰好相同的形狀與角度（圖八），這很難說是巧合。

湯普生還看到了其他的數學模式，其中又以放射蟲（radiolarian，也是一種具有堅硬矽膠骨骼的微小海洋生物）所表現的更為明顯。這些微小生物的骨架，展現了無數美麗的數學模式，其中有一些和歐幾里得的正立體（正八面體、正十二面體及正二十面體）有驚人的相似之處（見圖九）。有些人認為這中間的相似性太驚人了；圖九的繪製者也許誇大了其中的規則性。儘管如此，這些生物無疑是美而精細的，存在著極為奧妙的模式，看起來就好像微小的活數學。

另外一種無所不在的活數學形態是「螺線」（spiral）。各位都很熟悉陸上蝸牛的螺旋狀外殼，也有很多人知道海洋裡的海螺和玉黍螺。雖然有些海洋貝殼（雙殼貝類如貽貝）含有兩片鉸鏈在一起的碟狀貝殼，沒有驚人的螺線數學美，但是大部分的海中貝殼，都多多少少帶有某種螺線的形態。

最美的螺線，大概要算我們在鸚鵡螺（*Nautilus*）上可以看到的螺線了。鸚鵡螺上的螺線，形狀非常像數學家所熟悉的對數螺線[9]，如圖十所示。如果你在一根線上繫顆石頭，然後拿在頭頂上方旋擺，一面慢慢把線放長，每旋轉一固定角度就增加一固定比例的長度（例如，每旋轉三十度就增長十%），那麼石頭旋轉出來的軌跡，就會是一個對數螺線。

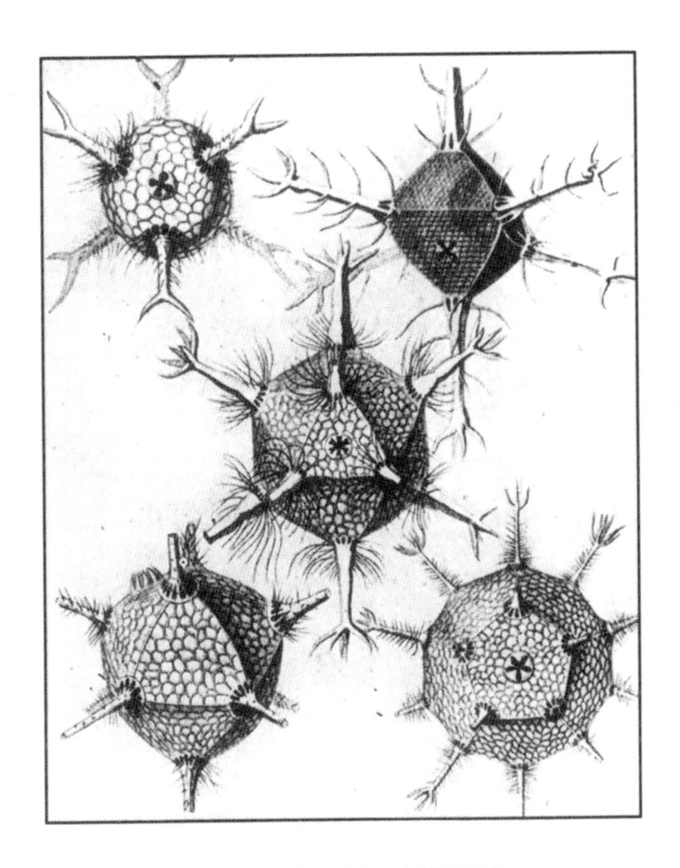

圖九　放射蟲的骨骼與正立體很相似。

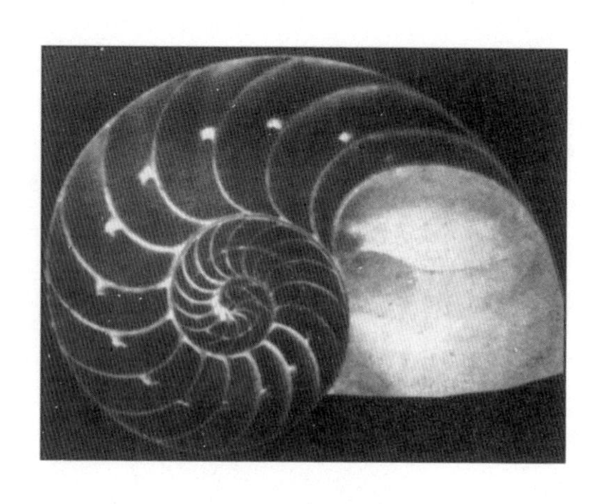

圖十　鸚鵡螺的橫切面，顯示出對數螺線的形狀。

對數螺線的數學是這麼的優美，甚至使白努利（Jacob Bernoulli, 1654-1705）這位率先瞭解到此螺線背後隱含的幾何學的數學家，請人把螺線刻在他的墓碑上。

為什麼鸚鵡螺的螺線是對數螺線？理由在於，這種動物的生長模式，剛好就像繫著石子的線一邊旋轉、一邊放長的模式：螺殼每生長出一固定角度，殼內的動物就生長一固定比例。事實上，螺旋形貝殼的形狀，可以清楚告訴我們殼內動物的生長速率。

已滅絕的菊石殼（Ammonite，鸚鵡螺的近親，頭足類動物菊石目

（Ammonoidea）的化石介殼）的形狀，則比較接近「阿基米德螺線」[10]——對一固定角度，線的長度以一固定的「量」增加，而不是「百分比」（例如，每旋轉三十度就增長一公分）。靠近中間的部分，增長的比例並不正確，但是愈往外就愈近似，所以我們可以由形狀歸納出這樣的結論：在最初始的迅速生長之後，成年菊石殼的生長速率會減慢許多。

植物與費布納西數列

生物世界的數學本質，在植物王國裡更能顯現出美麗而神祕的形式。在《論生長與形態》這部書裡，有一整章就是在專門討論植物與眾不同的幾何學及數術，諸如葉子沿著莖的排列、花朵裡形成的奇特螺線模式（圖十一），以及花瓣的數目等等。這部分所隱含的數學真的很奇特。在絕大多數的情形下，植物的結構牽涉到一串被稱為「費布納西數列」（Fibonacci sequence）的有趣數字：

1、2、3、5、8、13、21、34、55、89、144……

圖十一　呈現出費布納西數列的巨大向日葵*Helianthus maximiliani*。

費布納西數列本身就有漂亮的模式：從「3」以後的每一項，都是前兩項的和，例如55＝34＋21。這個數列，是比薩的雷奧納多（Leonardo of Pisa，約1170-1250）在一二〇二年所創。雷奧納多是位偉大的數學家，偶然發現了印度人與阿拉伯人所發明的新記數法，不同於當時通用的羅馬記數法；在這兩種系統中，相同的符號若放在不同的位置，可能代表著不同的意義：以費布納西數列裡的55為例，第一個5代表「50」，而第二個則代表「5」。

雷奧納多為印度－阿拉伯記數法，寫下一部劃時代的專書，於是西方世界便將現行的算術體系，歸功於他的大力推廣。十八世紀的法國數學家李布里（Guillaume Libri），給了他一個綽號「費布納西」（Fibonacci），由於這個綽號一直廣為沿用，所以讓大多數人誤以為是十二、十三世紀就存在的名字（Fibonacci一字原文的意思是son of Bonacci，Bonacci是他父親的名字）。

此外，費布納西也設計出一套「兔子謎題」，問題是這麼說的：假定現在是第零個飼育季，我們剛好有一對未成熟的兔子，而兔子經過一季的時間就可以成熟。再假定每對成熟的兔子，每一季可以生出恰好一對未成熟的兔子，也一樣要花一季的時間才能成熟。最後我們假設兔子不會死。那麼每一季會有多少對兔子？此問題的結果是，在接下來各季，兔群的數目將依循費布納西數列——而且有大量的重要數學，繼續從這個簡單的發現發展出來。然而，真正的兔群並不會按照費布納西的模型，如果實際去數兔子數目，你不會發現明顯的費布納西數。

但是，如果去數花的花瓣、萼片、雄蕊及其他部分，你就能找到這些數。例如，百合有三個花瓣，毛莨有五瓣，飛燕草有八瓣，金盞花十三瓣，紫菀二十一瓣，而多數的雛菊有三十四瓣、五十五瓣或八十九瓣，除了這些數目之外，沒有其他任何數目會出現得那麼頻繁。費布納西數也隱藏在向日葵所呈現的模式裡，如果仔細看圖十一，你會看到兩組螺線，一組呈順時鐘方向，另一組是逆時鐘。現在如果請你數數看每一組各有多少螺線，你會發現兩組的答案都是費布納西數。

重新重視湯普生

多面體（polyhedron）、螺線、費布納西數，這些想法都很好，但是從今日生物學的觀點來看，湯普生的整個論點似乎太過天真。我們太容易對他的整套論述感到不以為然，輕易就把他的著作當成視覺雙關語的綜合記載，視為是巧合，是全然不同的事物之間的偶發相似性。

在湯普生那個時代，研究生物的科學仍處於粗淺階段，對他並沒有多大的幫助，他被迫要依靠類推，而不是經過實驗證明得到的理論，他的研究結果，也因此流於敘述，而缺乏嚴謹的結構。舉例來說，雖然他分析了植物的費布納西數術，但並沒有解釋費布納西數的生物根源。

更糟糕的是，他的論述並沒有觸及今日生物學的主題：遺傳學。湯普生所不知道（可能不知道）的，是克里克及華生在一九五三年認識到的事實[11]；他們發現，每種生物體的每一細胞都含有象徵該生物的「祕譜」。這種寫在分子密碼上的祕譜，就是生物體的基因組，是生物遺傳特質的全部，以DNA的語言寫成。

DNA扮演了兩種互有關聯、卻又完全不同的角色，使生物體不同於物質世界的其他事物：首先，DNA利用分子密碼，描述了生物體的生長與形態，甚至包括行為；其次，這個密碼有時會突變（mutate，因隨機的化學錯誤而造成的變化），使生物體得以演化。所以，生命生長的數學模式，並不是湯普生所熟悉的自由發展方式，而是不斷以生命既有的數學基礎來修正、改良，把生命的發展推向它喜歡的方向，而遠離不喜歡的方向。

生長的數學模式有多少會在這種推向中留存下來？基本上，生物體的DNA

序列可以創造任何形態或模式——原則上是也能繼續演化的任何一種形態（如果這樣的演化會帶來好處）。難道DNA與演化造就了徹底的改變，以至於數學變得與生物毫不相干？生命難道不夠豐富而美妙、輕而易舉就能簡化成數學這單單一門學問？畢竟，數學死板而單調；生命豐富多變且刺激有趣。

在此我想要使各位相信兩件事：第一，數學其實比大部分人想像的更豐富且更刺激，其次，也是更重要的是，今天的數學不似昔日歐幾里得的僵化，而是更貼近生命的可變通性。湯普生的主要論點是說，生命體中存在著數學模式，因此這些模式必須有數學的來由。我們應重視這些觀點，除非是極為巧合。我們要根據分子基礎來討論生命，而且在運用數學討論生物世界時，應該避免過於天真；我們不應預期生命只會顯示數學模式，更不該預期看到未經遺傳學及演化稍稍修正過的純數學模式。

為何仍有很多根本的數學模式，在經過這樣的修正之後還能留存下來，當然有它的理由。各位不妨把物理宇宙視為生命發展的原料來源：不僅視為字面上所指的原料，同時也是結構和程序。如果你建立了一個物理系統，並且讓它自己自然運作，就會產生一些結果。這系統經常會創造一些結構，如波、晶體等等，其中有些結構極為複雜，例如礦床的海綿狀或樹狀模式——所有這些結構都是生物工廠的材料。不過，生命太複雜了，它的結構有太多限制，因而不容易由這些起源中形成。

生物自由運用物理所提供的結構和程序，但那些程序必須經過改良和控制，才能產生真正的生命有機體。例如，化學反應因重要原料慢慢用完而停止，但是有機體就會藉由補充關鍵化學物質，來解決此一問題，而這個關鍵物就稱為「食物」。

會去尋找食物的物理或化學系統並不簡單，不過，這種系統之中的一些必要成分，可以在無機世界找到。化學物質可以擴散，由源頭分散出去；離源頭愈遠，濃度就愈低。若把程序反過來，想尋找那種化學物質的就會往高處爬，朝濃度增加的方向前進。所以，物理宇宙提供了一個手段，使得有機體可以用來尋找食物。

回歸至數學法則

基因所扮演的角色，就是確保生物確實運用了上述手段。基因為生長與形態添加了很多彈性，因為基因可以控制及選擇生物所需的物理模式。由於演化的輔助，任何一種有效的遺傳改良，都慢慢變得愈來愈精巧。

儘管如此，自然界還是多半採用比較自然的數學模式；你會發現很多數學家習以為常的斑點、條紋、綴片、小塊及其他各種形狀模式。熱帶魚外表的條紋，不管多麼錯綜複雜，都與那些完全由數學程序直接產生的斑紋相類似，貝殼、昆蟲及哺乳動物身上的斑紋也一樣。

對於鳥類也是，雖然鳥的形態與模式更為奇特；舉例來說，天堂鳥就是因為身上的各式羽飾而出名。羽毛是鳥類模式的基本元件，但並不是數學家傳統上會採用的形態。當鳥改變牠的位置及羽毛「標記」（register，也就是羽毛比鄰排列的方式）時，牠的模式甚至會變化，而且改變往往非常巨大。

縱然如此，在鳥類身上發現的模式，仍然產生自數學「成分」，而製造模式的機制，以相當任意的方式把這些成分組合起來——這是因為演化對於鳥羽斑紋的影響力似乎特別強大。擁有一身奇特斑紋的鳥，就有點像是瘋狂的數學家，一邊看著厚厚的模式書、一邊拿著剪刀裁製出來似的——是一種集合了不同數學形式的拼貼藝術品，而不是一致的整體。儘管如此，其中還是存在著數學。

雖然遺傳學和演化非常具有彈性，但實際上並不能做些什麼；兩者雖然可以找出聰明的方法，利用物理定律來達到無法憑直覺獲知的目的（如生殖），卻不能打破這些定律。物理學會限制生物學的能力所及。例如，我們已經十分清楚，鳥類尾巴的形態大受空氣動力學（aerodynamics）限制：尾巴妨礙鳥類飛行，因此是一種累贅[12]；此外，鳥類基因所決定的尾巴形狀，會受物理學的限制——如果不瞭解物理，就無從瞭解基因為什麼會演化出現在所見的尾巴。

再來看血紅素（hemoglobin）分子，它從我們的肺部獲得氧氣，並攜帶著氧氣在血液中流動，然後再在需要氧氣的地方把氧氣釋放出來。血紅素是高度複雜的分子，是一種由大量胺基酸（amino acid）黏接而成的蛋白質。完整的血紅素分子有如一對鉗子般運作：猛然把氧分子包圍起來並握住，過一段時間再放開釋出。血紅素分子的精確形狀以及分子閉合的精確位置（就是所謂的打開與關閉），很容易對這些能力產生影響。

基因下指令給胺基酸，要胺基酸聚集成一個血紅素分子，但並沒有指示確實的形狀。蛋白質摺疊（protein folding）的問題，也就是從胺基酸的順序來預測蛋白質分子的三維形狀，是目前科學界尚待開發的領域，我們還不甚瞭解。不過，我們已經很清楚，蛋白質分子的形狀不只受遺傳密碼控制，同時也是深奧的物理及化學定律（以數學形式來表達）共同作用的結果。所以最終我們可以這麼說：血紅素分子的形狀是受數學所影響。

基因並不是生命的定律；基因是定律用來運作的東西。我們用一個粗淺的比喻：太陽系目前的狀態是由兩件事決定的，首先是運動與重力的數學定律，其次是一系列告訴我們所有行星何時在什麼位置的初始條件。把初始條件放進這些定律，太陽系一切錯綜複雜的事物就會隨之而來。

我們很容易把基因視為生物發展的組成定律，但事實並不是這樣，基因扮演的角色其實更接近初始條件。換句話說，基因並不是生命的唯一關鍵；基因只是其中一個很重要的關鍵，在基因背後還有更深奧的東西，那就是生物學真正的定律，也就是與遺傳密碼相連接的數學法則。

物理學提供了一套不必花多餘能量就可得到的結構及模式，演化學與遺傳學則以各自的方式加以修正、調整，並用不同於原先物理本性的方式把這些結構與模式併合在一起；然而，數學模式還是為遺傳與演化，提供了起點及構成要素。此外，如果這些沒有經過修正的自由形態碰巧有效達成任務，那麼演化就會選擇這些形態，遺傳學也會尊重這些形態。這些結構及模式就是以這樣的方式，建造出生命的真正架構。

生命的每一層面都有數字

不要期待有哪種數學模型，可以解釋豐富多采的生命的每個細節，即使在物理學上，也沒有人期待數學能解決一切物理問題。

數學可以告訴我們為什麼火星的形狀近似球形，可以告訴我們火星如何自轉，如何繞太陽運行，數學甚至可以讓我們瞭解，隕石坑如何由流星的撞擊產生。不過，如果我們期望數學一次就能解釋整個行星地圖上每一單獨的地貌，那就太愚蠢了。我們不要讓數學在它還不能跳過物理科學的時候，就跳過生物學的圈環。

既然瞭解了數學可能用何種方式幫助我們解釋生物體，以及可以解釋到何種程度，我們現在就要來檢驗這部分的新證據。這個證據超越湯普生當時所能獲知的，不只是關於生物體的生長與形態，也包括生物體的分子基礎、細微結構、控制系統、運動、模式、行為、溝通方式、相互間及與所處環境之間的關係，以及生物演化的歷史途徑。生命的每一層面都有數學；你只要用心看，就能瞭解。

那麼我們就開始吧。

【注釋】

（本書每章注釋的主要目的，是在對書中引用的參考資料提供進一步的資訊，另外再多提供一些論題或反對論題的摘要、逸事、評論等。）

1. 欲進一步瞭解有關火星上存在生命的諸多發現，可參考《新科學人》（*New Scientist*）雜誌一九九六年八月十七日第4至11頁的"Life on Mars"這篇特別報導。

2. 此處提到的四位科學家分別為：克里克（Francis Crick, 1916-2004），英國分子生物學家；華生（James Watson, 1928- ），美國生化學家；富蘭克林（Rosalind Franklin, 1920-1958），英國女生化學家；韋爾金斯（Maurice Wilkins, 1916-2004），英國生物物理學家。

3. 此處所提的三位大科學家分別為：伽利略（Galileo Galilei, 1564-1642），義大利天文物理學家、數學家；克卜勒（Johannes Kepler, 1571-1630），德國天文學家；以及牛頓（Isaac Newton, 1643-1727），英國物理學家、數學家。

4. 「定律」（law）這個字雖然是標準用字，卻反映了下面這個過時的觀點：人類在自然界裡發現的許多數學模式是十分精確的。目前已知的所有自然定律都是近似值。我們所不知道的是，自然界並不會確切遵循定律，但另一方面，也許將來會有單一的萬有理論，可以代表大自然所有的真實定律。然而現在還沒有發現。

5. 此方程式稱為「薛丁格方程式」（Schrödinger Equation），取名自方程式的發現者薛丁格（Erwin Schrödinger, 1887-1961，奧地利理論物理學家，提出原子軌域模型及波動方程式）。欲瞭解量子力學的論點，可參考 John Gribbin, *In Search of Schrödinger's Cat*, Black Swan, London (1991)。

6. 原著的相關資料如下：D'Arcy Wentworth Thompson, *On Growth and Form* (2 volumes, second edition), Cambridge University Press, Cambridge, England (1942)。另外還有一個濃縮版：D'Arcy Wentworth Thompson, *On Growth and Form* (edited by J. T. Bonner), Cambridge University Press, Cambridge, England (1961)。

7. 本段所提的幾位科學家分述如下：虎克（Robert Hooke, 1635-1703），英國數學家、物理學家；雷文霍克（Antonie van Leeuwenhoek, 1632-1723），荷蘭博物學家；許旺（Theodor Schwann, 1810-1882），德國動物學家；以及謝瑞登（Matthias Schleiden, 1804-1881），德國植物學家。

8. 普拉托（Joseph Plateau, 1801-1883），比利時數學物理學家。

9. 名詞注釋：對數螺線（logarithmic spiral），又稱等角（equiangular）螺線，其極座標方程式為 $\ln r = a\theta$（a 為常數，r 為距極點的距離），或反過來寫成 $r = e^{a\theta}$；這種螺線最重要的特點可能就是，如果把角 θ 依等量增加，則 r 會依等比增加，也就是依照幾何數列而加大。

10. 名詞注釋：阿基米德螺線（Archimedean spiral），又稱線性（linear）螺線，其極座標方程式為 $r = a\theta$，其中的 a 決定螺線的鬆緊程度；該螺線每多轉一圈，離極點的距離 r 會等量增加，而非等比增加。

11. 詳見James Watson, *The Double Helix* (1968)，中文版《解密雙螺旋》（天下文化出版）。

12. 詳見Adrian L. R. Thomas and Andrew Balmford, “How natural selection shapes birds’ tails”一文，*The American Naturalist* 146 (1995), 848-868。

第2章

生物世界的模式

生物學上很多重要的形態改變，
都是因為失稱而引起的，
在這些情形中，
數學可以清楚而簡單地指引我們可以預期到什麼。

晶體不在本書的範圍內；不過雪的晶體，以及其餘所有晶體，都教導我們去認識大自然的美、形態與多姿多采。

——湯普生，《論生長與形態》，第九章

一隻變形蟲，肉眼看起來並不太起眼——假設大得可以瞧見，也只是一個小黑點。牠看起來就像一粒沙，你也只是預期牠不會有特別引人注意的地方。不過，當你透過稍稍精密的顯微鏡來看時，你會突然發現生命是多麼不同凡響。因為，變形蟲並不像一粒沙；牠沒有固定的形狀。牠會移動，而且是——有意志的。

我們很難不用這樣一個很不科學的字眼來形容。變形蟲知道自己想去哪裡，也知道該怎麼去，這使你不免會對牠印象深刻。你可以從顯微鏡中看到，在牠附近有一粒食物，而且牠也知道食物在那兒，因為牠已經開始往食物的方向趨近。牠的外表開始隆起，然後迅速伸長，正確地向那粒食物伸過去。這隻變形蟲是在伸展出偽足（pseudopod），一種可伸縮的臂狀突起物，其內部是某種物質組成的微小顆粒，這些小顆粒在偽足內部循環，並流向不斷生長出去的頂端。

突然間，這隻變形蟲改變了心意。顆粒的流向反了過來，偽足於是緊縮起來。牠毫無理由地移向不同的方向。

現在你把眼睛自顯微鏡移開，不靠光學儀器的輔助，再檢視一次這隻變形蟲。這回，牠看起來又像一粒沙了——但往後你不會再低估這小小生命體的能力。

今天，我們的星球充滿了生命，但在四十億年前，地球是草木不生的不毛之地，充滿了半熔融的岩石、冒著熱氣的硫磺噴氣口，以及沒有生命、卻富含礦物質的海洋。不知怎的，從這些看來毫無希望的源頭，開始浮現出複雜而豐富的生命。初看之下，我們很難瞭解這是怎樣發生的——我們所知道的生命，與無機物質所組成的貧瘠世界，兩者間好像相隔甚遠。沒錯，沙灘上被吹得亂飛的沙子也會移動，甚至是依照某些模式在移動，不過這顯然是因風而造成的，而且變化的方式也很單純：風往哪裡推，沙就往哪個方向跑。生物體就不是這樣：看看那隻變形蟲，看看牠對目標的明顯意識，以及移動時所展現的自由。

我的意思並不是說，這隻變形蟲知道自己想去哪裡，我只是要強調，對我們而言，牠看起來好像是在選擇自己想去的方向；牠看起來並不會像隨風逐流的沙粒那樣，受制於環境的突發轉變。變形蟲是如此，那麼獵豹呢？

我們的日常世界好像包含了兩類東西：一種是有生命的，一種是無生命的。無生命的物質表現出簡單的行為；而有生命的生物則複雜得難以想像。所以，人類甚至要花上數千年才開始瞭解生命、明白生命可能起源自無機的物質，這麼長的時間並不令人意外。生命與無生命之間的鴻溝好像大得難以填補。

從無機到有機

但真的是這樣嗎？我現在就是要讓各位相信，這種無法填補的假設是錯誤的，這種看法太局限於無機世界。無生命的物理現象可以遠比傳統所認為的還要複雜；硬邦邦的數學架構可以產生有變化的驚人結果。生命與無生命之間的隔閡也許可以好好填補起來：取而代之的是一種連續的行為過程，一端是死寂冷酷，另一端則生氣盎然，但中間則無明顯的界線。至於物理學與數學在什麼階段罷手，而由生物學來接替，就見仁見智了。

沒有多久之前，這道隔閡好像更加明顯。當時的生物學家認為，生物體的複雜化學與獨立分子的極簡化學之間，存有相當大的分歧。在解釋生命的實現時，他們發現有必要建立一套可輔助化學的複雜邏輯結構。愈接近生命的化學，化學的本身就愈複雜。今天我們已經瞭解到，單靠化學，就足以產生極為複雜的結構及程序。

我雖然用到了「化學」一詞，不過我們這裡真正要討論的是分子結構，而不是你在實驗室的試管裡看到的那類東西。在試管化學中，每樣東西都或多或少被均勻混合，因此，所有耐人尋味的空間結構（也就是發生在不同地點的不同事物）都不見了。若一切都一塌糊塗，那麼，我們也就不會從生物得到任何極為有趣的事物了；所以，我們已經瞭解到，無機化學與有機化學之間的明顯隔閡也許比我們所認為的要小。

事實上，無機世界是模式的無窮來源，許多模式都極為精巧，包括雪花、波浪、晶體、泡泡、液滴、礦物的樹狀結晶……所有這些模式都是數學定律的結果。

生命看起來可能不像數學——但那是因為我們對數學有不正確的認知。大部分的人對於生物學家、物理學家、天文學家甚至銀行經理是做什麼的，心裡多少存有某種印象：他們研究生物；他們針對物質的基本組成，進行耗費不貲的大型實驗研究；他們透過望遠鏡觀測恆星和行星；他們借資金給別人。

我在這裡並不擔心這種印象的正確程度，因為這樣的印象已經掌握到那些事業的一些主要內涵，即使在細部上仍相差甚遠。我所擔心的是，當大部分人想到數學時，唯一的印象正是自己學生時代對數學的印象，此外我們也很容易假設那就是數學的全部。

但並不是這樣。數學不是永遠死寂的學科，彷彿沉寂在布滿塵埃的厚重典籍裡，彷彿一切問題都有了答案，而所有的答案全條列在書末。數學是充滿活力的、不斷在發展的科目：事實上，今天即將創造出來的新數學比以前更多，而且這種新數學不只是針對愈來愈大的總合，所提供的愈來愈複雜的答案，而是基於遠比以往來得更高的觀念層級。數學研究的是模式、規律、法則，及這些模式規則的結果（研究顯著形態的科學），而在生物學上，沒有其他的事物比形態更為顯著了。

這種對數學的看法好像相當玄妙，但事實上，這種觀點可以使生命的數學，比那些學校所教的乏味方法更有趣也更容易瞭解。若用一個普通的比擬，就相當於樂器上的音階練習（學校裡的數學）與作曲（具創造力的數學）之間的差別。未來的數學也許可以幫助我們瞭解生命的各個層面，生命的內在通則；未來的數學將屬於有創造性的數學，而非缺乏想像力的數學。

我不打算運用抽象的論點，而是要帶領各位看幾個具代表性的模式，讓無機世界自己來說明。我將用一些各位所熟悉、而且比較簡單的例子開始談起，再慢慢介紹到更深奧、更複雜的例子，我的目的只是要展示無機世界能夠做些什麼，並填補那道介於無生命的物理學與有生命的生物學之間的明顯裂縫。

我首先要來談談無機世界裡眾所周知的模式，那是克卜勒四百年前就已經知道的模式，不過其中還是隱藏了許多難解之謎，直到最近這些祕密才獲得科學上的解答。

雪花與六重對稱

世界上約有一半的人在寒冷的氣候裡生活，對這些人來說最熟悉的莫過於雪花。（對另一半的人來說則是：最不熟悉的莫過於雪花。）不過，即使是經常碰到雪花的人，也很少會去瞧個仔細，因為已經看過圖片或者聽人說過，所以大多數人知道雪花是冰的微小晶體，可以想像雪花在放大後相當美麗，有精巧的樹枝狀結構，並呈現六重對稱性。

一八八〇年，有位叫做班特利（Wilson Bentley, 1865-1931）的美國人，透過顯微鏡來拍攝雪花，後來他出版了一本含有兩千五百張雪花照片的書。樹枝狀結構會隨冰晶體的不同而有所不同——在他的圖片集裡沒有兩個是相同的，然而，絕大多數的雪花都有一個極為顯著的形狀：完美的六重對稱結構。這些雪花是精巧的微小六邊形，不是數學家口中的簡單幾何六邊形，具有六個直邊，不是的——雪花的形狀是如此複雜而美麗，就像玻璃做的蕨葉。

不過，就其中一個關鍵特質來說，雪花像極了數學家的六邊形：雪花就像六片相同的蕨葉，兩兩成六十度角地整齊排列成花束狀。你若想使自己相信這種美實際在發生，最簡單而直接的方法就是在微微下雪時分，披件外套，帶著放大鏡親自到屋外看看。（可是先要有個心理準備，實際的雪花往往不很完美，有些可能已經碎掉或融化了。）

以行星三大運動定律聞名於世的克卜勒，在一六一一年首次針對雪花的形態，做了慎重的解釋。克卜勒習慣於找尋各種模式，對任何一種展現出數學規則的真實事物都很有興趣。他寫了一本很精采的小冊子《六角的雪花》[1]，給他的贊助者當新年禮物。在小冊子裡，他找出雪花的六重對稱結構是來自本身的原子結構。這種提倡「物質是由極微小粒子（原子）形成」的學說，可以回溯至古希臘，尤其是德謨克利特（Democritus，西元前460-370，希臘哲學家）。

我們並不清楚希臘人是否認真看待原子，或只是當做爭論的議題，但無論如何，過去這兩千多年來還沒有人對原子做過任何有用的解說。克卜勒所做的，只是利用臆想實驗及傳統觀念，去把雪花外在表現的許多宏觀規則，追溯至某種假想的微觀規則。他瞭解到，如果物質是由相同微小粒子構成，那麼物質的大結構，將靠組成粒子如何排列來決定，而不是粒子本身的形狀；就像生命，它的整體結構遠比個別要素來得重要。

為了簡化，我們假設粒子是小的圓球。那麼這些圓球要如何自然地堆排起來？圓球是三維的，雪花卻相當扁平，也就是說雪花組成粒子（如果有這種東西的話）的堆排結果一定近似一個平面。因此，以二維來思考這個問題是最容易的，比方利用小圓片（譬如等值的錢幣）。

現在把錢幣放在桌子上（圖十二a），然後看看我們在這個錢幣的周圍可以擺放幾個。答案是六個，而且填合得剛剛好（圖十二b）。若按同樣的步驟繼續，我們就可以把錢幣擺成像蜂巢一樣的緊密模式（圖十二c）。

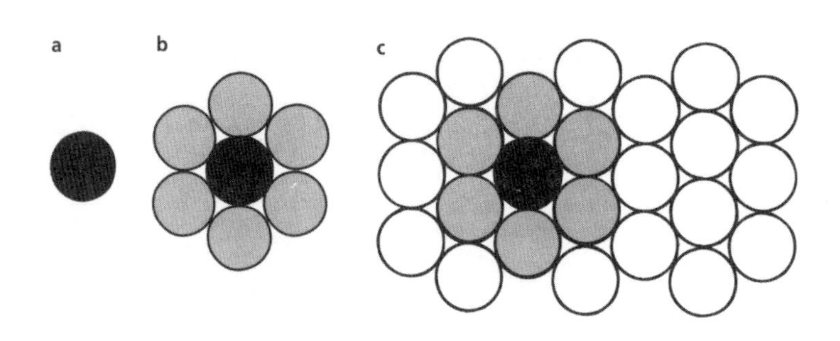

圖十二 (a) 一個錢幣的周圍可擺放幾個等值的錢幣？(b)答案是；六個。(c)接下來，繼續堆積成六邊形的晶格。

一般相信，在某一特定區域裡用這種堆積模式，擺放的錢幣數目會比用其他方式要多——可說是最緊密的堆積方式。事實上，這不只是看似有理，而是確實如此，雖然這結果一直要到一九三〇年代，才由匈牙利數學家托思（Fejes Tóth）以完整的邏輯方法證實。從克卜勒的觀點來看，重要特徵在於堆積方式的六重對稱結構；如果冰是由微小單元有效地堆積起來，並處於同一平面上，那麼會產生六重對稱的傾向也就不可避免了。效率原理必然產生規則的幾何形狀。

結晶學（crystallography）的發

展可以用來驗證克卜勒的論點。物質的確由原子所構成，而在固態當中，原子也確實會有效率地堆積在一起，因為自然界會選擇那種需最少能量的結構。在理想狀態下，原子有效堆積的結果就是數學上所稱的「晶格」（lattice），這種規則結構很像繪有三維圖樣的壁紙，同一種單元會沿著三個不同的方向重複出現。但在真實世界裡，原子結構只是一種約略的晶格，帶著被稱為「差排」（dislocation）的小誤差。

結晶形態是千變萬化的，數學家已經證實有整整兩百三十種不同的基本晶格，而每一種又有同樣多種不同的對稱類型。舉例來說，由於一個水分子含有兩個氫原子和一個氧原子，所以冰的晶格就不能像蜂巢那麼簡單，只由一個原子重複擺成。

不過在一八七八年，有科學家發現冰的晶格具有相似的形狀，而得到的結論就是：冰的晶格呈三維排列——每個水分子被四個水分子環繞（這反映了克卜勒的看法），而氧原子成層排列，每一層又自成一蜂巢狀。氫原子則使此圖像更加複雜，但並不會改變圖像的本質。特別值得一提的是，每一層都是平面的，且呈六重對稱——這種對稱性正可部分解釋雪花的形狀。

雪花為什麼長得不一樣？

然而，分子晶格卻無法解釋美麗的樹枝狀結構。解釋這種美麗結構的方法是更加細微的，牽涉到冰晶的生長方式[2]。在解釋的過程當中，我們可以在不需任何進一步輔助或努力的情形下，得到關於結構錯綜複雜的最初暗示，而這錯綜複雜，其實是來自物理作用背後的數學定律。冰晶生長時，是在晶格最外層的表面加入成團的原子，並且（有如肥皂泡般）以可消耗最低能量的方式來進行。

這種過程看似應該會在平面層上產生規則的生長，可以形成直邊的標準六邊形（圖十三a）。不過，戴伊（John Day）卻於一九六二年證明出，使用能量最少的並不是長直邊的六邊形，而是波紋邊的（圖十三b），這種現象稱為「頂端分裂不穩定性」（tip-splitting instability）。這種波紋的產生，使得晶體的基本形狀從平直邊的六邊形，變成有六個頂點的星狀物。這種改變僅僅是許多可能形狀改變中的第一個。

上述的這個頂端分裂不穩定性，意指星狀物的六個生長臂會依序長出新的枝芽，而當這些枝芽生長到一臨界大小時，也可能會再分裂，如此繼續下去。

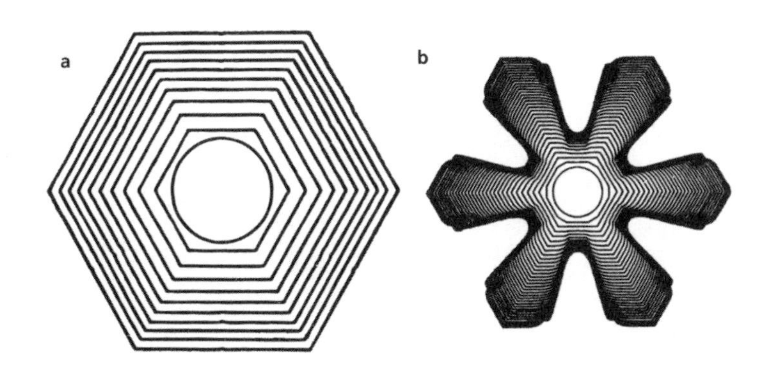

圖十三　六邊形並不是冰晶體最低能量的形狀 (a)，而是有波紋者 (b)。

這種結果我們稱為「樹枝狀成長」（dendritic growth），正是使大部分的雪花看起來像蕨葉的原因。

我們現在已經解釋了雪花的對稱性和複雜性——但不是個別之間的差異性。為什麼沒有兩個雪花是一樣的？

頂端分裂不穩定性的確切細節與周遭環境有關，特別是大氣的濕度：空氣愈潮濕，晶體成長得愈快。你們不妨想像雷雨雲（即積雨雲）中的一個微小六邊形晶種，從周邊不停吸取著新的水分子。

由於晶種十分微小，所以六個角落的條件在任何時刻都非常相似，但又因為雪花在這片雷雨雲中受到各方的吹襲，因此這些條件隨時在改變。所以，六個角落全都會以相同的模式開始長芽，等條件改變之後，又繼續以稍微不同的模式成長——但六個角落的模式會不斷重複。

這樣一來就維持了六邊對稱，但形狀本身則依雪花形成過程的實際條件而有不同。

晶體成長的數學定律解釋了雪花所有的複雜細節，瞭解這一點是很重要的，儘管這些複雜細節不只局限於明顯可見的數學直邊六邊形。有些細節是自發產生的，而非來自外力的干預，如頂端分裂；其他則是受到外界的影響，譬如雲中濕度的變化。但即使是這樣，控制著雪花最終形狀的還是數學，雪花之美全都存在於數學定律中。

滾滾波浪

雪花的形狀主要是「空間」上的模式，在時間上並沒有值得注意的規律。不過，有另外一個我們所熟悉的重要模式，與時間及空間上的規律都極為相關，這模式就是——波（wave），是自然界最常見的規律之一。在世界上大多數的地方，如果你站在海濱看向大洋，所見到的一定不是平靜無波的海面，而是一波波浪潮，向海邊滾進，濺起千堆浪花。真正的海浪是很複雜的，但最重要的幾個特徵都可用簡單的數學模型推導出來。

現在把一段長繩綁在門把上，手持另一端好好拉著，但不要拉太緊。接著把你的手猛然上下搖動一次，你就會看到一個波，像是在沿著繩子走，走到門那兒就回彈，然後朝你的方向走回來。如果繼續上下晃動繩子，你就會看到一連串的波，形狀大同小異，移動速率也差不多一樣，一個接著一個，間隔也都一樣。

用來描述「具有一種規律重複的形狀」的數學術語，就是「週期性」（periodic）一詞。形狀的週期性可以出現在空間上（例如浴室牆壁上的瓷磚）、時間上（例如四季的交替），或同時出現（例如奔向海灘上的波浪）。

行進波（traveling wave）是自然界最常見的模式之一，它發生在液體中，就像上面我們所說的。它也發生在氣體中：聲音就是空氣中的一種行進波。光、無線電波、X射線和微波，統統都是電磁行進波。你也可以在沙丘上、河床的泥巴裡，甚至在雲層的形態中發現行進波。

你還可以在世界上僅有的兩個區域，發現森林裡瀕臨死亡的樹木形成慢慢移動的波的模式[3]：其中一塊區域就是日本中部的八岳（Yatsugatake Mountain）及秩父山（Chichibu Mountain）一帶，另一塊是介於美國新罕布夏州與加拿大之間，阿帕拉契山脈的幾個山峰附近的區域。這種波的形態像灰色的新月，穿過森林冷酷地慢慢前進。在新月形地帶裡，樹木死亡然後倒下，而在新月形的背後，生命力旺盛的樹苗不斷萌芽。

這些波形並不是因為汙染造成的，而是一種自然存在的真菌。這種波形要花很多年才改變位置，而死亡的樹木最後還是會被新長的樹木所取代；雖然如此，它內含的數學跟其他任何波沒什麼兩樣。瀕臨死亡的樹木的波形，結合了數學與生物過程，在森林管理方面是很重要的參考依據。

沿著繩子，只有一種方式可以安排週期波的模式：波必須一個接著一個，只有形狀和大小會改變。不過，像是在海面或沙漠表面，波的模式就有很多不同的形式，最簡單的一種，是由排成平行線的波所形成的形式，就像紙上的線條；海浪湧向海灘時，通常就是約略形成平行線。

圖十四則是沙漠上可見的典型沙丘模式[4]；沙丘是沙漠環境的重要部分之一，而生存在沙漠裡的生物，自天地開始出現這些生物以來，就一直在利用（並受限

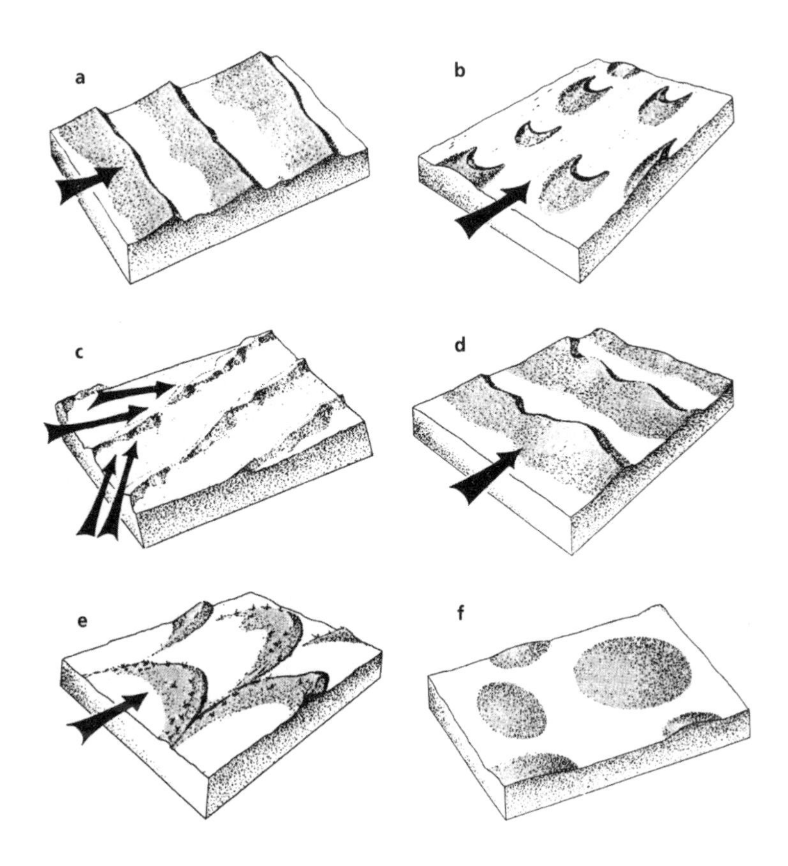

圖十四　幾種沙丘的模式：(a)橫沙丘；(b)新月形沙丘；(c)線形沙丘或縱向沙丘或賽夫（seif）沙丘；(d)新月形沙脊；(e)拋物線形沙丘；(f)圓頂形沙丘。

於）沙丘的數學。

從不規則產生規則

除了沿著直線前進以外，波還有其他許多性質。各位已經知道，當你丟擲石頭到池塘裡，池裡會產生向外擴張的同心圓圈。這種擴張同心圓的模式，也會發生在化學實驗中，我們稱之為「貝魯索夫—查玻廷斯基反應」（Belousov-Zhabotinskii reaction）或簡稱BZ反應[5]，現在的生物學家認為，這種化學作用與動物斑紋的形成息息相關——但這並不是說動物身上通常會顯現出同心圓圈。

一九五八年，俄國化學家貝魯索夫（B. P. Belousov）提出下列發現：某些化學藥品的混合物會有某種振盪反應（oscillatory reaction）——也就是一種會週期性重複相同變化序列的反應。他的這項發現本來是會震驚化學界，要不是因為太具革命性而使化學界拒絕相信，早就公諸於世了。

在那個時候，化學家認為根本不可能有這種事，因為這似乎是在從不規則（沒有模式）產生規則（有模式），在他們眼裡，從不規則自發產生規則，是不可能發生的。不過到了一九六三年，俄國化學家查玻廷斯基（A. M. Zhabotinskii）另行選擇化學藥品，使振盪反應的效果更為明顯且重複性更大，因而證明了貝魯索夫自始至終都是對的。

從此，查玻廷斯基的實驗就成為了經典之作。在經過美國數理生物學家溫弗瑞，及英國生殖生物學家寇恩的修正之後，這個實驗需要四種化學藥品以相當精確的比例混合[6]。把這些化學藥品混合好並放置在淺盤內，我們會先看到一均勻的藍色層形成，然後突然轉變為紅褐色，幾分鐘後就開始出現幾個微小的藍點。接著，這些藍點漸漸擴大，點的中央則變成紅色，而當藍圈向外擴展時，中央的紅點也會跟著擴張，然後在紅點中央又浮現出新的藍點。不久之後，淺盤就會充滿紅藍相間的同心圓，所有的圓圈都慢慢生長，互撞在一起（彩圖一）。

BZ反應更是多變：除了變成圓圈，還可以產生螺線。創造螺線最簡單的方法，就是讓金屬物件的頂端（如針頭）穿過圈環，把圓圈打破；另外也可以利用加熱的鐵絲或雷射光束，或者只是把盤子稍微傾斜片刻。這樣一來，模式從被打破的末端開始捲曲，產生幾個緩慢旋轉的螺線，而這些螺線會以複雜的方式相互作用（圖十五）。數學家可以用簡單但微妙的「反應—擴散方程式」（reaction-diffusion equations），來解釋這些圓圈和螺線[7]。

圖十五　BZ反應的螺線模式。

宇宙間的對稱定律

這些模式與其他千千萬萬種模式，說明了無機世界有能力產生精巧而美麗的形態。這樣的能力是從哪裡來的？大部分而言，此能力來自一個簡單但基本的原理，也就是操控了物理宇宙深層結構的原理：對稱（symmetry）。在科學家當中，特別強調對稱原理在宇宙中的重要性的就是愛因斯坦，他認為，自然界真正的基本定律在任何時空都一定相同：也就是說，定律必須是全然對稱的。他從這個原理推導出相對論（theory of relativity）及其他許多結果。

當代物理學已經確認了，在宇宙的最深處，是以對稱性來運作的。對稱原理操控了自然界的四種作用力（即重力、電磁力，及作用於基本粒子間的強核力與弱核力），也操控著基本粒子的量子力學，此外還掌控了空間、時間、物質及輻射的本質，支配著宇宙的形態、起源及最終命運。雖然不知道為什麼，但我們很確定情況就是這樣。

對稱可以簡單解釋規律的模式，如晶格，因為這些模式本身就具有高度的對稱性。我們很容易相信，模式的對稱反映了模式背後的定律也具對稱性。然而，我們現在即將開始認知，宇宙的基本對稱性也可以解釋沒那麼規律的模式。

問題的本質在於，我們必須瞭解宇宙是如何根據完美的對稱定律，來發展時空裡如此多樣的不同結構。的確，若是定律對於時空內每一點都相同的話，不就是意味著「宇宙本身」在所有時空也必定一樣嗎？如果宇宙的各個角落都遵循著相同的基本定律，都以「大霹靂」（Big Bang）為起點，怎麼可能會產生不一樣的行為？這些複雜的形態又是如何自行產生的（出現之前毫無複雜性產生，沒有複雜的祕譜、複雜的幾何結構、複雜的初始條件）？

若想解釋宇宙間各式各樣的形態，得依靠對稱性，但除此之外還需要下面這個要素：穩定性（stability）。所謂的「系統呈穩定狀態」，就是指即使受到微小而隨機的影響所干擾，該系統仍能維持不變。反之，如果微小的擾動造成大變動，就是「不穩定」。真實世界裡總免不了有小的擾動，例如我們稱之為「熱」的這種分子振動。通常，我們可以確實看到正在發生的現象，都是穩定的。

對稱性跑哪兒去了？

舉個不穩定的典型例子：在一堅硬表面上垂直豎立一根針頭，並讓它保持平衡。理論上，如果你剛好把針頭擺在恰當的位置上，就可以使它永遠保持平衡，但在實際上，無論你怎麼做，針頭都會倒下去。

理由有兩個：第一，如果你把針的位置擺放得有點差錯，那麼這個差錯就會被重力擴大，所以針頭會倒下去；其次，即使你能使針擺放在很難達到的理想位置上，但是一有輕微的風吹草動，或僅只是本身由於熱所引起的分子振動，也足以使針頭受到擾動而傾倒。相對的，如果把針頭平放，就是一個穩定的系統：如果放在那兒不管，針頭不會移動，就算你稍微推一下，當你不再推動時，針頭也幾乎馬上停住不動。

過去幾世紀以來，數學家漸漸承認，對稱系統的不穩定性，常導致模式的變化。不穩定會造成系統整體對稱性的破壞，意思就是不穩定會導致系統對稱性的減少。冰晶的頂端分裂不穩定性，就是一種失稱（symmetry breaking），結果產生出形似蕨葉的樹枝狀雪花模式：晶體邊緣變成波紋狀，而非平直的邊。

舉一個更簡單的例子，想像一個砝碼放在鉛直彈簧的上端。此系統呈左右對稱：如果彈簧向左彎折，它承受的力跟向右彎折一樣。另外，如果與砝碼相比較之下彈簧強度夠大的話，那麼此系統的「狀態」也將是對稱的：非常垂直，而且是筆直地沿著對稱軸。但是，如果彈簧比砝碼來得弱，彈簧的垂直對稱位置就會變得不穩定，因而系統就要尋找其他狀態，譬如突然朝砝碼移動的方向彎折過去，這麼一來，狀態就不再對稱了：狀態會偏向砝碼的方向。

上述這個例子的對稱性跑哪裡去了？這麼說吧，對於每個彎向左邊的狀態，就會有一個彎向右邊、恰好相同的狀態。這種對稱會分布在幾個不同的狀態，而不是只集中在一種。不過，通常我們一次只見到那些狀態當中的一種，所以看不到整體的對稱。

我們再來舉一個不同的例子。沒有沙丘的沙漠表面是平坦而沒什麼景觀的，是一種高度的對稱狀態，每一位置都與其他位置一模一樣，但是當對稱性被破壞之後（只要一陣風就行了），對稱狀態就變得不穩定了，變得這裡一些沙堆，那邊一些淺坑。沙漠表面的這些變化會影響空氣的流動，進而加強了微小的擾動，因此沒過多久，巨大的沙丘就形成了。不過，由於原來的系統（假想的平坦沙漠）極為對稱，所以某部分的對稱性仍會留存在沙丘上，因此沙丘會呈現出如此特殊的模式。

我們對於模式形成的大部分瞭解，主要來自失稱[8]。數學家一直到一八三〇年前後，才將自己對於對稱的瞭解賦予明確的形式，同時也瞭解到，對稱不是一件東西，而是一種變換（transformation）——一種移動、一種形變、一種把組成要件四處移動的方法。

不過，對稱又不像其他任何一種變換：對稱可以讓物體在變換之後，看起來與變換前完全一樣。例如，正方形的幾種對稱包括將正方形旋轉一個直角：將一正方形旋轉九十度之後，你辨別不出旋轉前後的不同；也就是說，「旋轉九十度」這種變換，是正方形的一種對稱。相對的，如果改成旋轉四十五度，你會得到菱形，這就不是一種對稱了。

那其他的呢？譬如說，圓？圓有兩種對稱：第一種是繞著圓心旋轉任何角度的旋轉對稱，第二種是對任何一條直徑（軸）的反射對稱。每一種形狀都有它本身的對稱組合，有些形狀的對稱組合很少，有些很多。對稱愈多的形狀，其模式看起來就愈規則。

對稱的變換有很多種，其中最主要的是下列四種類型（見圖十六）：首先是平移（translation）——將整個物體往旁移動而不做任何轉動；其次是旋轉（rotation）——固定一點（中心點）不動，而其餘各點則相對於該固定點，旋轉一固定角度；再來是反射（reflection）——與物體對著鏡子有相同的效果，把想像中的鏡子位置稱為「軸」；最後則是伸縮（dilation）——也是先固定一點，但此處是其餘每一點相對於該固定點，做同一規模的擴大或縮小，如同地圖上所繪的是原版圖的縮小版一樣。這四種類型又以伸縮對生物學特別重要，因為伸縮掌握到了大小改變的影響結果。

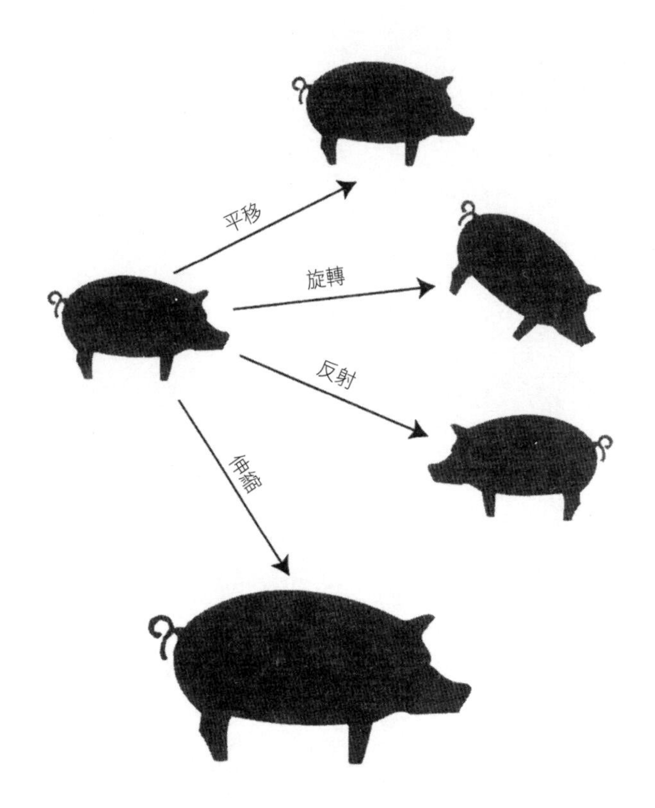

圖十六　四種主要的對稱變換：

(a)平移

(b)旋轉

(c)反射

(d)伸縮

失稱是普遍的法則

對稱很重要，因為對稱規範了物理宇宙的行為；失稱也很重要，因為失稱解釋了形態的突然變化（如冰晶的頂端分裂、BZ反應的旋轉螺線等等）。生物學上很多重要的形態改變，都是因為失稱而引起，在這些情形中，數學可以清楚而簡單地指引出我們會預期到什麼，然而生物學的機制卻常使人迷惑。

舉例來說，青蛙胚胎的形狀在發育時會產生劇烈改變，這種改變就稱為「原腸胚形成」（gastrulation）——腹部的形成（圖十七）。在原腸胚形成階段之前，胚胎發展到「囊胚期」（blastula stage），此時胚胎是一個約含一千個微小細胞的球狀體。不過一到了原腸胚形成階段，卻有奇怪的事情開始發生了：囊胚表面出現了一個圓形缺口，開始時像微笑的嘴形∪，然後便向內凹陷，朝下捲縮並伸展出一個雙面牆的形狀，就像一個窄口的廣體缸。

原腸胚形成的生物學是複雜的，讓人以為囊胚原則上可以變化成任何形狀，一切取決於囊胚接收到的遺傳指令。但相反的，原腸胚形成的數學則暗示我們，所觀察到的形狀變化是在現成的無機模式當中獲得的，是囊胚在物理作用力下所

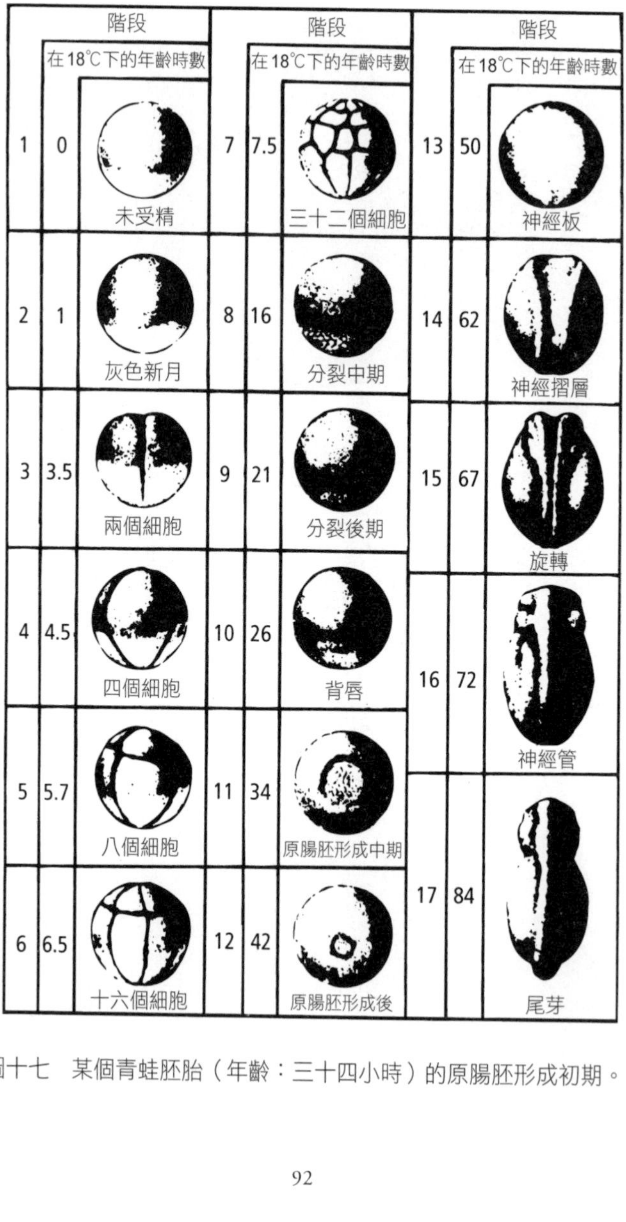

階段	在18℃下的年齡時數		階段	在18℃下的年齡時數		階段	在18℃下的年齡時數	
1	0	未受精	7	7.5	三十二個細胞	13	50	神經板
2	1	灰色新月	8	16	分裂中期	14	62	神經摺層
3	3.5	兩個細胞	9	21	分裂後期	15	67	旋轉
4	4.5	四個細胞	10	26	背唇	16	72	神經管
5	5.7	八個細胞	11	34	原腸胚形成中期	17	84	尾芽
6	6.5	十六個細胞	12	42	原腸胚形成後			

圖十七　某個青蛙胚胎（年齡：三十四小時）的原腸胚形成初期。

圖十八　球開始扭曲時，還會保持著對某一軸的圓形對稱。

產生的一種變形。用一般的用語來說，囊胚的球狀對稱模式被打破成為圓形模式，是必然會發生的現象。用數學計算我們可以證明，若任何一種球形殼（如乒乓球）受到指向球心的均勻作用力的壓縮，同樣的情形就會發生（圖十八）。

我當然知道，青蛙的胚胎遠比乒乓球複雜得多，會深受遺傳學和其他許多因素影響，這些因素是在確保胚胎的變形會按照正確的方式進行[9]。同樣的，青蛙的發育顯然是在利用一種物理學免費贈送給生物學的行為，幾億年來都是如此。

自太初以來就存在的物理定律

告訴我們，對一組彼此間具有微弱引力的小粒子而言，球形殼是一種天然的穩定結構。這些定律也指出，每當這種球面發生變形的時候，其實是在產生某個圓形的缺口，然後再向裡摺。

所以，青蛙胚胎的原型呈球形是全然合理的，但另一方面，胚胎又不能一直保持球形，否則我們最後會看到一隻球形的青蛙！因此，對稱性一定得打破。

物理學已經提供了一種打破對稱的自然方法：在表面引發一種不穩定性，然後讓它自發變形成一圓形的缺口，自行向內凹陷。這種現象是自然發生在青蛙生物學上的，因為青蛙的遺傳學可能會觸動不穩定性，必要的話，甚至可以逐步修正確切的變化形態，但並不需要告訴囊胚如何變形。

同樣的，當大象掉下懸崖的時候，牠的基因不必告訴牠要遵守重力定律。這也正意味著，我們不能純粹用遺傳學來瞭解原腸胚形成，還必須加進與變形有關的數學；或者更精確的說，我們必須把任何使囊胚物質變形的類似規則，也一併考慮進去。

我不希望各位認為，簡單的球面必定是囊胚的適當模型。也許囊胚的個別細胞會影響囊胚的變形，也許遺傳指令會命令那些細胞開始移動（這似乎極有可能），不過，若想知道接下來會發生什麼，重要的線索來自物理學，而不是遺傳學。這就是我在這裡試著傳達給各位的。

失稱是普遍的法則，適用於所有的對稱系統。失稱告訴我們：物理性質不同的系統，縱使有明顯的差異，但只要對稱性相同，還是有可能產生相似的表現。失稱在自然界中極為普遍，不只解釋了模式，也解釋了模式之間的類同。我們還將看到，失稱可以解釋生物極其多樣的模式，並統合這些模式。

不過，在繼續進行到整個生物體之前，我們必須先來仔細看看生物體的分子基礎——DNA。同樣的，我們也會發現許多數學模式在其中扮演了重要角色。

【注釋】

1. 原著資料為：Johannes Kepler, *The Six-Cornered Snowflake (De Nive Sexangula)*, edited and translated by Colin Hardie, Oxford University Press, Oxford, England (1976)。
2. 詳見Roger Davey and David Stanley, “All about ice”一文，《新科學人》（*New Scientist*）雜誌1993年12月18日出版，第33-37頁。
3. 詳見Peter J. Marchand, “Waves in the forest” (*Natural History* 2, 1995, 26-33)一文。

4. 詳見Andrew Goudie, *The Nature of the Environment* (second edition), Blackwell, Oxford, England (1989)。
5. 詳見Ian Stewart and Martin Golubitsky, *Fearful Symmetry*, Blackwell, Oxford, England (1992); Penguin, Harmondsworth, England (1993)。
6. 寇恩（Jack Cohen）和溫弗瑞（Art Winfree）兩人簡化了查玻廷斯基的配方，很有自信地在學生面前示範。他們只使用了四種放在架上多年的便宜化學藥品，尤其是放在冰箱裡的。混合物會產生溴，但產生的量在通風的房間內不會導致危險。注意：此等混合物有中等的毒性。

配製四種成分：

a. 二十五克的溴酸鈉，以三百三十五毫升的水溶解之，然後加入十毫升的濃硫酸。

b. 十克的溴化鈉，加水至一百毫升。

c. 十克的丙二酸，加水至一百毫升。

d. 1, 10啡啉亞鐵錯化合物（phenanthroline ferrous complex）（Fisons, Loughborough, United Kingdom）。

把六毫升的溶液a放入玻璃燒杯內，加〇．五毫升的溶液b，然後很快混合一毫升的溶液c。把這個褐色混合物放到打開的窗邊，使溴散掉，直到顏色轉成淡黃色或沒有顏色為止（如果是在一淺盤中攪拌，約需兩至三分鐘）。接著，加入一毫升的氧化還原指示劑d，充分混合，再倒入九公分的玻璃或塑膠培養皿，背景為白色的（最好是有燈光）。混合物會轉變成斷斷續續的藍色，然後變為紅褐色。接下來，中心會出現藍色（可能要等上五分鐘）並且擴大成一系列的同心圓，慢慢向外擴張。如果搖晃培養皿使成均勻，模式會重新出現。不然的話，就不要去震動或搖動。這種效應將持續二十至二十五分鐘。這個實驗在投影機上可以清楚顯現，但如果冷卻的風扇不平衡的話，圓圈可能會模糊。

7. 詳見M. Golubitsky, E. Knobloch, and I. Stewart, "Spirals in reaction-diffusion systems"一文，preprint, Mathematics Department, University of Houston (1997)。

8. 詳見Ian Stewart and Martin Golubitsky, *Fearful Symmetry*, Blackwell, Oxford, England (1992); Penguin, Harmondsworth, England (1993)。

9. 精子進入卵子的那一點，可以決定凹陷會在哪裡發生。

第3章

DNA的幾何

要證明數學模式對於形成地球生命的重要性，
再沒有比DNA更令人信服的證據了。
DNA之所以扮演這種角色，
是因為本身的簡單幾何模式——雙螺旋。

有機化學既神祕又深邃，而發生在生物體內的化學過程或反應，與實驗室裡的化學過程或反應，兩者間有很多差異；發生在生物細胞中的化學作用，包括催化及其他作用，是極其複雜的。但要說這些作用與一般化學操作不同……似乎不再站得住腳。

——湯普生，《論生長與形態》，第九章

如果宇宙間還有其他地方存在著生命，這種生命的化學基礎，也許不會和地球上的生命相同，事實上，甚至可能沒有任何化學基礎：各位只要從我其他著作，看看想像中的外星球阿培洛貝特尼斯三世（Apellobetnees III）的電漿旋渦人（plasma-vortex beings）就知道了。不過，地球上的生命確實有化學基礎，而且是獨一無二的。

地球上的每種生物都要靠DNA這種特別的分子，來組織物理學主動提供的程序和結構。如同我一直在說的，如果缺少了支配物理學的數學定律，生命就無法運作。不過，事情不應只是這樣，這顆行星上必定還有其他的東西，那就是：DNA。

DNA的化學牽涉到不只一個分子，而是比較像一個由多間化學工廠組成的綜合體。除DNA以外的其他分子，共同組成一個完整的支援小組，接受並執行DNA的指令，甚至反過來修改DNA，而且往往是很劇烈的修改。感覺上，生命的化學好像不可能發生在比細胞更簡單的地方：的確，像病毒這種低等的原始生命，雖然不能靠自己複製遺傳物質，卻會侵入其他細胞，劫持該細胞的化學工廠，重新改寫工廠的程式，使該細胞製造更多的病毒。

DNA為科學界引出很多問題，諸如：DNA如何複製（這是繁衍生命的一項必需步驟）？DNA如何傳遞遺傳訊息？將DNA指令轉換成蛋白質的遺傳密碼（genetic code）是唯一可能的密碼（正如克里克所稱的，是一種凍結的偶發事件）？或是有更深一層的物理理由，可以解釋為什麼會選用那種密碼，而不選其他密碼？DNA對生命究竟有多重要？

很多這類問題的答案，與數學模式有極為密切的關係。還有什麼比著名的DNA雙螺旋「更數學」呢？圍繞著DNA的祕密，有很多好像與DNA分子深奧的幾何結構有關，事實上，從分子生物學的角度來看，幾何學正是背後的操縱者。因此，若想瞭解一些基本過程，如DNA如何自我複製，就需要某種非常精密而現代的數學，這類型的數學有一部分是一九八〇年代後期才被創導出來，有的部分至今還沒出現。

我相信，如果我們夠瞭解生命的話，就能體會生命只是宇宙的模式型錄當中的一頁。第一頁：圓，第二頁：DNA雙螺旋……第四十二頁：地球上的生命形態，第四十三頁：電漿旋渦生命形態……我無法帶各位到那麼遠，但我們可以到第三頁：病毒。毫無疑問的，病毒幾乎可算作是粗略的數學模式，不過就連病毒，也需要一點遺傳學。

本章大部分是談到DNA的幾何結構，以及各種相關的數學問題，最後還會提到DNA以外的範圍，介紹一下病毒的分子幾何學（模式型錄的第三頁），而在章節一開始，我首先會問一個由來已久的問題：生命從哪來的？

關於生命起源

為了使討論簡單化，我將把重心集中於我們已知的生命，也就是以DNA為基礎的生命。我們對此問題的答案以及是否願意接受其他人的答案，都很受我們本身對生命的想法所影響。如果我們在生命與無生命之間，看到一條很大的鴻溝，那麼就會連要想像有答案存在，都會十分困難。答案若是「生命由某種令人印象深刻的特殊方式創生而來」，恐怕會比「生命源自正常物理世界當中某些完全自然、卻很緩慢、有時出乎意料的一連串簡單的事件」，看似合理多了。

不過，生命與無生命之間的鴻溝愈窄，我們就愈有心理準備承認也許會有完全合理的解釋，不僅可以解釋生命有可能起源自無機，更能解釋生命就是這樣產生的。

我們已經證實，無機程序可以產生的結構與行為，遠比我們通常認知的還要複雜、精細。物理定律提供了一些相當有彈性的構造基材，供生命隨意取用、改良，只要生命在一開始就能使自己順利展開。有了這層認知，當然就會縮小生命與無生命領域之間的差距，但還是無法彌合這道鴻溝。

生命看起來仍然遠比無生命來得複雜、有組織、更具彈性而適應力強。當然，生命已經過大約四十億年的進展，才達到今天的境地。但由於生命不只是高度複雜，而且看起來還能自發變得更加複雜，所以我們不應預期自然界僅在一步之間，就由無生命演變到今日內涵豐富的生命。相反的，我們應該預期自然界是從小處開始的。

可惜我們無法回頭看看那些起源，所以只好用如今仍可掌握的證據，來推論那時可能發生的情形。我們最能取得的直接證據就是化石。由於最早期的生命形態太柔弱、太微小了，所以很難產生良好的化石，不過，許多後期的有機體的確存在，甚至可以在岩石中找到，因此我們可以研究這些岩石的類型，或者用複雜的儀器檢測岩石內的放射性物質，從中斷定這些有機體的生存年代。

化石紀錄顯示，在幾十億年間，地球上出現的生命體日漸複雜。我並不是指簡單的生物體消失了，而被更複雜的取代；一般而言，簡單的生物體還是會留下來，不過也許會經過變化或滅絕。然而有些時候，會出現與以前特別不同的複雜生物。

這種愈來愈複雜的傾向，使研究工作變得更不容易。我們不只要解釋生命是如何開始的，也要解釋化石紀錄為何顯示出「生命在經過百萬年之後多半（雖然不是全部）會愈變愈複雜」的現象。複雜性漸增的標準解釋，就是英國博物學家達爾文（Charles Darwin, 1809-1882）的演化論，這個理論是我們在第四章要討論的主題，所以在此我只打算著重在生命如何從無機的物質和過程中誕生。

事實上，生命的起源似乎不再是特別困難的問題。我們知道（至少在地球上），生命的主要成分是DNA，也就是說，生命的基礎是分子，因此我們所要做的，就是瞭解複雜的分子：分子是如何開始出現的，是如何促成生命形態與行為的豐富多采。

結果發現，主要的科學爭議並不在於缺少對生命起源的可信解釋（過去都是這樣認為），而是因為這類解釋太多所引來的窘境。合理的解釋似乎不少，問題是要選擇哪一個。過多的解釋替「地球上的生命究竟是如何開始的？」這類問題引發不少難題，但對於「生命真的可以從無生命的過程產生嗎？」這種較為基本的爭論，並不會造成困擾。

生殖能力從何而來？

我們先從生命最讓人疑惑的部分之一開始看起：生殖能力。岩石不會產生更多岩石（除非打碎），行星也不會製造更多行星，不過變形蟲、水仙、青蛙、松樹及大象，可以製造更多的變形蟲、水仙、青蛙、松樹及大象。我們必須找出這些生物是如何辦到的；我們需要知道的不是細節，而是精髓。如果沒有某種生殖過程，那麼生命可能就無法延續下去，但生命的生殖能力又是從哪來的？

物理定律中可看到一些生殖的先例。可以不斷繁衍的無機結構當中，火燄就是其中一個絕佳的例子：只要供應充分的燃料，也就是可燃材料及氧氣，那麼當火花從燃燒中的物質飛向還未燃燒的物質，火燄就會散布開來，引發新的火燄。火燄甚至也有極其複雜的構造，有內蕊（inner core）、部分燃燒物質所形成的外暈（outer halo），以及升起的一柱煙。

縱然如此，我們並不視火燄為一種生命形態，其中的理由對我們的討論大有助益：雖然火燄可以不斷繁衍，但是並沒有遺傳性。火燄可以依照本身的環境和物理學上與生俱來的規則摹製方式，為自己重新創造形態，但是火燄沒辦法繼承先前火燄的特性——後者比較接近我們對有機生命體所預期的能力。

不過，火燄還是可做為一個開始。這並不是說生命由火燄開始，而是說：過程可能一樣，但是材料不對。

單看DNA，它只是一個分子，一些化學結構，屬於無機世界的一部分——一種可以複製（製造出跟自己一模一樣的複製品）的分子。我們能不能把DNA

分子的第一次出現，視為生命的起源？如果可以，我們就必須解釋這種奇怪而複雜的分子是從哪來的。

另外還有一個難題：由於DNA複製的方式十分複雜（伴隨著其他分子組成的廣大輔助隊伍），所以很難說DNA是第一個複製系統。表面上看，DNA更有可能像是某種化學寄生物，寄附在一些更為簡單的複製化學系統中，當簡單的化學系統複製時，隨同的DNA就跟著複製。

第一個複製分子可能就是RNA——比DNA簡單的近親。以RNA為基礎的學說首先在一九八〇年代出現，當時，美國微生物學家切克及加拿大裔的美籍分子生物學家艾爾特曼（Sidney Altman）[1]，發現了特殊的RNA分子，這種分子現在稱為核糖酵素（ribozyme）。

這兩位學者推論，從前的地球是一個充滿RNA的化學海洋世界，海洋裡的分子互相撞擊，不斷反應、分裂、附著與成長。隨著時間的過往，就產生了一些相當複雜的分子，RNA的原始形態也是其中之一。碰巧這種RNA有複製的能力：如果意外碰到合適的小分子，這種RNA就會集合這些小分子，並以某種方式把這些分子結合在一起，進而複製出一個跟自己一模一樣的分子。

在這裡我們看到了關於複製體的重點：複製。當你取得其中一個，並提供可用來複製的合適原料，它就會複製成更多，而且是非常多。不久，這片海洋就充滿了複製出來的RNA。

這些都很有道理，但分子怎麼可能自行複製？這難道不是更重要的問題嗎？我們不可能只是揮揮手，就召喚來上述這種不太可能存在的分子。針對此難題，美國聖塔菲研究院的複雜科學家考夫曼（Stuart Kauffman）發展了一種自行維持化學程序的「自發催化網路」（autocatalytic networks）[2]；此概念提出，當單一分子的複製相當不可能時，一群分子的集體相互複製就幾乎是必然的。

這種觀點說明了，A分子複製出A分子，是一種相當不可思議的巧合；但是如果A分子要產生不同的B分子，並不是不可能，因為這就是分子所要做的。然後，B又產生另外的分子，叫做C，或者B同時產生C及D兩種分子。過了一段時間之後，因為只有這幾種分子在兜圈子，於是你開始發覺有反覆的情形：譬如說D產生A及E，E又產生B。

這樣一來，B產生D，而D產生E，E再產生B，所以B分子就被複製出來了——藉由B的朋友的協助。

考夫曼指出，如果持續加進像這樣的分子，最終就很有可能形成某種小集團，因此，在這個小集團內製造的分子還是留在小集團內，而且小集團內的每一分子，都是由小集團內的某樣東西所產生。達到這個階段之後，小集團就可以自行維持及自行複製——也就是成為一個自發催化網路。就像RNA世界的觀點，這階段同樣可以應用在這些集團網當中：等這樣的集團網一出現，不久你就會發現其他的小型網路。

生殖 vs. 複製

談到這裡，複製（replication）與生殖（reproduction）的區別開始顯得重要，在這之前我一直沒有明確指出這部分。

如果稱一個系統在「複製」（在有合適原料的情況下），是指該系統能夠創造與它本身幾乎一模一樣的複製品。晶體可以複製：新的原子晶格層長在既有的晶層上，而且在適宜的條件下，這些晶層可以分離出去，形成一個與原晶體的結構頗為相似的新晶體。

相對的，如果我們說一個系統在「生殖」，是指該系統製造出來的複製品是

「改良」過的，而且這些複製品也會繼續生殖下去。生命的中心特徵是它會生殖，而不僅僅是複製，如果生命只是不斷複製，那麼演化就不可能讓簡單的形態變成更複雜的形態了。生命會生殖，是因為生物不僅擁有遺傳性，而且是擁有具彈性的遺傳性。

黏土可以演化？

考夫曼的自發催化網路是複製而不是生殖。對於生命的無機前身，另有一種不同的想法，這個想法是由坎恩斯史密斯（Graham Cairns-Smith，黏土生命起源論的創始者）提倡的，他提出了一種具遺傳性的原始形態：黏土[3]。

通常，我們會認為黏土是具有黏性的東西，可以塑造成任何想要的形狀，但是我們現在必須明瞭，黏土要比一般所認知的有趣多了，就像雪花一樣。小至分子的層級來看（而且規模不要比分子大太多），黏土有甚為多變而可改造的結構，可以形成旋繞的螺旋，形成奇特的貝殼形狀，以及像薄煎餅那樣的成疊扁平小盤。

在適當的狀況下，成疊的微小黏土煎餅也可以複製，這就要歸功於物理定律。（我知道我說過，僅只是複製對於生命並沒多大意義，但是別急。）請想像一下：水底下形成了一層黏土煎餅，也許就在湖床上，因為那兒的水流比較平靜，新的物質正不停地沉積在湖床上。黏土層的最上面那一層作用有如一模板，可以在它的上面再形成一新的薄層，而這一層又可做為接下來一層的模板，以此類推。最後，整堆黏土就變得很高，所以很容易受到小騷動而傾倒，這樣一來，倒下來的部分又開始堆成新堆——這是複製，但到目前為止，並沒有絲毫遺傳性。

不過，假設在堆積的成長過程中，有某個模式出現錯誤，也許是因為補充的材料不夠而無法妥善完成下一層，也許是有一小塊破損了。不管是什麼原因，那麼最上面那一層的形狀就會發生改變。又因為那一層是下一代的模板，所以這改變會忠實地傳給下一代（圖十九），如果有幾層掉落了，開始產生自己的後代，這種改變了的形態仍然會忠實地複製下去。

我前面說過晶體會複製，可是複製的方式並不十分有趣，因為沒有遺傳性。現在我必須改變我的看法。

黏土煎餅其實也是一種晶體，我們看到了當晶體處在比試管更複雜的環境時，仍然可以帶有遺傳性。我也不是說黏土煎餅是一種生命，不過如果我想這麼說的話，我也可以改變成這樣的敘述：舉例來說，黏土會藉由溶解及再結晶，來

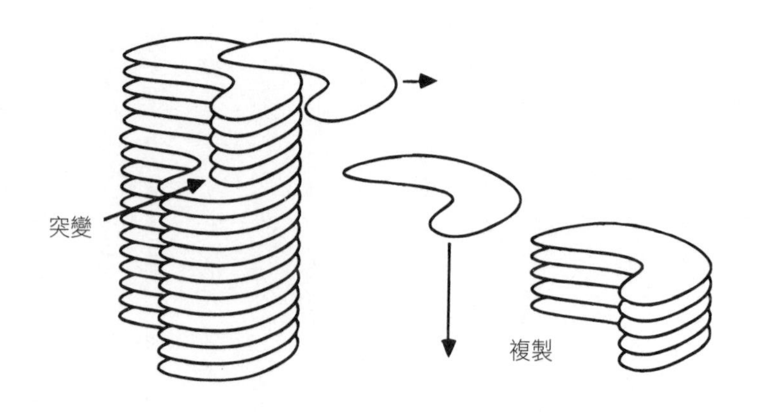

圖十九　一疊黏土小盤的複製與生殖。

互相競爭，因此在原則上，黏土可以演化。

我們也許可以幻想這麼一個世界：在這個世界中，黏土演化成愈來愈複雜的形態，可以發展出移動的能力，可以併吞其他黏土的結構，甚至能夠把自己的遺傳性與其他黏土合併，並進一步製造出也許可稱為「子孫」的後代，而這些後代又會與雙親的任何一方有極為明顯的差別。

這樣一個世界會存在嗎？我不曉得，甚至感到懷疑，但是宇宙這麼大，說不定在十幾個星系以外某處真的有。這個疑問必然會為「生命是什麼？」這個問題增加籌碼，但同時也暗示著：DNA可能不是答案的必要部分。

由這些可能性，黏土煎餅確實可以生殖，因此，DNA本來是可以輕易裝載於黏土上的，因為DNA分子的大小及形狀剛好可以套進黏土的分子槽溝。這麼一來，DNA可能就不需要複雜的化學物質輔助群，至少在開始時不需要，因為黏土可以接手必要的任務，把DNA緊緊吸入槽溝中，並複製DNA和黏土本身。然後，待DNA穩定建立完成，輔助群就可以慢慢接替黏土的角色。

同樣的，DNA也有可能裝載於自發催化網路上，或是在完全不同的東西上，但相反的，DNA也許完全不需要搭載於其他東西上面——不過，如果是這樣，就需要一個非常複雜的程序，使所有的過程一次進行完成，但這種情形看起來比較不可能。也許DNA載於RNA上，而RNA載於黏土上：菲利士（Jim Ferris）於一九九六年發現，長形的RNA分子可以在一種叫做蒙脫石（montmorillonite）的特殊黏土表面自發形成。就如我所說的，論述生命起源的學說並不是沒有，而是太多了。

我們繼續看下去。

DNA的兩項功能

生命一有了起頭之後，是什麼在使它「表現」得像生命？DNA有兩項重要功能：一是複製，一是為蛋白質的生長設計程式。我們認為這兩項功能是各種生命形態必需的，至少是這星球上的生命都需要的。

複製是DNA的第一項功能，這部分已在前面提過了。DNA常常被視為自行複製的分子，但這是錯誤的：DNA就像是放置在影印機上的文件，不會自行複製。DNA的複製只能借助整個輔助分子群，那些分子會將DNA股鏈剪斷成小段、拉直、複製，然後再捲回去並接起來。這種過程的主要特性，花了分子生物學家差不多三十年的時間整理出來，但是還有好多還未被瞭解。

真正帶來更多問題的，是DNA的第二種功能。

DNA提供的分子密碼看似在為蛋白質的生長設計程式，是發展成複雜結構（生物體）的關鍵步驟，所以，地球上的生命形態就是利用某種兩階段的程序，來控制自己的繁衍：生命形態的遺傳性以代碼的形式印在自己的DNA上，而這個印有代碼的祕譜，接著就被表現成生物體真正的形態。我們所知道的唯一一種生命，同時擁有基因型（genotype，DNA密碼）及表現型（phenotype，生物體），但對黏土煎餅來說，基因型和表現型是同一件東西：形狀。

DNA複製（生殖）的能力是根據數學，可說是分子幾何結構的結果。如同我前面所說的，DNA是一個雙螺旋[4]，上面的組成次分子會把遺傳訊息轉成密碼。這些次分子稱為「鹼基」（base），共有四種：腺嘌呤（adenine）、胸腺嘧啶（thymine）、鳥糞嘌呤（guanine）及胞嘧啶（cytosine）。此外，DNA還含有簡單的磷化合物（稱為磷酸基）與去氧核糖（deoxyribose，一種糖分子）。DNA整體結構細長，雙螺旋的兩股鏈彎扭在一起，每一螺旋股是由糖和磷酸基所構成。

兩股鏈是以成對的鹼基相結合，以氫鍵連結，如圖二〇所示。由於四個鹼基各有不同的形狀和大小，所以可以兩兩填進股鏈間可用空間的配對，就只有腺嘌呤配胸腺嘧啶，以及鳥糞嘌呤配胞嘧啶（圖二一）；如果我們用英文名字的第一個字母A、T、G、C來代表四種鹼基，那麼就是A永遠與T配成一對，C永遠與G配對。

此外，每一單股都可以使用所有四種鹼基，而且在任意一條股鏈上，鹼基可依任意次序出現；但是如果其中一股在某處有鹼基A，那麼另外一股在相對位置

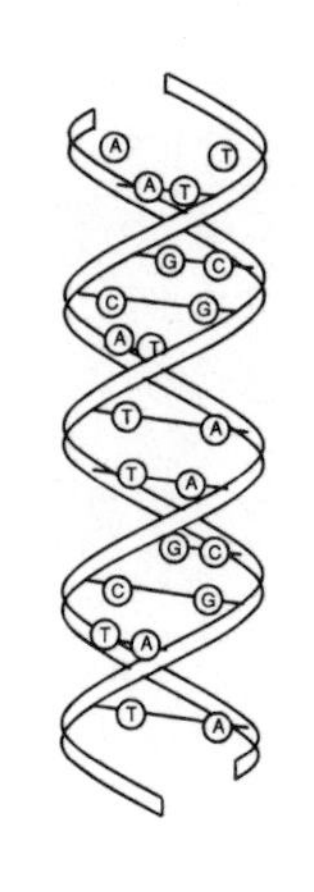

圖二〇　DNA當中互補鹼基的結合情形。

上就一定是T，其餘類推。例如，如果一條股鏈上開頭的幾個鹼基是AACGTTTCGAT，那麼另一股鏈的相對鹼基一定是TTGCAAAGCTA。

A、T、G、C這四個鹼基，就像一個數目雖然有限、但非常重要的字母系統當中的字母。在生物體的DNA當中，這些字母組合成長串的句子、段落、章節，一種象徵的說法就是「生命之書」，而從這樣的觀點來看，我們可以把鹼基的序列視為分子藍圖，一種用字母A、T、G、C寫成的密碼訊息，這個訊息詳細說明了生物體的建構

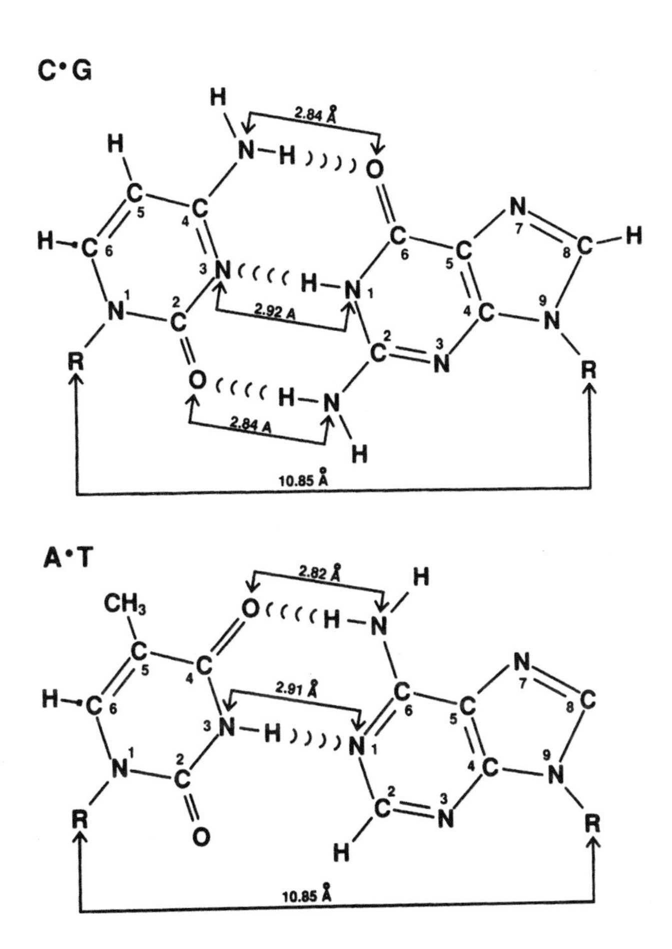

圖二一　華生－克里克DNA鹼基配對。

方式及構成原料。這種象徵雖有瑕疵，卻掌握了DNA的彈性和適應性：你幾乎可以把任何想要的敘述寫進DNA密碼書當中。

同樣的，此種象徵也清楚解釋了為什麼DNA分子一定要很大：因為動物是非常複雜的東西。人類細胞每個細胞核中的DNA，就很像擠在一片阿斯匹靈當中的一公里長的線。附帶一提，上述這些現象也引發了某種顯著的複雜因素：纏繞在一起的股鏈無法像繩子一樣拉直，兩股鏈所形成的是一種複雜的纏結體。真正的DNA並不會形成完美而平直的螺旋體，而是纏繞在一起超級捲纏的，拉伸後成髮夾形及十字形的結構[5]。

到目前為止，我們從無機世界開始，一路談到DNA這種複製分子，明瞭DNA的作用有如生物體的藍圖。不過，就準確的意義來說，我們尚未真正談到生物體。

若想從DNA跨到生物體，其中一個方法就是稍微提一下細胞。如果能夠建造細胞並使細胞分裂，我們就可以讓一個生物體從單一細胞生長出來，變成我們想要的複雜程度。待會兒我們就會發現，DNA的結構會對細胞分裂產生影響。

由於細胞包含了生物體的密碼訊息，所以當細胞一分裂，這訊息必定會被複

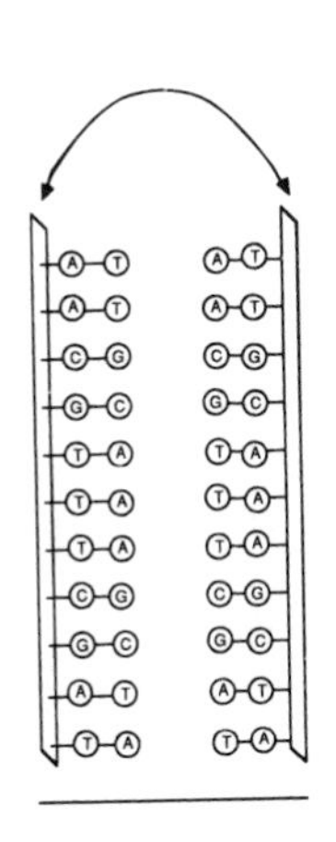

圖二二　DNA複製（示意圖）。

製到分裂出來的兩個細胞中。「A與T」和「G與C」的固定配對方式，提供了明顯的簡單機制：雙螺旋可以解開成兩個股鏈。倘若一股以AACGTTTCGAT開始，則另外一股就會有互補序列TTGCAAAGCTA，此時就有空間給新的A、T、G及C分子，讓這些新分子連接到氫鍵已經被破壞的自由端（如圖二二）。

依照配對法則，可以接到AACGTTTCGAT的自由端的序列，只有互補序列TTGCAAAGCTA——不是舊有的序列，而是一個字母接一個字母連接起來的新複製品；同樣的，唯一可以接到已經存在的TTGCAAAGCTA的自由端的，是一個新的互補序列AACGTTTCGAT。最後，我們會獲得原先雙螺旋的兩個完美的複製品，每一個都含有原先DNA雙螺旋的其中一股。

製造蛋白質

前面我提過，除了複製，DNA也做為蛋白質的密碼，我們現在就來看看。蛋白質的製造取決於遺傳密碼，這可能是DNA的分子運作角色當中，我們瞭解得最清楚的部分。DNA鹼基在決定蛋白質裡的胺基酸時，靠的就是這種密碼系統。細胞的分子機器一個鹼基接一個鹼基地讀取基因組，一面又把鹼基每三個分成一組，成為三聯體。因此，序列

……AACGTTTCGATC……

就被分開為

……AAC・GTT・TCG・ATC……

依此類推。

請注意，為了做到這點，細胞的機器一定要知道從哪裡開始，以及向哪個方

向進行。關於這個部分，我們已經知道不少細節，但是為了討論上的方便，我們可以把這些當做已知條件。

三聯體當中的每一個字母，都有四種鹼基選擇方法，所以總共有4×4×4＝64種可能。遺傳密碼會將每個三聯體指定給一種胺基酸——ATT、ATC及ACT這三種除外，對應的是「暫停」這個指令。由於生物體內的胺基酸僅僅只有二十種，所以三聯體顯然過多，因此，幾個不同的三聯體可能會指定到相同的胺基酸，例如CAA、CAG、CAT及CAC，這四種全部對應到纈胺酸（valine），而GTT及GTC則對應到麩胺酸（glutamic acid）。一個胺基酸可能代表一至六種三聯體，因此，遺傳密碼展現了一種不規則與模式的有趣混合體。

RNA的重要任務

為了討論這些模式是什麼以及從何而來，最好是能知道細胞如何將DNA的鹼基序列轉變成蛋白質（蛋白質是由胺基酸接合成的）。

蛋白質是在核糖體（ribosome）這種胞器中製造的，而不是在細胞核（但DNA祕譜則位於細胞核內），因此，指令就要由細胞核傳輸到核糖體。要傳輸細胞核的原件（即DNA）雖然是可能的，但並不十分切合實際：因為其中一部分可能在途中被劫走（比方被病毒劫走）。所以，總部（細胞核）會極小心地保留原件，僅傳送一份複印本到蛋白質工廠（核糖體），而這份複印本是用別種類型的核酸，也就是RNA所寫的。

RNA也有由四種鹼基組合而成的序列。RNA鹼基與DNA的鹼基幾乎一樣，只有一個除外：DNA鹼基裡的胸腺嘧啶T，在RNA當中是由尿嘧啶U（uracil）所取代，兩者在化學上略有差異。這就好像把一個字母寫成不同的字體一樣，譬如寫成C**AT**而不是CAT，所影響的是化學機制，而不是密碼本身的意義。無論如何，細胞複製了細胞核裡的DNA序列，做成RNA複製品，然後傳送到核糖體；這個RNA複製品稱為「信使核糖核酸」（messenger RNA，寫成mRNA）。由於傳送出去的是成千上萬個短的複印件，而不是一個長件，所以如果途中有所遺失，還有其他可以備用。

蛋白質的組裝，是依靠一群比較微小的分子——轉移核糖核酸（transfer RNA，寫成tRNA）。這樣的分子有六十四種，每種三聯體各對應一種，而且全都存在於蛋白質工廠中。每個轉移RNA分子都預先攜帶著對應於某種三聯體的適當胺基酸，然後一直等到碰上相對應的三聯體，再把胺基酸黏附到生長中的蛋白質分子上。（如果碰到的是「暫停」三聯體，就不會有黏附的動作。）

這樣看來，要製造出蛋白質好像很複雜，但是經過數十億年來，這是把它們串聯在一起最可靠、也最值得信賴的方法——因為製造蛋白質的過程太容易被破壞了。

深藏的奧祕就在這兒解開了。就我們所知，轉移RNA很容易結合在一起，而變成完全不同的遺傳密碼。CAT之所以被解釋為纈胺酸，是因為對應到CAT的轉移RNA，它的其中一端有可連接纈胺酸的分子裝置，而另一端則連接了CAT的互補序列GTA，因此能附著到CAT上。但是，要使對應到CAT的轉移RNA改連接麩胺酸，也不是很困難。換句話說，在絲毫不會嚴重影響到生物體的情形下，遺傳密碼本來是可以非常不同的——就像在不會對二次大戰造成任何影響的情況下，摩斯密碼原是可以指定完全不同的點和長線，來代表字母表裡的各個字母。

重要的是訊息傳達的意義，而非密碼的機制。

由失稱看遺傳密碼

不過，大部分的生物體使用的，卻是相同的遺傳密碼[6]。為什麼呢？一九六八年，克里克提出了「凍結偶發事件」理論：由於競賽的內容是複製，而獎品是生命，所以率先突破重圍的密碼就是贏家。不過，也許克里克錯了，也許自然界有更好的理由，要選出確實可行的遺傳密碼；也許當我們讓演化重新來過，自然界還是會選擇同樣的密碼。

數十年來相繼出現過好幾個學說，爭論遺傳密碼的背後是否隱藏有理論根據，後來到了一九九三年，又出現了新的發展，何諾斯夫婦（Jose and Yvonne Hornos）想從失稱的角度解釋遺傳密碼模式[7]。

來看看摩斯密碼。摩斯（Samuel Morse, 1791-1872，美國發明家）原可把每一種點及長劃所形成的序列，都指定到同一個字母，比方說S，這樣一來，這個系統就提供了高度對稱的密碼，但是這也成了一個完全沒用的系統。

此處所謂的「對稱」，是指哪方面的對稱呢？對於密碼的對稱性，相關變換並不屬於空間裡的運動，而是交換密碼符號序列的運作；我們說一個符號序列有對稱性，是指在交換後序列的意義沒有改變。現在，倘若所有的密碼序列都有「相同」的意義，那麼不管怎麼調換符號，意義都不會改變，這就是我對摩斯密碼所做的、毫無用處的改良版本之所以高度對稱的道理所在。

若要使我的改良版本變得較為有用，就必須打破密碼的對稱性。舉例來說，我們可以讓S對應到任何點序列（所以•、••、•••、••••等等都代表S），讓O對應到任何長劃序列，而A對應任何包含點與長劃的序列，結果產生的密碼就不再是完全對稱；例如，如果我們交換所有的點和長劃，就會把SOS的信號變為OSO。不過，新的密碼還是保持了原有的某種對稱性，例如AAA的訊息還是不變。

現在再回來看遺傳密碼。我們已經觀察到一項主要的特點：遺傳密碼過多——也就是說，不同的三聯體常常對應到相同的胺基酸。我們可以很清楚地看到，遺傳密碼的這種缺乏獨特性不是很有規則，但顯然有一定程度的對稱性——儘管並不很完美。通常只要靠三聯體的前兩個鹼基，就可決定對應的胺基酸，例如GA＊永遠對應到白胺酸（leucine），CG＊則對應精胺酸（arginine）。

簡言之，對應到這些胺基酸的密碼，在改變第三個鹼基的運作下是對稱的。

如果這種對稱很完美，那麼六十四種三聯體就可以分成十六群四個一組的三聯體，譬如GAC、GAG、GAA及GAT，每一群裡的每個三聯體都對應到相同的胺基酸（但是每一群對應到的胺基酸不同）。然而胺基酸不只十六種，所以有時候第三個鹼基就派上用場了，但事實上，有時是第二個鹼基關係重大。然而不管是哪種情形，安排成每四個一組的對稱性已經打破了。

是怎麼打破的？

這種遺傳密碼過多的精確模式是很凌亂的，有三群六個一組的套組（胺基酸對應到六種不同的密碼）、五群四個一組的套組、兩群三個一組的套組、九群兩個一組的套組，以及兩群單一套組，而不是簡潔的十六群四個一組的套組。何諾斯夫婦假設這些數目是由於一連串的失稱而造成的。數學機制只顯現出八種可能的連串失稱方式；其中恰好有一種可能，與正確的數值模式非常相近。

為了再現遺傳密碼過多的精確模式，我們需要最後一次的失稱。這最後一次的失稱多少是以實際經驗為根據的，暗示著遺傳密碼可能是一種必然如此凍結的版本，理想上應當有二十七種胺基酸。第一次的失稱（也就是六十四個三聯體僅對應到六種胺基酸），或許代表了一種最初期的遺傳密碼，是演化的第一步。如果何諾斯夫婦是對的，遺傳密碼就不是偶發事件；如果讓生命再重新起源一次，我們還是會再次得到幾乎相同的密碼。

當拓樸學遇上DNA

我在前面說過，DNA雙股螺旋的複製是件相當複雜的事，事實上，我們有幾何上的理由，可以說明複製的過程為什麼不簡單。如果我們把兩股DNA拉開，以便接上互補的DNA，這兩股會互相纏繞而糾結不清，因此，複製的過程一定還關係到其他東西，譬如「酵素」（enzyme）這種特別分子，可以將兩股鏈剪開，之後再接回來。拓樸學（topology）這個十分複雜的全新數學領域，目前就正在研究DNA這方面的性質。

拓樸學常被稱為「橡皮紙的幾何學」，因為它所研究的，是幾何形狀不會因為受到拉伸、壓縮、彎曲或扭曲（但不包括切割或戳破）而改變的那些性質。就好像你在一張橡皮紙上畫圖時，所呈現的那種幾何形狀：沒有固定的角，沒有平行線，也沒有直線。如果各位覺得這種敘述方式太輕浮，下面這個敘述就嚴肅多了：連續變換的幾何學。

「對稱變換」會使物件一直保持相同的形狀，大小也會相同，除非我們所談的是伸縮（dilation）；而「連續變換」則可以使物件變形並改變大小，唯一的限制是該物件必須保持一整體。由於連續是自然界深藏的性質之一，因此拓樸學是一項基本的數學工具。

拓樸學討論了許多幾何形貌，像是洞、扭結、鏈環及邊界，我現在先簡要說明兩種典型的應用：一種是研究DNA超盤繞的傳統做法，而另一種是研究酵素在DNA化學當中所扮演角色的現代方法。

超盤繞DNA

教科書中的DNA雙螺旋模型，在許多方面不能代表DNA分子真正的複雜性，超盤繞（supercoiling）只是其中之一。若想親自體驗一下，你可以取一條橡皮筋，用雙手的拇指與食指拿在兩端，使橡皮筋形成一個鬆弛的環，接著把兩手稍微拉開，使橡皮筋拉緊。現在，搓你的右拇指，讓橡皮筋的其中一段旋轉幾次，這樣子就使一段橡皮筋形成一些順時鐘的轉旋，而同樣在另一段會形成相同數量的反時鐘轉旋（圖二三a）。

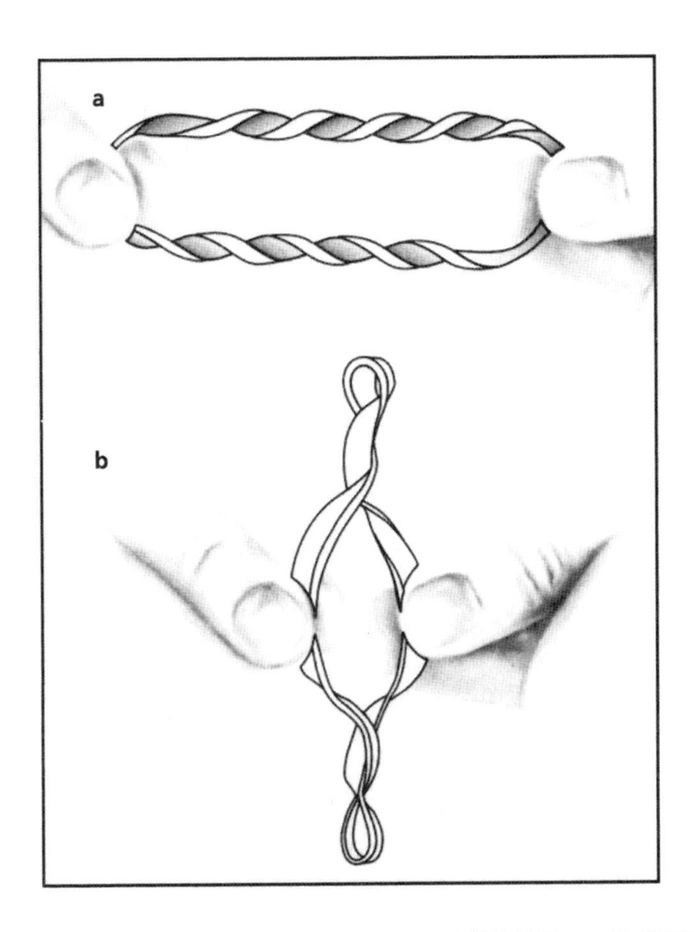

圖二三　橡皮筋的極度扭轉：(a)形成順時鐘與反時鐘的鏈環；(b)用手指使鏈環變成擰捲。

現在，請你一面把拇指壓向食指，以防止橡皮筋鬆開，一面讓兩手互相靠近。這時，兩段橡皮筋會自己纏繞起來，就像我們常看到伸縮電話線糾結起來的情形一樣（圖二三b）。當這種情形發生在DNA分子上，就稱為「超盤繞」，因為標準的雙螺旋已經（自我）盤繞了。

超盤繞是一種盤繞又盤繞的螺旋，僅僅是DNA拓樸學用來使生命在生物學家眼中變得困難的較為簡單的方法之一。超盤繞的現象特別常發生在質體（plasmid，細菌主要染色體以外的小段DNA圈環）上，當我們透過電子顯微鏡觀察時，會看到圈環因為超盤繞而糾結起來（圖二四）。

這裡談到的拓樸學，是由兩種簡單的量來支配，也就是環繞數（linking number）及擰數（writhing number）。所謂的「鏈環」（link）是指橡皮筋被扭轉了一圈，但尚未變成超盤繞，「環繞數」就是指發生在分子裡的鏈環數目；而「擰捲」（writhe）則是指當分子超盤繞時所發生的一種糾結，「擰數」就是這種糾結的數目。

DNA的兩種纏繞看起來好像很不一樣，但是拓樸學告訴我們，它們實際上很相近：事實上，環繞數是擰數與DNA螺旋扭轉數的和。意思就是，只要使

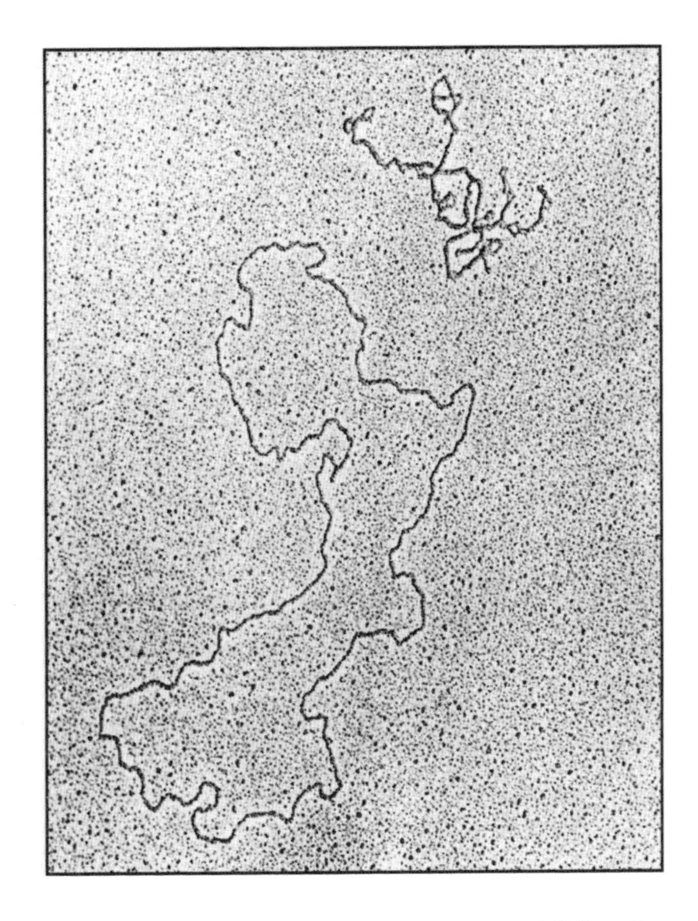

圖二四　電子顯微鏡下的超盤繞DNA（上），以及鬆弛狀態下的DNA質體（下）。每一質體都含有約九千對鹼基。

DNA連續形變，環繞數就可以變成同數目的擰數，或者使螺旋結構本身多些扭轉。我們只要計數DNA股鏈如何互相交叉，這三種量就都可以相當簡單地計算出來。有了這三種量，理論學家就能更清楚地掌握DNA分子的幾何結構。

DNA酵素活動之謎

若要把拓樸學應用到酵素上，就需要更深一層的拓樸量，這些拓樸量不只可以掌握到粗略的整體幾何結構，更可以抓到扭結與鏈環的精細結構。

從一九二八年前後開始，數學家很驚訝地發現，扭結的類別竟那麼豐富多采，難以分析。看起來簡單的問題，例如分辨平結（reef knot）與老奶奶結（granny knot），唯有靠強大的機制和深奧複雜的理論，才有辦法解決。後來到了一九八四年，有位姓瓊斯（Vaugham Jones）的紐西蘭人，開啟了扭結理論的新頁。瓊斯發明了一個全新的方法，來偵測哪個扭結是屬於哪一種——也就是用一些可計算的量，來區別很多不同的扭結。如今稱為「瓊斯多項式」（Jones polynomial）的這些量[8]只是冰山一角，許多的歸納和新發現仍繼續在湧現。

自從一九九〇年代中期以來，已經有學者運用這個新機制，加上一些舊機

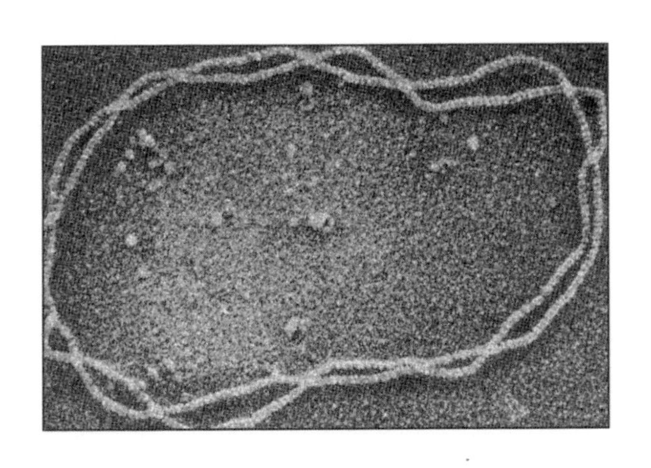

圖二五　有十三個交叉的DNA扭結。

制，來處理DNA生物化學的問題，同時也指出了下面這個重要問題：要如何找出DNA雙股解開時的形狀。傳統上利用的X射線繞射儀需要晶體形態的DNA，所以沒有辦法進行；而現在，生化學家透過精密的電子顯微鏡，檢視壓扁了的實際分子。

我們知道，DNA的雙螺旋包含互相糾結的兩股，當酵素把分子剪斷然後再連回來時，就形成了糾結的扭結和鏈環。但其中一個基本問題，是要研究出你看到了哪一種扭結或鏈環；你對實驗所做的解釋，取決於做的過程。

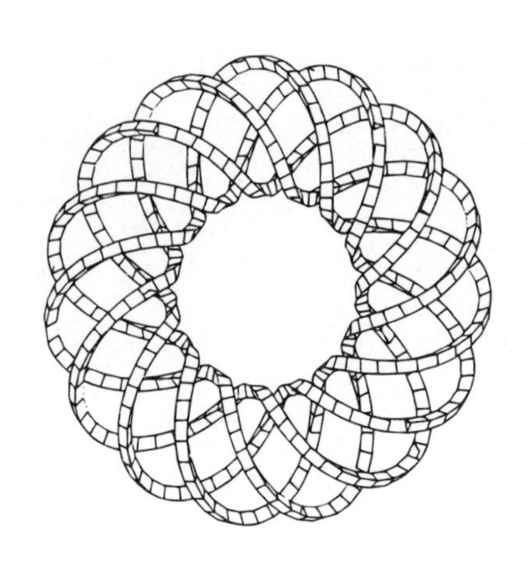

圖二六　繞環面捲繞四次，並穿過中間孔十五次的環面結。

例如，圖二五顯示了DNA的其中一股，我們從圖上可看到這股DNA自己交叉了十三次。有十三個交叉的扭結，這算是相當多——那麼這是哪一種扭結？

事實上，這是一種環面結（torus knot），就是把單股DNA沿著一甜甜圈的表面捲繞，必要時可穿過中間的孔，不要碰到自己，一直到頭尾連接起來形成一個閉環為止（圖二六）。

DNA分子看起來並不像一個簡潔整齊的環面結，因為它已經發生形變。不過，瓊斯多項式並沒被這種形變所矇騙，甚至輕易就看穿這種結的高度偽裝。拓樸學的技巧有助於分辨扭結和鏈環，瞭解扭結和鏈環在剪開和重新連接時如何改變，有了這種技巧的輔助，生物學家和數學家可以準備開始解開DNA酵素活動的祕密[9]。

因此，就連DNA的複製，都要比像「配對出互補鹼基」這樣的簡單祕譜來得複雜，此外，要解開DNA糾結的幾何結構，需要一些已經發展出來的最新、最先進的數學。

對於「製造蛋白質」這個DNA的主要功能，情形也大致相同；僅知道遺傳密碼是不夠的，蛋白質的製造還牽涉到更多其他東西。

雖然在這裡我們已經很確定問題顯然屬於數學層面，但是所需的數學目前尚未全部被發展出來。

基因組的特定段落（稱之為「基因」，不過這個字的使用範圍比此處更為廣泛），為蛋白質編出了密碼祕譜。蛋白質是一種巨大分子，原子數目在一千至一百萬之間，由胺基酸所組成。生物體內剛好有二十種不同的胺基酸（如果不考慮少數非常稀有的生物體）。就像DNA的鹼基，蛋白質的胺基酸也排列成特定的序列，但多了一個小問題；重要的是形狀，而非序列。

大部分蛋白質的作用是在操縱分子，例如血紅素會抓住或釋放氧原子，而植物系統裡的關鍵成分葉綠素，會抓住二氧化碳分子和水分子，使這兩種分子分解，同時釋放出一部分的氧，並把剩下的氧和碳及氫結合成多能量的化合物。這些分子的運作與蛋白質的形狀有關，因為這些運作所使用的，是某種「鎖與鑰匙」的原理：像氧或水這類外來分子，會剛好放進（或優先掉進）蛋白質表面的特殊裂縫裡。

蛋白質摺疊問題

每一種蛋白質的形狀，取決於蛋白質的胺基酸鏈在三維空間上如何摺疊。使蛋白質摺疊，看起來並不是一件大工程，不會比我們讓一條繩子糾結在一起更難。不過在原則上，一串胺基酸鏈可以有很多摺疊方式，就像一條繩子有很多纏結的方式，所以，問題在於如何「正確」摺疊。

例如，細胞色素－c（cytochrome-c）這種蛋白質有一〇四個胺基酸（圖二七），以蛋白質的標準而言是很短的；不過，它的摺疊構造（圖二八）無疑相當複雜——倘若生物學不能使這個構造正確無誤，那麼蛋白質就無法在生物體內正

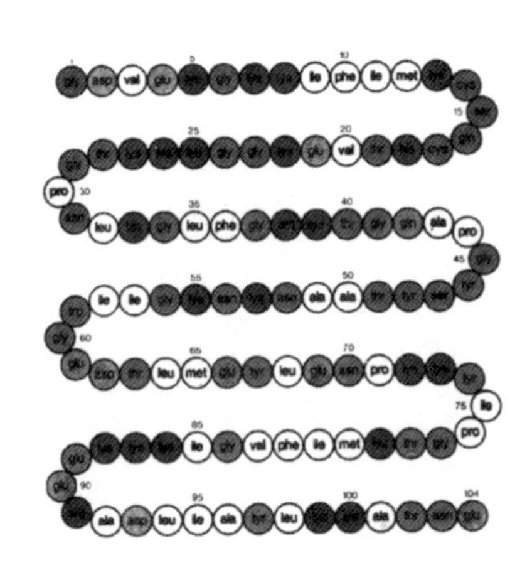

圖二七　「細胞色素–C」蛋白質的胺基酸線形序列。

常作用。

生物體可以在大約一秒鐘內，把一個含有一千個胺基酸的蛋白質摺疊起來，我們不知道是如何做到的。我們猜想（大部分的科學家都是這樣，但我不打算如此；請繼續看下面的討論）分子會採用最低能量的結構[10]，不幸的是，要計算最低能量的結構非常困難，即使是短的分子。據估計，要對細胞色素－c做這樣的計算，用超級電腦來做也要10^{127}年。

實際上，法蘭哥（Aviezri Fraen-kel）在一九九三年證明出，蛋白質摺疊問題的其中一個特殊數學模型，

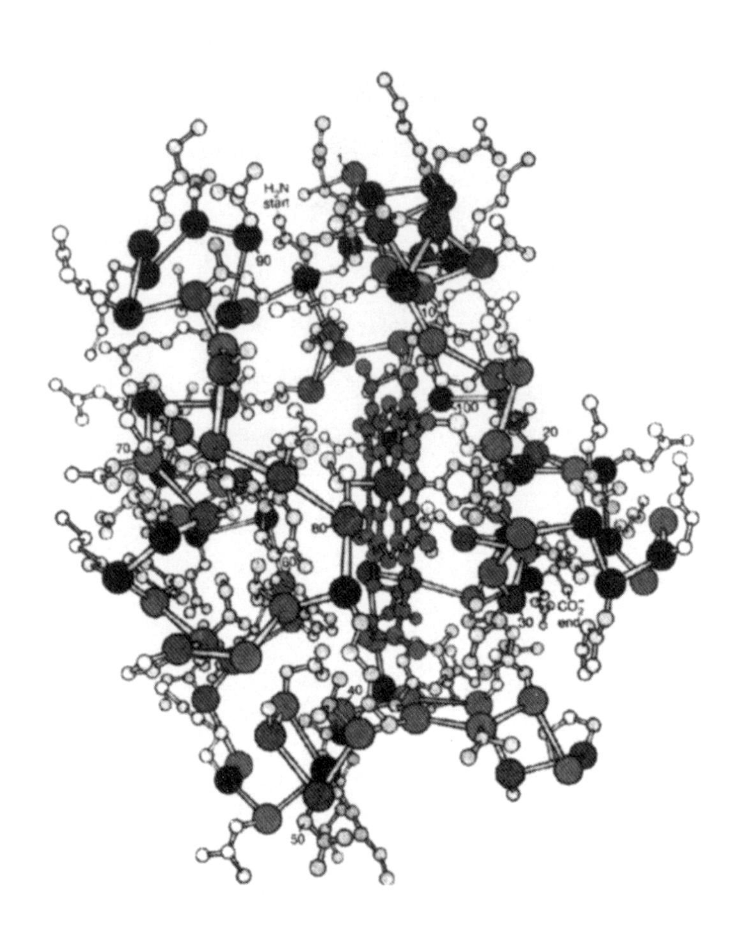

圖二八　細胞色素–C的摺疊結構。

正是計算機科學家所稱的NP-complete，意思就是「非常非常困難」。

此處的困難在於，可能的結構數目非常多，而最小能量的結構隱藏在裡面，可譬喻為大海撈針似的。我個人很懷疑生物過程可以完全解決這個問題，我認為，生物體雖然已經找到一種快而不擇手段的方法，可達到近乎最低能量的狀態（相近得幾乎可以蒙蔽一些實事求是的科學家，使他們以為這就是事實），但是這方法不一定會直接達到目標。

生物體並不是以一個完全線形的胺基酸鏈開始，然後再摺疊起來——這正是那些可怕的計算所要做的。生物體在建造胺基酸鏈的同時，也在把鏈摺疊起來，一次一步，這樣的確可以減少計算的複雜程度。此外我也猜測，生物體可能會經常輕搖部分成形的蛋白質，以免舊有的結節鉤住外來的環。

雖然很多NP-complete的問題已經有近似的解答，但我認為，我們在此是在尋找另一種。事實上，羅斯（George Rose）的新程式LINUS是運用嘗試錯誤的法則，來預測含有一千個胺基酸的蛋白質如何摺疊，得到的結果也相當接近。

病毒的幾何限制

一旦有了蛋白質，你要用來做什麼呢？做什麼都可以。你可以用蛋白質來把氧運送到動物的肺，或者將植物裡的陽光、水和二氧化碳變成醣類。另外一件可以用到蛋白質的有趣的事是：病毒。

病毒是日常生活裡的討厭鬼，因為會導致疾病，但是對生物學家而言卻是天賜之物，因為病毒是一種原始生命，構造簡單得可以用來做詳細研究。我們從研究中學到的事實之一是，病毒不必費太大工夫就可以組織起來，只要一有正確的零件，分子間作用力的數學運算就會裝配出病毒，完全不需要進一步用上遺傳學。

從病毒身上，我們還學到的另一件事就是，在分子層面的幾何限制是非常嚴謹的：數學對於病毒的可能結構，設下了許多嚴格的限制。

數學限制對結構的影響，在反轉錄病毒（retrovirus，一種含有RNA而不是DNA的病毒）身上特別明顯。大部分的病毒就像真正的生命形態一樣，也是利用DNA做為遺傳物質，但是反轉錄病毒則利用RNA。反轉錄病毒出現於生命與無生命的晦暗交界區裡。這類病毒可以複製，但僅僅是在有細菌或其他細胞的複雜分子機器存在的情形下。

反轉錄病毒是分子寄生物，會為了自己的目的而劫持細胞的複製機器。此外，這種病毒在設計上也極有數學性：常見的形態包括了扁圓形、螺旋狀、二十面體等等。

為了說明其潛在價值，我們現在來看兩種常見的病毒：一種是使菸草葉感染的菸草嵌紋病毒（tobacco mosaic virus, TMV），另一種是小兒麻痺病毒（poliovirus）；後者（至少在發展出有效的疫苗之前）曾對人類造成了一次大浩劫。

螺旋與菸草嵌紋病毒

菸草嵌紋病毒（圖二九）是一種由兩千一百三十個相同蛋白質單元構成的中空柱狀體，中間是一個長約六千四百個鹼基的RNA捲體（圖三〇）。一九五五年，法蘭哥孔拉特（Heinz Fraenkel-Conrat）和威廉斯（Robley Williams）證明，菸草嵌紋病毒的作用能力只與病毒本身的物質組成有關[11]，也就是說，藉由證明「生命體最不可思議的特徵之一（複製）在此是分子結構的一種結果」，就可以幫助填平無機世界與有機世界之間的鴻溝，完全不需要遺傳學或上帝的介入。

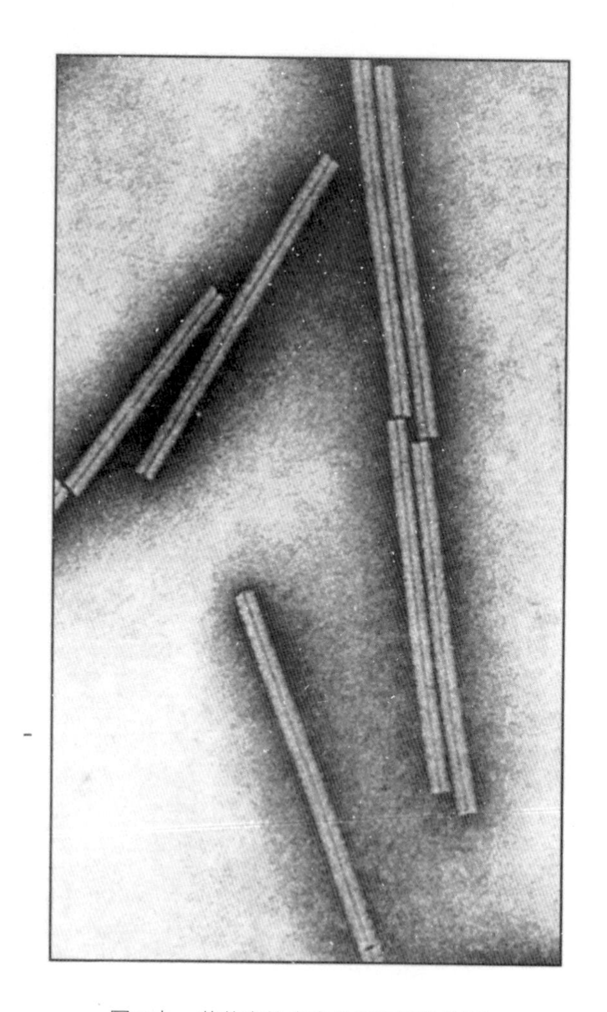

圖二九　菸草嵌紋病毒的電子顯微鏡圖。

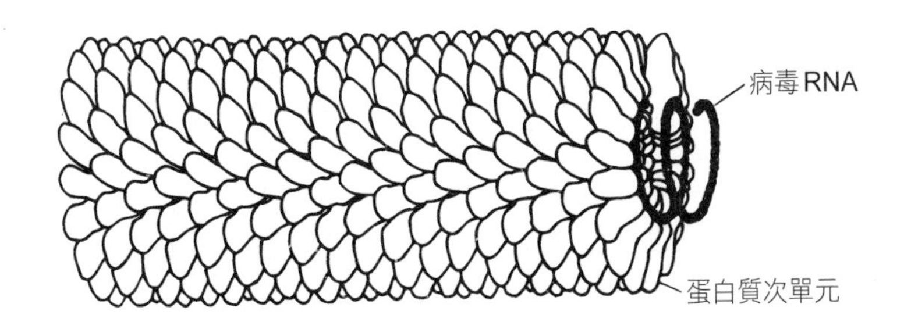

圖三〇　菸草嵌紋病毒的構造：相同蛋白質單元的螺旋體環繞著RNA捲體。

法蘭哥孔拉特和威廉斯所做的，就是先把病毒分解成蛋白質單元和RNA捲體（盡可能把病毒化為分子的集合，而且這些分子原則上都可以由無機的前身合成），然後證明當這些組成物在試管中混合並聽其自由作用之後，試管裡的東西就會自發地重新組成一個可以在菸草葉細胞中複製的完整病毒。

簡言之，他們兩人證明了，獨立的化學作用可以產生像菸草嵌紋病毒這般複雜的東西；一位平凡的化學家可以從無機原料著手製造出菸草嵌紋病毒。

這種自發的自我組裝是如何產

生的呢？病毒，就像晶體一樣，成長過程分為兩個階段：首先是建構出合適的種子（胚），然後在種子上一步步添加物質。最顯而易見的建造方法，是利用菸草嵌紋病毒的RNA捲體做為鷹架，來把蛋白質單元一個一個添加上去，就好像結晶的過程一樣。

不過，很奇怪的是，自然界並不依循這種方法；科學家發現自然界是採取迂迴的路徑，因為在實驗室裡進行實驗的時候，病毒在重新組裝時若是採取結晶的途徑，所需的時間要比自然生長過程所耗費的時間還多。關鍵在於建構種子費時甚多。

那麼真正的菸草嵌紋病毒又是如何建造起來的呢？

事實上，蛋白質會自然組裝（這是失稱的結果）成很多各式各樣的形狀：分離的單元、兩個或更多個單元的堆疊、圓盤、圓盤的小堆疊、圓柱形的結晶、差排的圓盤（看起來像鎖的墊圈）以及長長的螺旋體。

究竟最後會形成哪一種形狀，就要看周圍液體的兩項比值而定：一是鹽的濃度，一是pH值（顯示是酸性還是鹼性）。螺旋體（扣掉中央的RNA捲體）發生在pH值低的時候，不過，菸草葉細胞的pH值是中性的（約為六．五），所以在中性pH

值時，除非RNA捲體也存在，否則就不會形成螺旋體。

在這過程中最主要的角色並不是螺旋體，而是簡陋的鎖墊圈（差排的圓盤），一種介於堆疊與螺旋體之間的過渡形態。如果pH值高於六．五、而且鹽是中高濃度的話，那麼主要的形狀將是圓盤狀，倘若接下來pH值開始降低，這些圓盤就會出現差排而形成鎖墊圈結構。然後，這些分子鎖墊圈會自發組裝成一種有缺口的螺旋體，缺口的間隔不一，隨後這種有缺口的螺旋體會旋轉緊密起來，把間隔移除，製造出一個完整的螺旋體。這種過程看起來雖然有點複雜，但是比實驗室的方法快多了。

於是，在低pH值的情形時，即使沒有RNA捲體，蛋白質還是可以組裝起來——這樣的模式，應當是一種演化可以憑藉的自然無機模式。這種自我組裝方式真是令人讚嘆。但對病毒來說，問題在於螺旋體必須在中性pH值的環境中生長，若沒有RNA捲體，這是不會自發產生的。

那麼，自然界又是如何利用RNA來完成這種建構呢（圖三二）？

病毒的RNA分子有一個髮夾形的環，可以穿入圓盤中央的洞，然後拖在後面的RNA捲體有部分會擠入圓盤層之間，迫使圓盤出現差排而形成鎖墊圈狀。

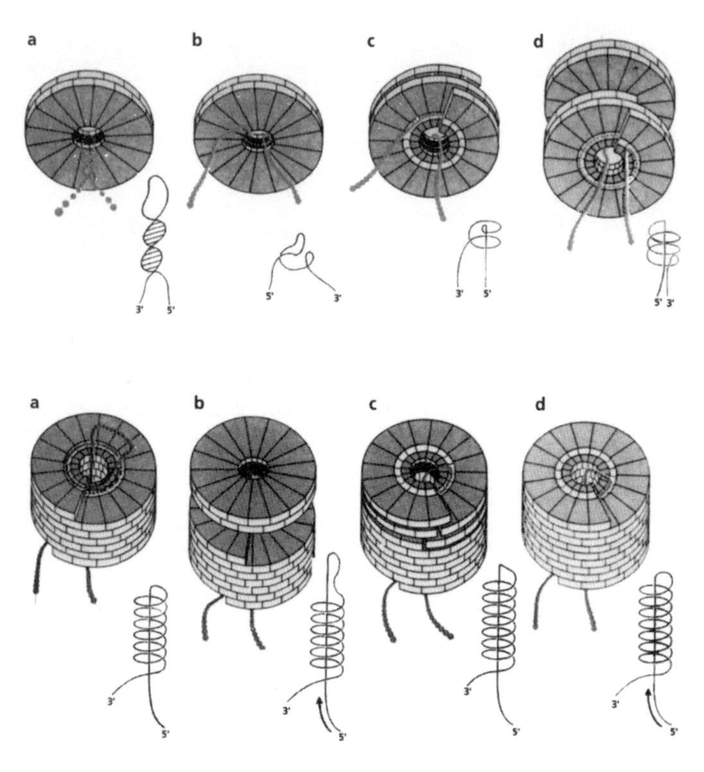

圖三一　自然界如何生長出菸草嵌紋病毒。

菸草嵌紋病毒的捲體核的形成，開始時是在一蛋白質圓盤中央的空洞穿入髮夾形的環，這種環是由病毒RNA的起始區域形成的(a)。此環在兩層蛋白質次單元的中間插入，並綁繞著圓盤的第一圈，一面打開鹼基對(b)。交互作用的某種特性，使圓盤出現差排而形成螺旋形的鎖墊圈狀(c)。這種結構上的轉變，使蛋白質次單元的環所造成的鉗口閉合，將病毒的RNA往裡圈套(d)。鎖墊圈RNA的複合體是螺旋狀的起點，然後再迅速加進更多的圓盤至捲體核複合體，這樣一來，螺旋體就會增長到一最小的穩定長度。

因此，RNA髮夾拉穿過中央的洞，後面拖著的是RNA捲體的其餘部分，其中還有幾圈捲體仍然陷在鎖墊圈之間。不過，RNA的這些彎折很容易在圓盤層之間滑動，所以髮夾物可以繼續穿過另一個新圓盤中央的洞，重複相同的過程。

RNA把一批又一批的圓盤往自己身上套，就像把圓珠子穿進折彎的線一般；然後，圓盤發生差排並堆疊起來，所以就結合成螺旋體。這種組裝過程背後的驅使者，是分子能量學裡很單調的幾何學。演化已經選擇了這種由RNA加上蛋白質的組合，因為這種組合在更好的環境下（菸草葉細胞裡的中性pH值環繞），可以製造出所需的構造。

二十面體與小兒麻痺病毒

菸草嵌紋病毒是螺旋柱狀體，還有一種常見的病毒形狀則是二十面體。有些科學家稱二十面體為「自然界偏好的形狀」，因為這種形狀在病毒上很是普遍，譬如天花病毒、小兒麻痺病毒、疱疹病毒，以及蕪菁黃嵌紋病毒（turnip yellow mosaic virus）。

一九八六年，荷格爾、周瑪麗及菲爾曼三人發現了小兒麻痺病毒的結構[12]。這種病毒是由四種蛋白質單元（每一單元有六十個複本）所組成，排列出來的形狀帶有二十面體所具有的對稱性。要描述小兒麻痺病毒的結構，最簡單的方法是由一個十二面體和一個二十面體的合併來開始討論。組合成的立體看起來像一個每面都有微凹的五面體的十二面體（圖三二）。湯普生若知道這種結構，一定會很喜歡：這比放射蟲的主觀想像繪製圖還要使人信服。

另外，這種結構是基於某種原因、某種病毒結晶學原理而存在的：正如晶格是由大量原子所形成的最小能量結構，近似球形的多面體則是由少量的相同單元所形成的最小能量結構。在規則的正立體當中，二十面體與球最為近似，但是你仍然可以利用五邊多面體和六邊多面體的混合體，來更逼近一個球。現在使用的足球就是一個例子：足球的外形基本上是二十面體，不過卻是截去了每一個角的二十面體。

在這樣一個多面體中，一定有剛好十二個面是五邊形；六邊形的面的數目，則取決於一系列特殊的代數形式，也就是所謂的「幻數」（magic number）；大部分的數字都不是幻數。小於三百的幻數為12、32、42、72、92、122、132、162、192、212、252及272。這些數字在病毒的結構中扮演了特殊角色，正如費布納西數在

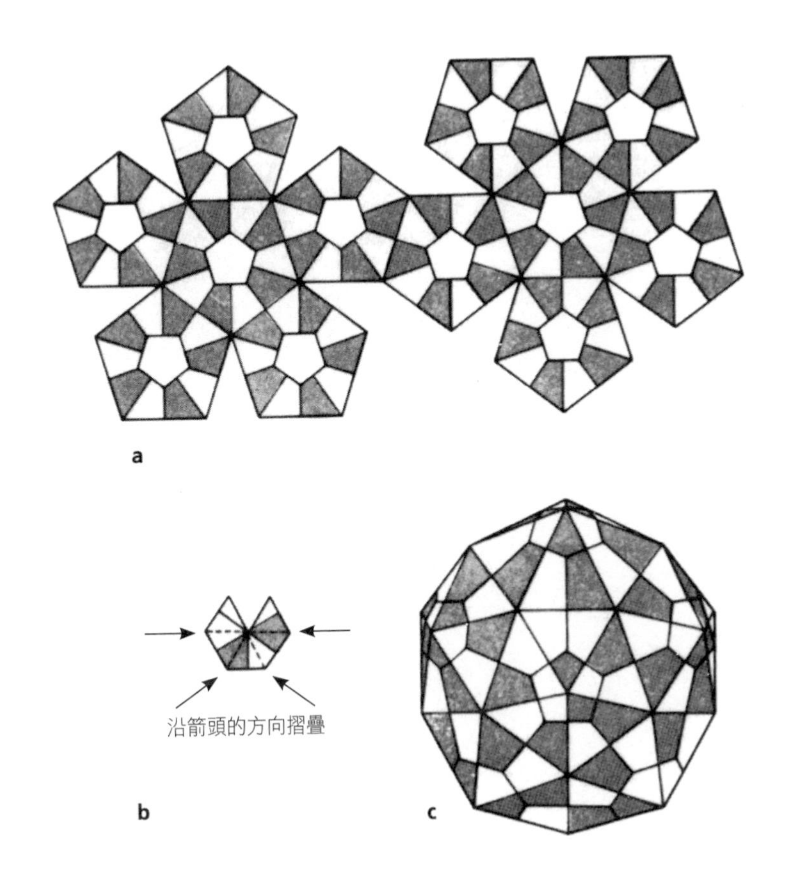

圖三二　小兒麻痺病毒的結構示意圖：把十二個五角錐（b圖折疊後就是五角錐）黏在一個十二面體（a圖是把十二個面攤開），做成一個三維的模型（如c圖）。

植物結構中扮演的特殊角色。

事實上，能夠以大致規則的方式幾乎併成球面的同一蛋白質單元的數目，就是幻數[13]。

下面這些證據，顯示病毒知道這種限制。蕪菁黃嵌紋病毒有三十二個單元，而人類多瘤性病毒、BK病毒及兔子乳頭瘤病毒有七十二個單元。（人類多瘤性病毒與兔子乳頭瘤病毒幾乎相同，只不過互為鏡像。）

REO病毒有九十二個單元，單純疱疹（由於第一型的感染部位大多為口腔周圍，所以也稱為口唇疱疹）病毒有一百六十二個單元，雞腺病毒有兩百五十二個單元，犬類傳染性肝炎病毒則有三百六十二（這也是幻數）個單元[14]。

還是要靠數學

要證明數學模式對於形成地球生命（我們知道的唯一一種生命）的重要性，再沒有比DNA更令人信服的證據。DNA之所以扮演這種角色，是因為本身的簡單幾何模式——雙螺旋。就某種意義而言，由於關鍵特徵不在螺旋，而是互補的鹼基配對，因此這不只是一種「合乎邏輯」的模式。

演化在創造地球上的生命時所用的基礎，正是這個並存於觀念與物理定律中的模式，在這層基礎之上，其他的模式也建造了起來，特別是遺傳密碼——這種「準數學」之謎。為什麼是這種特殊的密碼？基本上，任何密碼都可以，但捷足者先登，哪一種先被建造了，就有可能壓倒群雄，因為生命可以生生不息地繁衍。或許克里克是對的，遺傳密碼是一種「凍結的偶發事件」；或許何諾斯夫婦是對的，遺傳密碼亦來自深藏於物理定律中的深奧模式。

DNA對於更廣義的生命（不再是這裡所談的生命）所扮演的角色有多重要？假定還有很多其他種類的分子可以複製，也可以把大量資訊編成密碼，那為什麼我們得到的是DNA，而不是其他分子？

也許DNA是在宇宙各處都可運作的唯一一種，也許DNA是唯一能夠輕易從原始地球化學混合物質中演化出來的東西，也許DNA本身就是一次凍結的偶發事件——第一種脫穎而出的「可複製與編碼」的分子系統，開始時由於還沒有多少競爭，而使自己趁機占據地球，接下來又因為自己已經占據要津，使其他競爭者更加沒機會進行競爭，因而成為主宰者。

我不清楚。但我知道，如果沒有數學，我們就永遠無法探知。

【注釋】

1. 編注：切克（Thomas Cech, 1947- ）與艾爾特曼（Sidney Altman, 1939-2022）兩人因為發現ＲＮＡ的催化特性，共同得到一九八九年的諾貝爾化學獎。
2. 詳見Stuart A. Kauffman, *The Origins of Order* , Oxford University Press, Oxford, England (1993)。
3. 詳見A. G. Cairns-Smith, *Seven Clues to the Origin of Life* , Cambridge University Press, Cambridge, England (1985)。
4. 詳見James Watson, *The Double Helix* , Signet, New York (1968)。
5. 詳見Richard R. Sinden, *DNA Structure and Function* , Academic Press, San Diego (1994)。
6. 例外情形包括真菌及許多細菌和古菌（archaea）。還有，粒線體和顆粒體（plastid）有屬於自己的遺傳密碼，與周圍的細胞不一樣——彼此之間也不一樣。
7. 詳見Jose Hornos and Yvonne Hornos, *Physics Review Letters* 71 (1993), 4401-4404。
8. 詳見Ian Stewart, *From Here to Infinity* , Oxford University Press, Oxford, England (1996)。
9. 詳見Gina Kolata, "Solving knotty problems in math and biology"一文，*Science* 231 (1986), 1506-1508; De Witt Sumners,"Lifting the curtain: Using topology to probe the hidden action of enzymes"一文，*Notices of the American Mathematical Society* 42 (1995), 528-537。
10. 詳見John L. Casti and Anders Karlqvist (editors), *Boundaries and Barriers*, Addison-Wesley, Reading, Mass. (1996); Martin Karplus and J. Andrew McCammon, "The dynamics of proteins"一文，*Scientific American* (April 1986), 30-37。

11. 詳見P. Jonathan, G. Butler, and Aaron Klug, "The assembly of a virus"一文，*Scientific American* (November 1978), 52-59。

12. 這三人的英文原名分別為：荷格爾（James M. Hogle）、周瑪麗（Marie Chow），以及菲爾曼（David J. Filman）。相關資料詳見James M. Hogle, Marie Chow, and David J. Filman, "The structure of poliovirus"一文，*Scientific American* (March 1987), 28-35。

13. 詳見H. S. M. Coxeter, "Virus macromolecules and geodesic domes"一文，*A Spectrum of Mathematics: Essays presented to H. G. Forder* (edited by John Butcher), Oxford University Press, Oxford, England (1967); Ian Stewart, *Game, Set and Math*, Penguin Books, Harmondsworth, England (1989)。

14. 編注：這兩段提到的幾種病毒英文名稱分別為：人類多瘤性病毒（human wart virus）、兔子乳頭瘤病毒（rabbit papilloma virus）、單純疱疹病毒（Herpes simplex virus）或口唇疱疹病毒（cold-sore virus）、雞腺病毒（chicken adenovirus），以及犬類傳染性肝炎病毒（infectious canine hepatitis virus）。

第4章

細胞的數學之舞

每當你看見一個生物做了某種有趣的行為，你都應該去分辨那個行為有多少是來自基因，又有多少只是因為這個生物生存在物理宇宙中，而受到宇宙定律的規範。

如果細胞表現得……像一整體，每一部分必得與其他部分交互作用，那麼整個多細胞生物當然也是一樣。

——湯普生，《論生長與形態》，第四章

地球一直在改變。

最初十億年間，地球由一大塊不斷旋轉的液態熔岩，轉變為稍微平坦的球體，表面覆罩有堅硬的外殼、大片寬闊的水域和一層大氣。第一批生命形態，大約出現在距今四十億年前，這些生命形態依靠著分子的複製，或者是分子的網路群而生存下來。這些生命形態是微細的微生物，是今日細菌的前身，每一個都是被薄膜包裹起來的化學小團塊。由於帶有可塑的遺傳性，這些生命形態具有改變自己的潛力，因此就繼續演化了。

不過，在對自己進行最劇烈的改變之前，這些生命形態先改變了地球。這些生命形態用來產生能源的化學系統，產生了不好的副產品，一種有毒的廢棄物。雖然每一種古代的細菌、每一種古代的藻類僅僅產生很微小的量，但經過許多地質年代之後，這種有毒的廢棄物就陸續累積起來。這種有毒的化學物質就是「氧」，一種具活性的腐蝕性氣體，形成泡泡穿出原始海洋，累積到大氣中。

我們人類通常不認為氧氣有毒，那是因為遠古之前的祖先已經找到方法，來避免氧氣的有害效應，甚至進一步利用氧來做對人類有助益的事。但即使如此，氧氣還是一種令人討厭的東西：氧氣會造成鏽蝕，引起火災，甚至能讓潛水人員氧氣中毒。如今，氧氣不僅有用，而且對地球上的生命是必需的——不過並不是無害的。

對早期海洋中的原始生命形態來說，氧氣是十足的有毒物質。此外，由於氧氣在大氣中累積的同時，也溶解在海水裡，因此這些早期的生命形態面臨到被自己的廢棄物溺斃的危險。

有些科學家認為這是早期生物面臨的大災禍，這些生物在這次大災禍中大量死亡，沒來得及發展出降低氧氣毒效的方法。這景象很戲劇化，不過也有可能毫無意義。這種說法是在假設生命就像華納卡通人物，等到走出斷崖邊向下看時，才發現自己懸在半空中。

演化是「持續」適應環境所產生的結果，而不是「偶爾」的適應，因此，即使氧氣構成了威脅，地球上的生物必然會慢慢去處理這個狀況，而在威脅成為大災難之前，生命會將就這種狀況，然後把潛在的災害化成有利的契機。

於是，一種全新的、可以在多氧環境下生存的生物演化出來了：這種生物建立在一種現在稱為「細胞」的結構上，已經找到方法保護較敏感的次系統免受氧氣的威脅，並利用這種威脅做為能量的來源。

最早的生物並沒有把遺傳組織另行分開放在某個特定區域（細胞核）裡，DNA就鬆散地沿著細胞膜內緣環繞成一圈，因此這些生物被稱為「原核生物」（prokaryote，這個字是希臘文，意為「沒有細胞核」）。

相對的，那些含有一個或多個帶有細胞核的細胞的生物，則稱為「真核生物」（eukaryote），這類生物可能是單細胞（最早期的幾乎都是），或是由許多細胞齊心協力，共同創造出更複雜的多細胞生物。人類熟悉的動植物如貓、狗、牛、青蛙、蜥蜴、鳥、橡樹、雛菊等等，全都是多細胞真核生物。如果我們想要挑選出一件事是對地球造成最大衝擊的，而且我們今天所經歷的正是由這個衝擊而得來的，這件事應該就是真核生物的演化。

細胞的行為是否遵循著某些數學定律？細胞是如何聚集在一起，形成我們所謂的「高等」生物體？這背後是否也有數學定律？我們愈仔細探究細胞，就愈瞭解細胞，就看到有愈多的數學在運作，不管是一般的敘述，還是當我們仔細探究細胞的幾個重要分子結構時都是這樣，尤其是它的骨架結構——細胞骨架（cytoskeleton）。

是自由意志，還是機械式回應？

細胞的移動是靠一種動態過程，在這個過程中，一些由某種特殊分子組成的長形管子不斷形成、伸長或分解，導致細胞移動；這種特殊分子稱為「微管蛋白」（tubulin），所組成的長管稱為「微管」（microtubule）。

微管會受到一種相當規則的結構的擠壓，這個結構就是中心體（centrosome），位在每個細胞的中心位置。中心體和微管對細胞分裂非常重要。諷刺的是，實際上擁有數學來源的，就是這些使細胞看起來如此有機而非數學的行為。很顯然的，由於我們對數學的特性有錯誤的看法，因此我們也可能誤解了細胞。

我在前面的章節曾說過，看上去像變形蟲一樣簡單的生物體，若在顯微鏡底下看，彷彿具有相當的行動自由意志。我把這些生物體比喻為會受風影響的沙粒。若用數學方法來看細胞，我們會清楚看到變形蟲的行為也與風有關，並沒有真正的自由意志，沒有抉擇的自由。所不同的是，變形蟲是藉由複雜且高度敏感的化學程序來移動，而不像是一團固體的滾動。吹向變形蟲的風，就是飄浮在變形蟲周圍的化學信號。這些化學風用自由意志裝飾變形蟲的外觀，使我們無法看到表面下的化學風。

我們是不是也跟更複雜的風有關？譬如感情的風、記憶的風、人際關係的風？我們有真正的自由意志嗎？我們自己當然這樣認為，但是就某種意義來說，我們卻有偏見，因置身其中而無法冷靜、公平地分析。我認為答案可分成兩個層級來看。從我們所瞭解的宇宙這方面來看，我們有選擇的自由，而且我們經常利用這樣的自由。不過，從物理定律的層級來看，我們的外在自由可能是虛幻的，是一種對內在狀態及環境的機械式回應[1]。

由於人類行為是物理定律的一種突現性質，因此上述這兩種敘述不一定會互相牴觸。現在，這類問題主要是哲學家所關心的，但也許不用多久，就成了物理學家和數學家所要討論的範圍，誰知道呢？

再回過頭來談細胞。

細胞是怎麼出現的？過去，科學家曾經認為細胞是來自一些原核生物之間的某種共生（symbiosis），參與其中的每個生物顯然都在尋求共同的利益。這種學說後來慢慢不再盛行，主要是因為缺少重要的新證據。但當代的生物學發現，不僅使此學說再度復活，也奠立了學說的穩固地位，現在可能要靠極為驚人的發現才有可能推翻。

在此同時，數學家也一直在發展個別細胞及多細胞生物的成功模型，而且已經證明了數學方程式可以解釋一些真核生物細胞的複雜群體行為。關於真核生物的數學模型，最顯著的一個例子可以在黏菌的移動中發現。

黏菌是由某些種類的變形蟲（屬於單細胞真核生物）所形成的菌落生物，當個別細胞移向一共同的中心時，就會形成美麗的螺旋模式；然後，當離開原來的範圍以尋找較乾燥的土壤時，就變成蛞蝓狀的形態；接下來，牠會把子實體變成一個柄（stalk），並將孢子散播到大片區域去。最後，孢子又會重回到變形蟲，重新展開一個新的循環。如此特殊的一串事件，似乎不可能用相較之下簡單多了的數學來解釋，但從大約一九九五年開始，數學家就已經為黏菌的大部分行為，建立不少一致的解釋。

事實上，模式形成時所遵循的基本數學原理，也同樣支配著細胞分裂的幾何、胚胎在早期階段的形態，以及黏菌變形蟲既奇怪又優美的行為。數學在生物王國各種不同的層級之間，揭示出一種共通的一致性，這種一致性是來自物理及化學定律中的深奧通性。

細胞的演化

細胞生命的這種一致性，是我們在本章要談的主題，但是為了方便敘述，我必須從簡單的介紹到複雜的。我就從細胞的演化開始吧。

真核生物的細胞與原核生物的細胞十分不同，以體積而言，真核生物的細胞一般是原核生物的一萬倍大。真核生物的細胞壁是凹凹凸凸的，而原核生物則有平滑的細胞壁。真核生物大部分的遺傳物質聚集在細胞核內的染色體中，不過也有一部分是在細胞的其他區域中；相對的，原核生物卻只有一圈裸露的DNA塞在細胞壁的某處，以免到處移動。真核生物細胞的內部被薄膜分成很多不同的小區間，而細胞所含的數千個特化的胞器，各自擔負了特定的任務；相較之下，原核生物細胞的內部則沒有什麼特殊的形式。

細胞內的細胞核就是一種胞器，其他的胞器還有：作用有如能量來源的粒線體、與代謝功能有關的過氧化小體（peroxisome），以及植物細胞中的顆粒體（plastid）；後者是光合作用的場所，太陽光的能量會在這裡把二氧化碳轉變為醣。

細胞壁的形狀可以改變。此外，真核生物的細胞含有一種分子骨架，由某種蛋白質所組成，也就是前面提到的微管蛋白。細胞的細胞骨架可以很快地拆下來再重組回去，不像堅硬的骨骼骨架，其實這就是細胞移動的方式。微小的分子馬達沿著一條條的微管蛋白，把分子從一個地方帶到另一個地方，並協助破壞與重建的過程。如果原核生物是一座化學工廠，那麼真核生物的細胞更像化學工廠的綜合體，負責營運的廠長以不斷重建為樂。

演化的進行，通常會藉由改良或合併既有的東西。真正的新品種是透過一種漸進的建造、拆卸及再建造的過程而產生的，現有的結構在過程中間被用來（可能是暫時的）做為建造基材。那麼，演化出真核生物細胞的建造基材是什麼？最有可能的答案是：真核生物過去是極簡陋的原核生物[2]。

生物學上的新證據是說，雖然原核生物與真核生物之間有明顯的差異，彼此仍一定有密切的關係，因為兩者共同擁有非常相似的遺傳性。真核生物的演化極有爭議，因為沒有任何一種化石留存下來，對究竟發生了什麼事提供線索。

不過，最廣為接受的學說強調，真核生物是從原核生物經由一種共生的過程演化過來的；該學說可以追溯到一百多年前，但是一直要到一九六〇年代後期，才因為馬古利斯（Lynn Margulis, 1938-2011）的重新提出而受到重視。但另一方面，其他學說仍舊把真核生物細胞視為一種個別而獨立的演化發展。

共生過程

「共生」一詞出現之初，就是用在生物體身上；當兩種以上的生物體結合力量，以尋求共同的利益時，共生就會發生。

舉例來說，有一種鳥會飛進河馬的嘴裡，啄食附著在河馬嘴中的水蛭；這對河馬有益，因為河馬可以擺脫吸血的水蛭，對鳥也有好處，因為牠可以從河馬的嘴裡獲得食物，所以河馬容許鳥跑進嘴裡而不會把嘴巴合上。相反的，水蛭則是一種寄生物：水蛭從牠與河馬之間的關係得到利益，河馬卻得不到任何好處。

馬古利斯所復興的學說認為，細胞的演化是原核生物之間的共生交互作用的結果，這些原核生物慢慢變成真核生物細胞的胞器，最後甚至不再以生物體的形態單獨存在。此學說最有力的證據是，像粒線體及顆粒體這類胞器，擁有自己的退化遺傳系統。這些胞器擁有自己的DNA，擁有可以用來複製的分子組織，而且這個分子組織可以由DNA指令來建造蛋白質。這些胞器的遺傳密碼，甚至與細胞核內的遺傳密碼稍有差異。

我們很容易明白，這種組織怎樣在共生演化中留存下來，卻很難瞭解要是真核生物細胞是完全獨立的發展，那真核生物為什麼會存在。

今日有很多真核生物可以包圍並吞噬原核生物，這其實就是白血球細胞對付入侵病菌的方法。因此，我們有理由假設，當某些細胞發展出吞噬他物的技巧時（其實就是要吃掉它們），共生的合作關係就會產生。即使在今天，有些變形蟲會捕抓路過的細菌，並利用這些細菌做為粒線體來產生能量——這證明了有些時候，一個被攝取的原核生物可能還會存活一段時間，而原核生物的存在，最後可能會產生有利的影響。這種事雖然相當少見，但是一旦發生，演化就會開始強化其影響。

原始細胞核的形成

最有可能的一連串事件是這樣的：某個原核生物失去（比較厚的）細胞壁，只剩下一層薄薄的細胞膜，薄膜上滿是核糖體，也就是蛋白質被組合的地方。由於沒有了厚細胞壁的限制，這層膜就開始生長，形狀上變得非常彎彎曲曲，邊緣皺摺得像窗簾的上緣——這是真核生物細胞的原型。造成的皺褶會增加表面積，但不會增加體積，這樣就會增加細胞原型從周遭捕集營養物的效率，因此細胞原型生長得比原先有厚壁時還大。

在此階段，這個細胞原型的消化過程與原核生物一樣，是在細胞膜外進行的。（一種動物在還未實際碰觸到你之前就開始吃掉你——這想法也許有點奇怪。）不過，當細胞原型長得愈大、表面變得愈是彎曲時，會開始從外部捏取一些部分，這些部分可以形成很微小的內部口袋。於是，消化除了會在細胞原型的外部化學量輪進行，也可以在內部進行。這樣的口袋有些可能會碰巧包圍住細胞原型的ＤＮＡ所停靠的地方。

此時，一種原始的細胞核就形成了，而細胞原型也就變成了真正的細胞。在這個階段，細胞開始演化出骨架結構，此結構是用可依特定化學刺激而伸長或收縮的細長分子構成的。這種可以重建的細胞骨架，可以讓細胞操控外層的細胞膜去移動東西，包括細胞自己。

現在，由於細胞可以攜帶著食物在細胞內部四處流動，不再一定得停留在某個食物來源的表面，所以細胞演化出了尋找新食物的移動能力，可以先裏住食物，再慢慢消化。細胞所攝取的東西包括了原核生物，其中有一些會被保留下來，因為最後會是有用的東西。

過氧化小體可能是第一種被保留下來的，因為這種東西可以保護細胞免於受到含氧化合物的毒害。粒線體的前身也同樣可以幫助細胞對抗含氧化合物，而且還可以產生富含能量的分子，也就是三磷酸腺苷（ATP, adenosine triphosphate），這類分子可以儲存能量，並在有需要的時候把能量釋放出來。在植物裡，最後一步是把顆粒體也加進胞器的共生聚落中，這樣一來，光合作用就可以用來做為一種能量的來源。

以上就是細胞演化的大致架構，下面我們要來仔細看看細胞內部的情形，因為我們所想要瞭解的建構出演化的重要數學模式，就隱藏在細胞內部。開始時，我們先來看看細胞是如何移動的。

細胞移動的動力學

細胞移動的關鍵是細胞骨架，我們最好把這細胞骨架比喻為某種一直在改變的蛋白質鷹架網，這張網建構在細胞的內部，會將一部分的細胞膜支撐起來，而讓其餘的部分上下移動或左右移動，不受任何支撐。細胞骨架最重要的組成物是以微管的形態呈現，微管是一種由微管蛋白單元構成的細長管子。此外，細胞移動也牽涉到其他蛋白絲（**protein filament**），特別是那些由「肌動蛋白」（**actin**）所構成的物質。不同種類的蛋白絲發生交互作用，提供細胞移動的能力。

微管蛋白有兩種極為相似但完全不同的形態：α—微管蛋白和 β—微管蛋白。微管蛋白的結構是高度對稱的，就像由西洋棋盤所捲成的管子，黑格子是 α—微管蛋白，而白格子是 β—微管蛋白（圖三三）。

換另外一種說法，各位請想像你們是要建造一根又長又高的煙囪，材料為黑白兩種磚塊——分別代表兩種蛋白質單元。在第一層先造一圈磚塊，使兩種顏色相互交錯，然後在接下來的第二層依樣畫葫蘆，但是要把黑磚剛好放在每一塊白

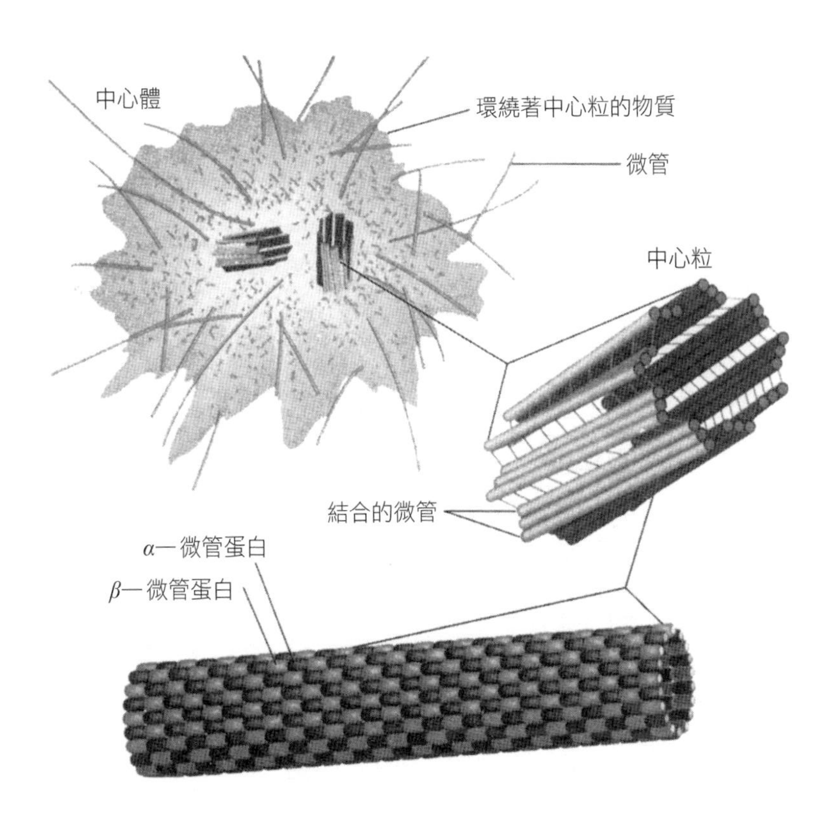

圖三三　微管蛋白、中心粒及中心體的構造。

磚的上面，而白磚則放在黑磚上面。

記住，不要像磚瓦匠（通常所做的）那樣，把磚砌成上面一塊放在下面兩塊的中間。繼續照這樣輪流擺放黑白磚，最後就形成了由一疊平行一疊的磚所砌成的煙囪。

第一眼看這種結構，似乎覺得自然界使用的形態有點滑稽，每一位磚瓦匠都知道如果按這樣砌真正的煙囪的話，那麼根本就無法把煙囪砌得很高，因為只要有一小陣風就會被吹垮。由這種方式堆疊起來的垂直柱子，在沒有其他支撐的情形下很容易傾倒，但如果你用錯開排列磚塊的方法來建造煙囪，這座煙囪就會像普通的磚牆一般穩固多了。那麼自然界為什麼會用如此不穩定的方法，來製造像微管這麼重要的東西呢？

答案（而且是數學的答案）是：在這個情形下，一點點的不穩定性反而是優點。由於分子會黏在一起，因此沒有參差錯開的結構會比由不具黏性的磚塊做成的結構穩定得多。即使如此，在結構弱的地方還是會出現長長的斷裂線。不過，那些斷裂線最後反而會成為一種優勢。

微管不只可以拉長，也可以變短；要做到前者，只需加上另外一層的蛋白質磚，若要做到後者，也就是沿著那些斷裂線的縫裂開——就像剝香蕉皮一樣。事實上，微管變短的速度是拉長的十倍。

有了這兩種性質，細胞就可以利用微管蛋白釣竿，去釣取自己想要的東西；細胞隨意地把微管蛋白伸出去，看看會不會碰到任何東西，如果發現沒有什麼能引起興趣的東西，就很快縮回來，稍後再試一次。

所以，使細胞得以藉由建造或拆掉自己的骨架來移動的關鍵，就在於微管蛋白那沒有參差排列、如同捲起西洋棋盤的稍微穩定的結構。這裡我們得到的啟示是，細胞這個令人疑惑的面貌之一（亦即細胞的移動能力），最後是歸結到一個結構高度規則的微小分子機器的自然動力學。當然，細胞的移動不只是在移動微管蛋白的建造位置，但是這個基本的機制正是細胞移動的基礎。

遺傳學與數學的合作成果

那麼又是什麼在控制微管的產生、建造和拆解？答案是：由各種不同的化學信號在控制，其中有些信號是受到環境的刺激：如果細胞感測到營養物所發出的化學信號，而知道有營養物，那麼細胞就會回應，拆掉距營養物最遠的鷹架，而在最靠近的那邊築起新的。

這類數學規則既可以驅使細胞朝最有希望得到食物的方向推進，也可以在細胞到達食物所在位置時，告訴細胞吞噬食物。若想以可複製的方式建立起這種系統，遺傳學也許是不可缺少的，但卻是（偽裝成物理和化學定律的）數學，在驅使真正的移動發生。正如我說過的：這是一份合作關係。

當然，有些東西必須提供給微管來做為開始。是遺傳學嗎？基因當然包括在裡頭，因為微管是由蛋白質組成的，而蛋白質則注記在基因上。不過，這又再次顯示其中遠遠不只有遺傳學而已，這裡面還有很多是極為數學性的因素。

裡面的一切都取決於細胞內一個最重要的胞器——中心體，一種極有數學性的分子結構，形態上比細胞的大部分結構更規則。

我們無從確實解釋為何中心體會這麼有數學性；我猜想自然界是在自由運用一種產生自失稱的分子結構，又因為那種結構剛好可以產生有用的結果，因此演化就把此結構併到每個細胞的結構中。

中心體與細胞分裂

中心體不論在細胞骨架的形成和控制還是在細胞分裂的過程中，都扮演了重要角色[3]。在一八八七年首先做出這種闡釋的是波威利和班尼登[4]，他們當時都在研究蛔蟲卵內的細胞分裂。

細胞分裂時，染色體會複製，然後平均分配到兩個新的細胞，這個過程稱為「有絲分裂」(mitosis)。有一種稱為「有絲分裂紡錘體」(mitotic spindle，如圖三四)的結構，是此過程的中樞：染色體首先在有絲分裂紡錘體的赤道面周圍排列起來，然後遷移到紡錘體的兩極。

波威利和班尼登觀察到有絲分裂紡錘體每一極上有一小點，並稱之為「兩極的微粒」或「中心體」。細胞不在分裂時，細胞只有一個中心體，而且很靠近細胞核，但是當細胞開始分裂時，發生的第一件事看起來好像是中心體分裂成兩部分，向兩邊分開，中間則形成有絲分裂紡錘體，因此看起來好像是中心體的倍增使細胞開始分裂，並操控著隨後各個階段。

這種看法起初頗有爭議──就像在一九三〇年代，有一些生物學家認為中心

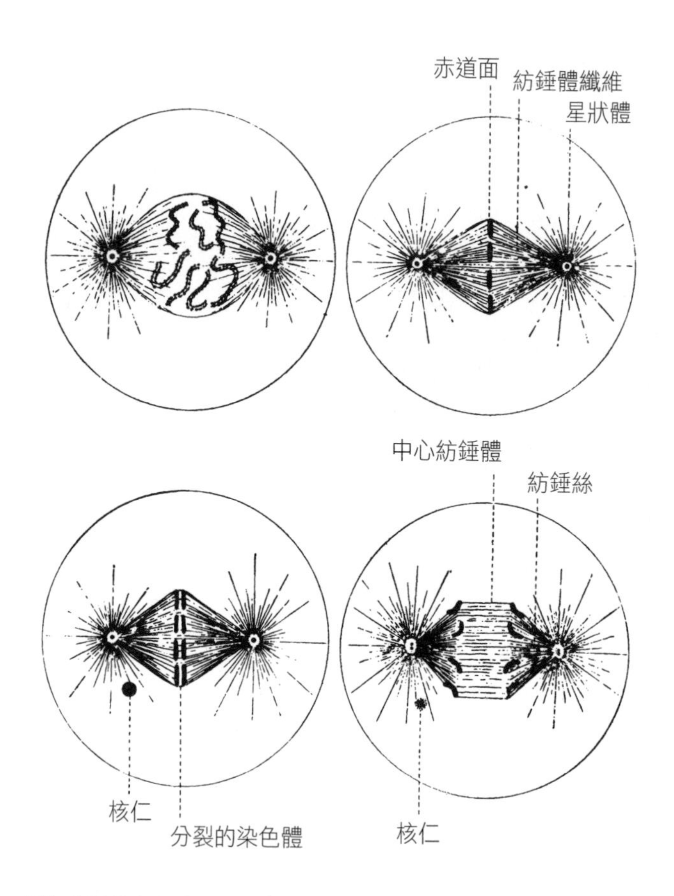

圖三四　細胞分裂的各個階段：兩個輻射點是中心體，在兩中心體之間由線形成的結構就是有絲分裂紡錘體。

體根本不存在。在當時，很多生物體的細胞看起來根本沒有中心體，所以各位就可以明白為什麼他們會這樣想了。

然而，當電子顯微鏡發明之後，人們開始明白，所有的細胞都有中心體，而且中心體還是細胞分裂時的決定性要角。中心體擠壓微管，並且在細胞分裂的過程中，利用微管做捕捉染色體的釣竿，把染色體拖往需要的位置。

中心體的數學形狀優美而緊緻。在任何一種動物細胞內，中心體是建構在一對微小而對稱的「中心粒」周圍。中心粒（centriole）是一種由二十七條微管組成的圓柱狀管束，裡面的微管分成九組，各有三條微管，稍有扭曲地黏在一起（見圖三三右半部）。兩個中心粒互成直角，組成中心體的核心（圖三三左上半及圖三五）。

圍繞在中心粒周圍的是一團模糊的雲狀物，可以稱為「環繞著中心粒的物質」（pericentriolar material），意思就是「我們對這種物質所知不多」，無數的微管蛋白釣竿就是從這兒產生的。藉由某種還未被完全瞭解的數學機制，這個擁有兩個中心粒的組織可以促進新微管的生長。

科學家瞭解得比較多的，是中心體伸展到染色體並把染色體拉向自己的機

圖三五　中心體的電子顯微圖像。

制。在細胞分裂的決定階段，細胞內的化學條件使微管比正常情形不穩定得多，這樣就會進一步促使微管快速生長，但立刻又縮短，隨意分布於細胞內各處。（現在已經有很好的數學模型可以描述這種過程，是由李契伯[5]導出來的。）

不過，當微管蛋白釣竿鉤到染色體時，微管就會隨機停止生長與縮短。微管的自由末端牢固地黏附在染色體上，這使分子穩定起來——就如同把鬆開的線的末端黏在一起，使線不會散亂。釣竿現在已經釣到獵物了，接下來就是要利用特別的化學馬達把染色體拉進來。

我們對中心體的複製也有相當的瞭解，至少瞭解了輪廓部分。通常，兩個中心粒互相分離，接著每個中心粒各製造了一個新的自己，位置互成直角。新製造出來的中心粒起初只有九條微管排成一束，但隨後很快就轉變成正常的二十七條微管的結構。這個過程需要一個初始的中心體去使所有的事情發生，不過在某種條件下，中心體好像也可以自發形成。

我們都明白，中心體的高度對稱形態一定是來自失稱；這代表了一種自然發生的微管蛋白單元結構——一種由分子建構而成的迷你晶體，但這種分子形成的是管子而非晶格。不過，目前還沒有人進行過仔細的計算，為這個粗略的敘述作一些補充說明。

宏觀與微觀的差異

乍看之下，這個不尋常的微管動力學，好像給了湯普生對於細胞分裂的想法一個致命的打擊。湯普生認為，分裂中的細胞的表面會使所耗的能量最少，就像肥皂泡一樣，他還主張，這種通則支配了細胞的整體形狀。有了中心體，以及會把染色體拉開的微管蛋白釣竿，好像就使湯普生的主張看起來行不通了。但事實上，細胞分裂是透過微觀的化學來進行，而不是湯普生的宏觀物理學。不過，染色體的分離僅只是整個細胞分裂故事的其中一部分；為了某種理由，細胞的其餘部分也必須分開。

在完成這種分裂的過程中，我們可以看到自然界又再度以較簡單的物理程序為根據在進行著，這程序與當初湯普生心中所想的大致相同——這種程序是由規範宇宙的數學定律免費提供的。細胞分裂是真核生物生命的基本特性，如果想創造一種巨大的遺傳超結構，來有系統地管理這整個過程中的每一步驟，使過程完全可以自己進行，則未免不切實際而顯得愚蠢。真正的祕訣反倒是（一直是）以自然的物理程序來修修補補，稍微改變這些程序運作的內涵，如果想得到特別好的結果，或許偶爾還能做做較為激烈的修正。

如果觀看細胞分裂的影片，各位將會看到一件很奇怪的事情：在分裂發生的時候，細胞看起來最不像生命。所謂「像生命」的過程，必須牽涉到看起來像意志力的複雜行為，而這種複雜行為，是產生自那種善用物理定律所提供的可能性的遺傳修補。然而在細胞分裂的過程中，複雜行為的超結構好像必須受到壓制，才能使這種複雜性不會干擾到細胞分裂的簡單物理程序，使細胞簡潔俐落地分成兩個。

若觀看縮時攝影術拍出的影像，你首先會驚訝地看到自主的細胞，形狀不規則，為了很明顯的目的而移動，伸出偽足準備吞噬食物——就像沒有數學模式一般。然後，相當快速的，這些細胞好像在適當的位置上固定不動了，捲曲成圓球狀，分裂，然後再度成為自主的個體。推測起來，細胞分裂的過程太精細、組織太過小心，因而不會發生在細胞自由移動的時候。如果這種推斷是真的，那麼任務是由一般物理過程來駕馭的這種看法就更能成立；細胞行為愈有自主性就愈容易破壞上述過程。

現在有很好的證據說明，以宏觀的力學觀點來探討分裂中的細胞的形狀（與我們以微觀的觀點來看細胞裡發生的每一細節做一對照），可以解釋很多我們實際觀察到的。很令人驚奇的是，細胞常常（也許一百次裡有一次）誤入歧途，不是分裂成兩個，而是三個。很難理解一個每一步驟都由遺傳學精心安排的過程，怎麼會發生這樣的錯誤。

不過，據數學分析，顯示分裂成三細胞的狀態僅比分裂成兩個細胞，需要稍微多一些的能量。物理學尋求耗費最低能量的狀態，但是只達到一個很接近可能是（但並不等於）最低能量的狀態，也是很平常的事。這似乎就是細胞裡所發生的現象。

發育中胚胎的細胞分裂不只一次，而是很多次，並以特定的模式進行。這些模式對後來會發育成完整生物體關係重大。看起來好像是基因引發了細胞分裂，但是當分裂開始之後，接下來的一切就由物理學來決定。

尋找數學模型

細胞分裂的模式（細胞的卵裂模式）顯現出許多幾何結構，這所有的幾何結構都有明顯的數學特性，諸如近似對稱。在這兒我們僅舉一個代表性的例子，也就是完全輻射卵裂（holoblastic radial cleavage）的模式（圖三六）。

為了敘述方便，我們選取任意一個方向稱做「垂直向」，而稱與此垂直向成直角的面為「水平面」。這麼一來，卵裂在兩個方向任選其一來進行：首先在垂直向分裂成兩個細胞，然後在另一垂直向（也就是與第一個垂直向成直角的面）分裂成四個，然後又在水平向分裂成八個，接著再垂直分裂成十六個……在水平及垂直分裂面輪流進行下去。

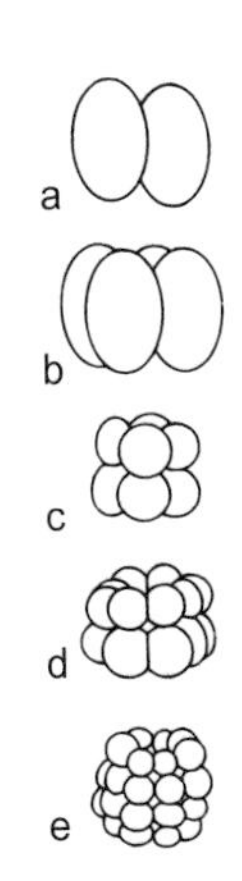

圖三六　完全輻射卵裂模式。

在這種重複又規則的逐次加倍過程中，我們很難找不到數學。要找出此過程背後的全部幾何學的數學模型，最自然的方法就是把細胞想像成一個球面，由多少算是均勻的黏性物質所組成（在這兒有意把細胞骨架以及所有那些奇妙的胞器等東西省略掉，因為這些東西與分裂中細胞的幾何學也許不是很相關），接下來就要問是哪些數學法則在規範這種球面的分裂。

這種宏觀的機械方法可以告訴我們，倘若卵裂真的製造出某種模式，那麼有可能是哪些模式。或許中心體所扮演的角色就是要確保分裂發生，而不是控制其中的幾何結構，因為並沒有這個需要。

透過對「場函數」的研究，英國索塞克斯大學教授古德溫（Brian Goodwin）在一九八〇年代解決了這個問題[6]。所謂的場函數（field function），就是一種在細胞表面上從一點到另一點的變化量。為了得到鮮明的圖像，你可以用顏色標記來代表變化量的數值，負值是將球標記成紅色，正值則是藍色。

從不同深淺的紅色及藍色標記，我們可以獲得實際的數值，不過真正重要的是正值與負值之間的邊界。由場函數所決定的顏色標記，在每一點都不一樣，所以整個球就會被點綴成一種紅藍深淺不同的模式。邊界曲線分隔了這兩種顏色，而這種曲線就是其中最重要的特性。

現在假設邊界曲線可以決定使卵裂受到最小阻力的直線。如果我們可以建立場函數的模型，而且所建的模型也要夠好，至少讓我們可以掌握此函數邊界曲線的幾何概念，那麼我們就可以預測卵裂的模式。

對於這個部分，古德溫所用的方法完全類似工程師為球體的受壓彎曲建立模型時所採用的方法。由這整個球面幾何學，最後可以導出著名的數學函數「球面調和函數」（spherical harmonics，又譯作球諧函數）。所產生的理論卵裂序列如圖

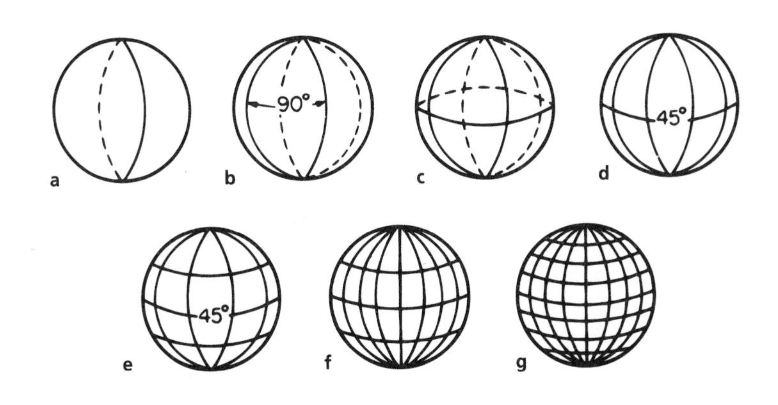

圖三七　完全輻射卵裂模式的數學模型，導自球面調和函數。

三七所示，這些與胚胎裡的實際情況，可以精確地相互對應。

我們知道，數學定律支配了中心體的形態和微管的動力學，現在我們又明白了數學定律也支配了細胞整體的形狀，但這些定律是應用到一個模型的不同階段，其中，剛剛討論到的這個階段描述細胞的整體，而不是列出每個不同的成分。胚胎早期的整體形態深受數學的支配，精微的細節才可能是由遺傳學來決定。如果想瞭解胚胎，就需要分清楚這兩種因果關係階段。

基因決定了多少？

因此，遺傳學的角色並不在於決定生物體的一切，而是在精心安排一組物理與化學過程，一旦使用恰當的方式執行就可以建造出生物體。基因並不是藍圖，明確規定好每個組件的位置，並清楚地標上記號；基因比較像是食譜。細胞執行遺傳指令，物理及化學定律產生了某些結果，而當你把兩者合在一起，就產生了生物體。當所有的構成要素都各就各位時，過程就會順利進行，但如果有任何差錯，就有可能產生問題。

自然界必須放棄數十個失敗的生物體，才會造就出一個成功的生物體。大自然的食譜是這麼寫的：「看看從左邊數過來第三個碗櫥的頂層架，把你在那裡看到的東西拿出來，然後放到後面右手邊爐子上的平底鍋上」，而不是告訴你要「加兩湯匙的糖漿」；那些食譜的可靠性（某種程度上）有賴其他每件事情也都要對。

關於細胞，甚至是發育中的胚胎裡的一小堆細胞，我們也許願意承認數學扮演了相當重要的角色。然而，數學模型可以用來描述整個多細胞生物嗎？這種模型怎麼可能考量到複雜的遺傳學觀點呢？這種數學結構難道沒有被遺傳學的

DNA程式所淹沒？

答案與你想要替生物體建造模型的階段有關。如果你堅持要併入每個小細節，那麼基因的複雜性當然會讓你不太容易建構出簡單的模型。不過，就如我早先所說的，天文學家並不會嘗試為火星表面的每個微小隕石坑找出數學模型，因為即使是物理學家，也想要在瞭解他們所研究的系統之前簡化這些系統，所以用同樣的方式來處理生物學也合理。換句話說，基因對生物行為及形態的重要性雖是事實，但這事實本身並沒有暗示「描述生物行為的有用模型一定會包含明確的基因」。是否包含，全看真正重要的是什麼。

所怕的是你既不瞭解這一點，又要把生物體的每一方面都歸因於基因訊息。沒有人會這麼愚蠢，認為大象受到重力而掉落是因為基因要牠這麼做，但是在結果不那麼顯而易見的情況下，卻很容易犯相同的根本錯誤。基因為物理定律做了補充——不是要取代或者推翻這些定律。

所以，每當你看見一個生物做了某種有趣的行為，你都應該去分辨那個行為有多少是來自基因，又有多少只是因為這個生物生存在物理宇宙中，而受到宇宙定律的規範。

可以用來說明這一點的絕佳例子之一，就是黏菌——一種名為盤基網柄菌（*Dictyostelium discoideum*）的土壤變形蟲群集形態。若要找一種可輕易把行為歸因於基因影響的生物體，黏菌會是一個絕佳的例子，但如果仔細觀察，我們會發現黏菌的行為仍是根據還算簡單的數學。

細看黏菌的聚集模式

黏菌的生命週期從孢子開始（我承認週期並沒有真正的開始，所以我們就自己選定一個合適的點，做為週期的開始），更正確的說，是從很多的孢子開始。孢子發芽，成為個別的變形蟲，然後生長。

當變形蟲享用完可得到的食物後，就開始移動聚集成一堆；首先，變形蟲的運動是採用圓形波或螺旋波的形態，但是過一會兒，當變形蟲大量湧向一旋轉的聚落中心時，就出現了樹狀的結構，稱為「流動」（streaming）。接著，這個聚落變成蛞蝓狀，有如單獨的生物體一般移動，遷移到舒適、乾燥又多風的地方。然後，這個聚落在那個地方生根，其中大約一半的變形蟲會形成一個細長的柄，而其餘的變形蟲就在這個柄的上面，長成一個子實體（fruiting body）。藉由風的輔助，這個子實體會四處散播孢子，開始一個新的週期（圖三八）。

我所知道的黏菌的特殊行為，發生在個別變形蟲合力形成蛞蝓形態的聚集階段。圖三九是典型的一連串觀察結果：從 a 到 c，可以看到很像我們在 BZ 反應中所目睹的那些螺旋模式，d 顯示出不同的螺旋中心產生了個別的變形蟲聚落，而在 e 及 f 中，這些聚落流向每一聚落的中心繼續聚集，使得聚落之間的間隔更加明顯。

長久以來，盤基網柄菌的行為吸引了許多生物數學家的注意。在這裡，我只會把重點集中在何佛（Thomas Höfer）及波爾利斯特（Maarten Boerlijst）於一九九〇年代中期所做的一些研究成果[7]，他們觀察的是聚集的早期階段——螺旋形和流動。結果顯示，這些驚人的模式是變形蟲之間相互發出化學訊息的結果，所製造的化學物質就是環腺苷單磷酸（cyclic adenosine monophosphate, cAMP）。

變形蟲可以利用表皮的某種受體感應到 cAMP，然後朝感應到的來源移動，以示回應；更精確的說，這群變形蟲製造出一致的 cAMP 波，然後個別的變形蟲會在 cAMP 波經過時，朝波的源頭逆向移動。這個過程十分有效地複製了聚集模式。要為此過程建立數學模式不是不可能，其中一個模式甚至只用了三個變數（這要

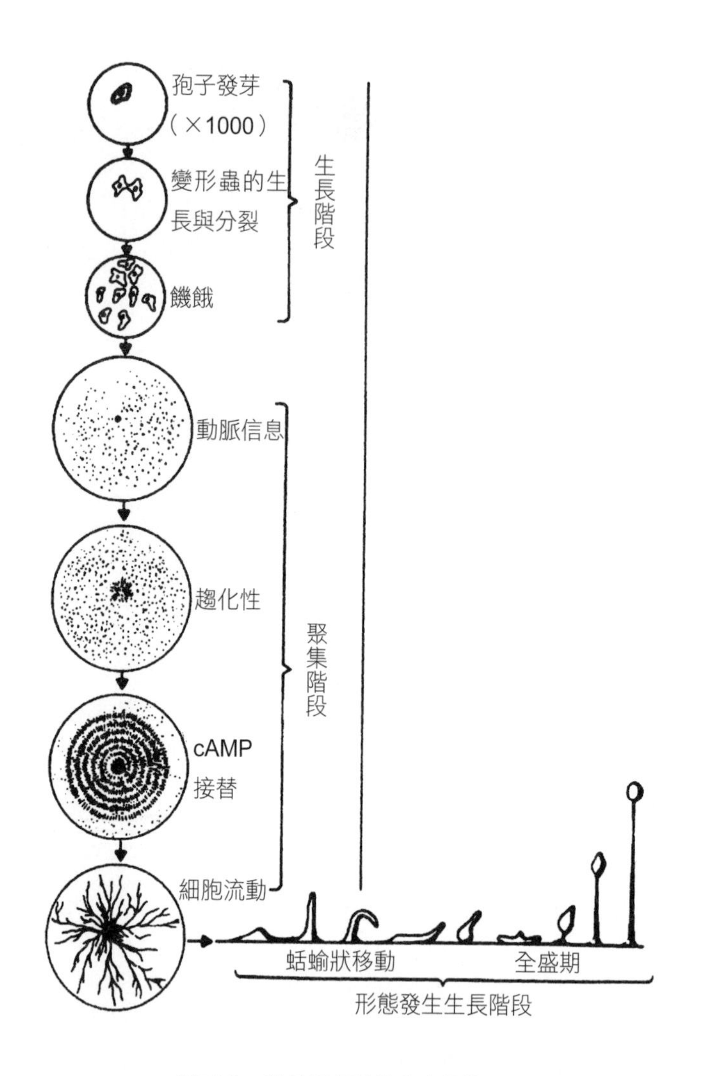

圖三八　盤基網柄菌的生命週期。

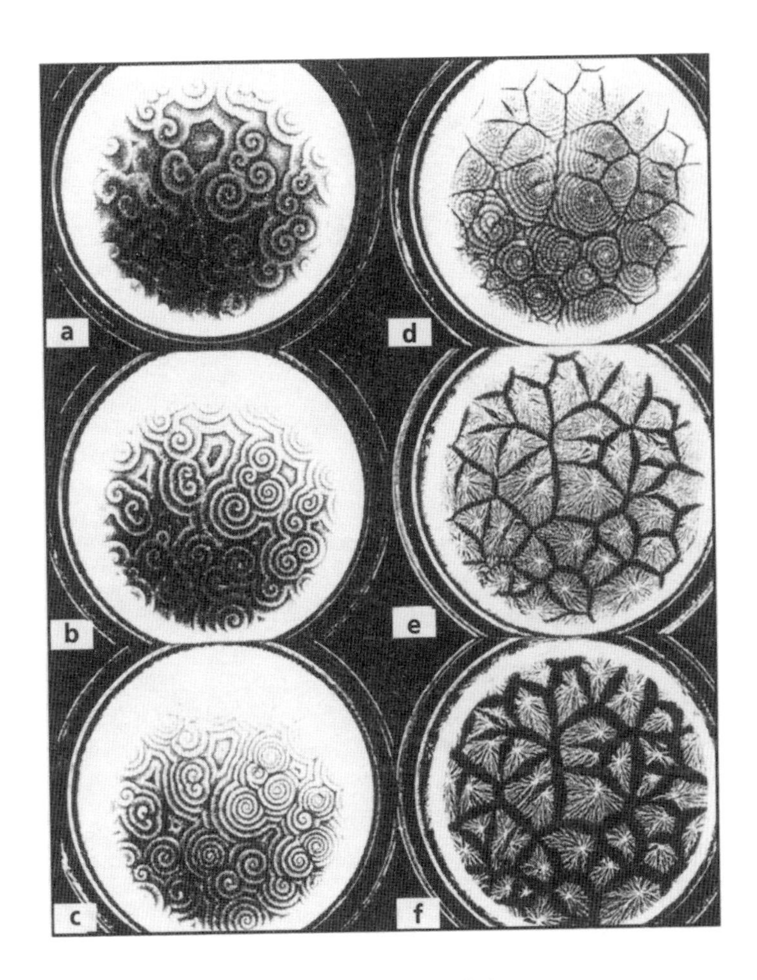

圖三九　黏菌的聚集模式。

歸功於何佛）：變形蟲的密度、變形蟲四周的cAMP濃度，以及每個細胞裡活性cAMP受體所占的比例。

這些方程式的某些解，成功再現出螺旋特徵及變形蟲的流動模式（彩圖二），其他的解則導出圓靶模式（同心圓圈），而不是螺旋（彩圖三）；同心圓的幾何結構在真實生物裡也觀察得到。

有時，方程式會走入歧途，而產生帶有一圓核心的流動模式，就像馬路上的圓環（圖四〇a），但這並不是問題，因為變形蟲自己也會出錯，而且得到完全一樣的結果（圖四〇b）。數學方程式之所以特別令人印象深刻，就是因為方程式做出的預測初看時好像是錯的，但結果竟然在真實世界裡發生了。

這裡所得的主要結論是，生命的很多性質最後竟然是物理的，而不屬於生物學；一整群生物體所表現的複雜生物行為，可以來自相較之下容易得多的數學定律。這並不是說生物學可以化約成數學，而是指基因所能運用的物理模式，往往在生物學上扮演著超乎我們想像的重要角色。除了透過分子的建造，基因還必須利用一些物理程序，才有辦法簡單而有效地建構出生物體，控制生物行為。

我認為除非我們記住物理限制所產生的影響（一種不會限制太多自由的影

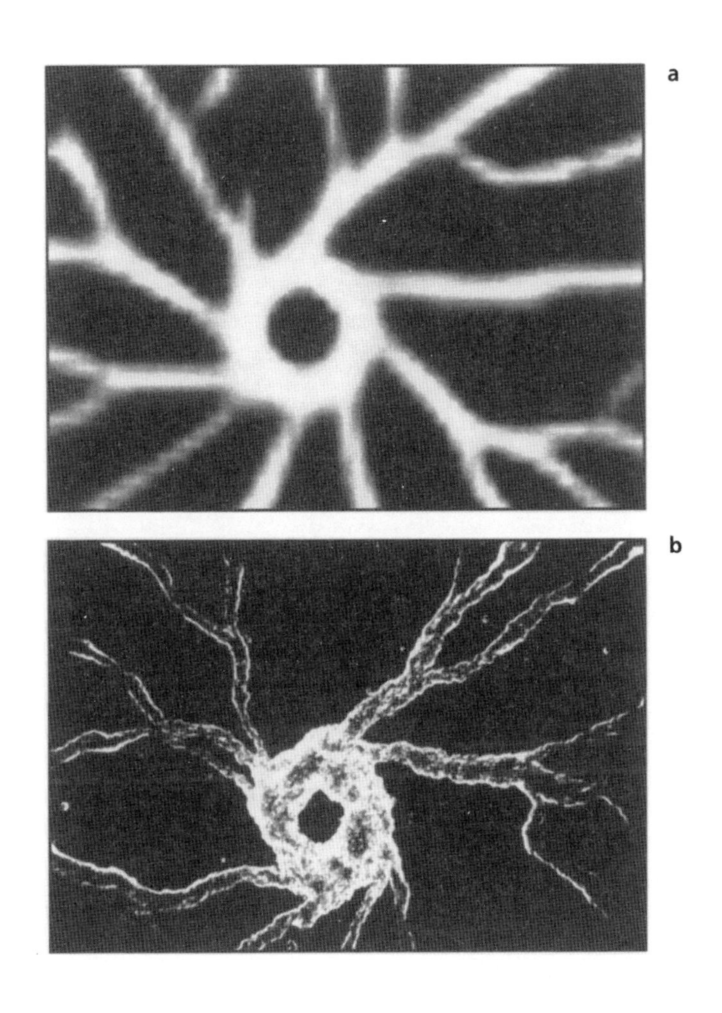

圖四〇　黏菌聚集過程中形成的中心圓環：(a)模擬，(b)實驗。

響），否則永遠無法真正瞭解遺傳學在生物發展中所扮演的角色。盡可能多留一些細節給物理學去探討，等狀況變穩固時再用在基因身上。這就是生物學發展之道。

模式的通則——對稱

此外還有更深一層的數學訊息，是針對模式形成的通則，而非特例。數學所提供的模式是放諸四海皆準的，對許多不同的物理系統都是有效的。舉例來說，何佛模型的螺旋及標靶模式像極了BZ反應中發現的那些模式。會發生這種情形，一部分是因為何佛模型牽涉到的cAMP的方程式，與BZ化學藥品的一般方程式相似，但是還有更深一層的理由。

兩者的相似性不只是類比：我和格魯畢斯基（Martin Golubitsky）、諾布洛賀（Edgar Knobloch）三個人已經證明了[8]，基於相同的一般數學理由，螺旋會在許多不同的系統中出現。唯一的通用數學機制確實存在，這個機制自有一套偏好模式的標準清單，在這個例子中就是標靶模式及螺旋模式；而選擇這些模式的通則，就是對稱性。

要產生螺旋，關鍵在於系統本身要在平滑的表面上運作，表面上各點的方程式應該是一模一樣的，而且不要選定任何特定方向。因此應該先產生某種特別的中心，把螺旋對稱打破而成為圓對稱，在這之後，標準模式清單就變成必備的，而其中最突出的就是標靶模式和螺旋模式。這些模式被描述成貝色函數（Bessel function）這種古典函數，不過仍存有一些奇特的扭曲，這些扭曲不是被遺忘了，就是從未被傳統的數學家適度解答。

古德溫所發現的球面卵裂模式也是屬於普遍性的類別。在這個例子中，模式是針對球面對稱的系統，而現在唯一合適的函數就是球面調和函數；從數學的抽象觀點來看，這個函數與我們在螺旋模式中發現的貝色函數是近親。在球面幾何中，你可以預期球面調和函數扮演了相當重要的角色；而在二維的圓幾何中，你可以預期貝色函數扮演了幾乎一樣的角色——事實正是如此。

我們先是探討細胞的內部，在細胞裡發現了數學（儘管細胞富有彈性及多變性）。接著我們討論細胞如何分裂，在此又再度發現數學模式。最後我們也看到，甚至連整個生物群體的許多獨特之處，還是建立在一般數學原理的基礎上——建立在一些特殊方程式上的，並沒有像建立在所有方程式共同特點上的那麼多。

我們所沒有看到的是這樣一種世界：世界裡的每樣東西都遵循ＤＮＡ密碼裡

的指令，其他任何東西都無關緊要。DNA是人類發現的第一個生命之謎，現在我們必須至少轉移一些注意力到生命其他祕密上，即DNA所運用的、與生長和形態有關的一般數學原理。

【注釋】

1. 欲知這種觀點的廣泛討論，可參考Ian Stewart and Jack Cohen, *Figments of Reality*, Cambridge University Press, Cambridge, England (1997), Chapter 9。
2. 詳見Christian de Duve, "The birth of complex cells"一文，*Scientific American* (April 1996), 38-45。
3. 詳見David M. Glover, Cayetano Gonzalez, and Jordan W. Raff, "The centrosome"一文，*Scientific American* (June 1993), 32-38; Eric Bailly and Michael Bornens, "Centrosome and cell division"一文，Nature 355 (1992), 300-301。
4. 編注：波威利（Theodor Boveri, 1862-1915），德國動物學家；班尼登（Edouard van Beneden, 1846-1910），比利時胚胎、細胞學家。
5. 編注：李契伯（Albert Libcharber），實驗及數學物理學家，研究超流體液態氦在近乎絕對零度時的量子現象。
6. 詳見Brian C. Goodwin, "Developing organisms as self-organizing fields"一文，in *Mathematical Essays*

on Growth and the Emergence of Form (edited by Peter L. Antonelli), University of Alberta Press, Alberta, Canada (1982), 185-200; B. C. Goodwin and Norbert H. J. Lacroix, "A further study of the holoblastic cleavage field" 一文，*Journal of Theoretical Biology* 109 (1984), 41-58; Brian C. Goodwin and Stuart A. Kauffman, "Spatial harmonics and pattern specification in early Drosophila development: Part I. Bifurcation sequences and gene expression" 一文，*Journal of Theoretical Biology* 144 (1990), 303-319。

7. 詳見Maarten C. Boerlijst, *Selfstructuring: A Substrate for Evolution*, Ph.D. thesis, University of Utrecht (1994); Thomas Höfer, *Modelling Dictyostelium Aggregation*, Ph.D. thesis, Balliol College, Oxford University (1996)。

8. 詳見M. Golubitsky, E. Knobloch, and I. Stewart, "Spirals in reaction-diffusion systems" 一文，preprint, Mathematics Department, University of Houston (1997)。

第5章

演化、混沌、複雜

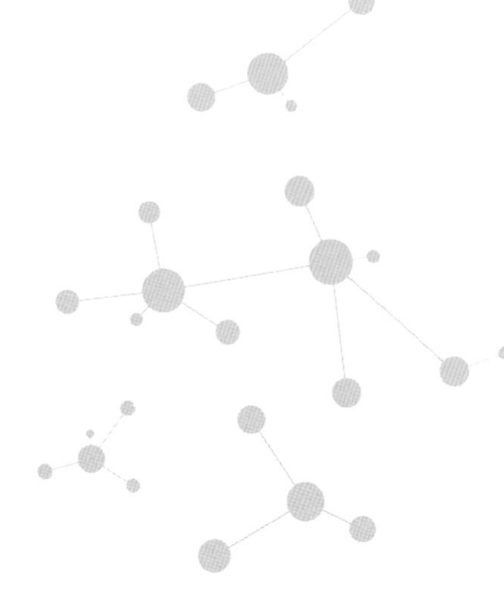

突變使地球上的生命得以探索演化的相空間，
而天擇，則使可能性的數目減少，
使演化不必花所有的時間在死胡同裡繞來繞去，
或是一直重回那些沒什麼樂趣的地方。

> 海鳩的尖錐形蛋，一般被認為是一種適應的結果，對這種鳥類在下蛋的環境中有利；據說這種鳥把唯一的蛋下在狹窄的岩石邊緣，而尖形的比球形的蛋不容易滾落，因此蛋愈尖就愈能適應環境，也愈有可能存活。
>
> ——湯普生，《論生長與形態》，第十五章

宋莫樂（Christa Sommerer）和米格農諾（Laurent Mignonneau）設計了博物館展覽，展覽的內容不像世上大多數博物館玻璃櫥窗後面的乾乾的、土灰色的岩石和骨頭；他們展示的是（近乎）活生生的東西。展覽品是電腦模擬，模擬的東西都是些形似生命的奇怪形態，介於科學與藝術之間的幽暗地帶。這些模擬屬於一種幻象，然而是一種參觀者可以進入、可以身歷其境的幻象。

其中有個展示是在一間空房間，裡面放置一部電視攝影機，和一面空白的大型投影螢幕。攝影機攝取你的影像，然後把影像放到螢幕當中。不過，當你在房間內四處走動的時候，螢幕上就有怪異的植物生命，開始在你的影像周圍長出

來。此時若再揮揮你的手，花就開了，你每走一步，前一步踏過的地方就長出樹來。空房間內只有你一個人，但是在螢幕上，你卻被色彩鮮明的茂密叢林所包圍，在短暫的幾分鐘裡，你就像上帝一樣，在伊甸園裡玩樂。

另一個展示是一池水，深僅數公分。沿著池邊有小型的電腦觸控式螢幕。如果有小孩用手指在螢幕上隨便亂畫，譬如畫出一個歪七扭八的彎曲線，線的一端還有一個黑點，那麼水池中也會出現一個歪七扭八的彎曲線，線的其中一端也有黑點。

這個彎曲線會脈動，會試圖環繞著水池移動。彎曲線愈是有流體動力，這脈動就能愈有效地穿過水中。

現在如果有另外一個小孩也畫出一條新曲線，那麼水池中就有兩隻「生物」了。牠們開始為生存而打鬥。宋莫樂和米格農諾把這種由電腦產生的、由光學投射出的動物取名為「蠔物」（volve），而整個展示的名稱則叫做「A-volve」。

名稱中的 A 代表 artificial（人工的）這個英文字。所謂的「人工生命」，並不是就科學怪人的意義而言，這座博物館也不是怪物的陳列館；人工生命的意義應該在於「與生命相似的人造物」。參觀者可以設計他們自己的蠔物，把它們釋放在展覽的電子生態系中。電腦的程式使蠔物之間會互相回應。此外，這個生態系也容許覓食、掠奪，甚至繁殖後代。對於最後這一項，蠔物有屬於自己的遺傳學，電腦的記憶體中儲存有遺傳訊息的清單，詳細列出一些像是形狀、大小、顏色等特徵。蠔物是採有性生殖的方式來繁衍，基因會隨機混合。除此之外，蠔物也會進行隨機的遺傳突變。

在頭頂上方有一部攝影機，可以感應到參觀者。你可以扮演上帝，用手阻擋掠奪者接近你的蠔物。就像眾天神一樣，你會發現即使是全能的上帝也有祂的極限。受到保護的蠔物無法覓食，所以如果你保護得太久，它就會死於饑餓。

電腦把蠔物設計成可以照顧自己的小孩——不然的話，它們的孩子就會被扮演掠食者的蠔物吃掉。至於蠔物其他大部分的行為，電腦並沒有明確地用程式來規範，而是自行從控管模擬的規則中突現出來。蠔物的壽命大約是一分鐘，在人類小孩專注在這個模擬遊戲的期間，許多蠔物會出生、相互競爭，然後死亡。這水池就是一個微小的演化縮圖。

人工生命的啟示

「A-volve」是一個具有深度科學基礎的精巧建構物。有不少用來模擬生命不同面貌（特別是演化的部分）的類似系統，已經為人工生命創造出新的條律。雖有批評者對其規則的明顯簡化與武斷表示輕蔑，但也有支持者相信這些都不是問題，他們正努力尋求可以深入瞭解演化的普遍模式，也就是演化真正的運作方式；在這個階段，這些支持者當然還不會對演化的技術細節感到興趣。

不過，他們現在有興趣的是想知道演化為何而來，以及我們應該從演化系統預期到什麼樣的行為模式。這樣的系統能夠輕易地做些什麼？什麼是真正值得驚奇的？人工生命將會改變我們對這類問題的答案，也會改變我們看待地球上的演化的方法。

早期的科學家把「較高等的」（即更複雜的）生物體的出現，視為演化成今日世界的重要特徵。所有生物當中最高等的就是人類，而整個演化的「目的」就是要產生人類。不過生物學家好不容易才學習到，要避免將演化歸結到任何一種目的或預設目標。

從分子的層級來看，演化是DNA隨機變化的結果。發生在最後所產生的生物（如果有的話，因為許多突變根本無法產生成功存活下來的生物）身上的那些變化，稍後就會受到天擇的支配，而碰巧存活下來的那些生物，不管是因為運氣好或是設計良好，就有機會把基因散播給下一代。演化既沒有目的，也沒有所謂的方向——演化只是做該做的事。

人工生命則指出，這樣堅決地把任何一種整體模式排除在演化之外，是反應過度了。對人類來說，演化也許沒有任何目標或目的，但演化卻可以有明確的方向，有某種程度的可預測性，有屬於自己的動力學。當你用程式設計出一個人工生命系統，而令系統中的突變是隨機的，系統的選擇過程也沒有既定的目標，沒有事先預定什麼是最好的意向；即使如此，這個人工生命系統仍將遵循不同系列的變化，把自己組織成愈來愈複雜的有機體，而且呈現多種普遍的模式。

人工生命的第一個例子是雷氏[1]的「提拉」（Tierra），它會（從最簡單的幾個起源）產生出一些像寄生生物、社會行為，甚至某種原始的「性」等東西。這些全都沒有明確寫在程式中，但是卻發生了——也演化了。

長久以來，有很多似乎與演化不相干的事一直困擾著演化理論學家，但到最後，全然變成了演化系統的標準性質。例如：化石紀錄所顯現的其中一項驚人面貌就是大滅絕（mass extinction），大量的物種在那段時間同時相繼死亡。

大滅絕最著名的實例，就是六千五百萬年前的恐龍死亡，但是科學家猜測大滅絕的例子可能總共有二十多個，而且其中有三至四個，在化石紀錄中看得特別清楚。無論如何，在六千五百萬年前，不只恐龍，還有無數的其他物種，都在一段相當短的地質年代裡相繼死亡了。

這種事為什麼會發生？一種可能的說法是，這場特殊的大滅絕是由所謂的「K／T隕石」[2]所引發，這顆隕石在今天墨西哥猶加敦（Yucatán）的海岸外不遠處撞擊到地球。不過，其他的大滅絕，也許並沒有明顯的外來原因。人工生命的電腦模擬已經證明，在許多不同種類的演化系統中，偶爾的大滅絕可以是正常而非例外，其中的理由僅僅牽涉到系統本身的內部動力。更令人驚訝的是，這些模擬也證明了系統有使自己組織成為更複雜形態的趨勢，而這種趨勢可能會純粹因為數學的理由而產生。

如果這些推測很接近事實，那麼傳統的兩大演化之謎，就變成是根據一個徹底的誤解所產生的：我們對於一開始的演化表現方式的期待是錯誤的。

對演化的誤解

我們全都認為自己瞭解演化，認為演化的觀念很簡單。不過，當你愈仔細探討演化，就感覺它愈神祕。基於這個理由，在我們回到人工生命那些刺激、驚人卻又非常具爭議性的發現之前，我們需要再重新檢視某些基礎。

依據化石紀錄，生命是從比較簡單的有機體開始，慢慢變成複雜；生命是一點一滴的累積，偶爾會突然爆出變化，或長期停滯中斷。科學家不斷在熱烈爭論著導致突然爆出或停滯的理由，其中有些人認為像生命這麼複雜的系統，那些情形是可以預期到的，有一些人則認為是隕石的撞擊和其他大災難事件所造成的，還有少數的科學家完全反駁化石紀錄的證據，否認曾經有突然爆出和停滯的情況發生。

不管這些爭論如何，所有的生物學家都同意下面這件最重要的事：生物之所以變化並把這些變化傳給下一代的理由。這中間牽涉到的過程，是達爾文的思考結晶，雖然英國博物學家華萊士（Alfred Wallace, 1823-1913）也獨自提出了同樣的理論。達爾文稱這種過程為「天擇」（natural selection）。科學家已經公認的是演化的「現象」，但不是演化背後的機制——達爾文所提出的是後者。不過，今天我們用「演化」一詞，總括演化的現象和達爾文的理論機制。

演化論告訴我們，生物的物種長久以來一直在變化，不是一次創造出來就永遠固定；物種可以突變。這個理論也告訴我們為什麼。達爾文在研究生物幾十年後，提出了他的結論[3]，其中最有名的例子之一，是加拉巴哥群島（**Galápagos Islands**）上的「達爾文的雀鳥」（**Darwin's finch**），這個群島位於赤道上，在厄瓜多海岸西方一千五百公里處。

時間追溯到五十七萬年前。加拉巴哥群島的附近沒有任何大塊陸地，島上的鳥只有海鳥，而且大多是過境的鳥。這個群島有自己的植物、仙人掌、山丘和沼澤，有一些爬蟲動物棲息，像是蜥蜴、烏龜等等，但沒有哺乳動物。那將是陸鳥的天堂——可惜沒有陸鳥。

後來，在純粹偶然的機會下，有幾隻疲憊不堪、被淋濕的雀鳥來到這個島，大概是被颶風吹來的。這些雀鳥都屬同一種，而這個物種已經在別處演化，適應了那個棲身處所的特殊環境。這些雀鳥大概是地雀，大部分時間都逗留在地面，而且以穀類為食。在這個例子中，我們就假設牠們是這樣。

那麼當這些雀鳥發現自己處身在這陸鳥天堂的時候，牠們會怎樣？這些鳥會覓食，享用充裕的食物，享受著幾乎沒有競爭者、更沒有掠奪者的日子。雀鳥的數目必然也急速增加，不久就因數目太多，穀物的供應相對慢慢變少了。雖然還有其他食物來源：昆蟲、仙人掌、漿果，但是這些雀鳥是吃穀類的鳥種。

不過，雀鳥不全然是一模一樣。牠們全都有地雀的基因，但是有一些的身上擁有與其他雀鳥不同的基因。當大多數的鳥因為穀子吃完而陷入絕境時，有一些擁有不同基因的鳥發現自己可以吃小漿果，來代替穀類的種子，另外也有一些鳥演化出吃仙人掌的能力。演化開始作用了，使得雀鳥的能力變成多方面，雀鳥的形態也變得更能適合各種特別的需要：吃昆蟲的雀鳥發展出細長的喙，適合捕抓飛行中的昆蟲；吃漿果的雀鳥則發展出又厚又短的喙。也許不到十萬年（或許更短），加拉巴哥群島上不只有地雀，還有樹雀及那些比較像鳴禽而不怎麼像雀鳥的鳥。這才只是開始而已。

到目前為止，加拉巴哥群島上的那種雀鳥已經劃分出十四種不同的物種，每一種都有各自的生活方式（圖四一）[4]。甚至在今天，達爾文雀鳥仍然在演化，當環境發生變化時，牠們的遺傳特質和形態仍逐漸在變遷。

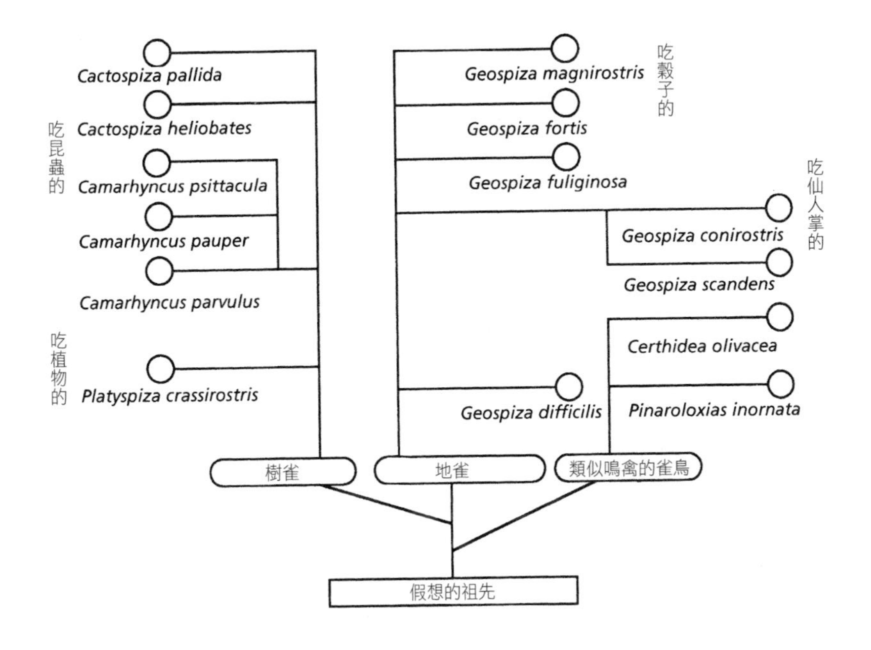

圖四一　拉克（D. Lack, 1910-1973, 英國鳥類學家）所推測的族譜顯示達爾文雀鳥演化出十四個物種。

達爾文瞭解到，加拉巴哥群島上一定發生了類似這樣的場景，因為不太可能會有十四種不同的雀鳥全都在一次颶風中來到島上。由於從單一種可能分支成許多種的念頭，與達爾文所得到的其他許多觀察一致，所以對他來說，加拉巴哥群島上的雀鳥很具關鍵性。他在不知道演化是根據DNA化學性質隨機錯誤而產生的情況下，研究出演化的基本機制；上述「演化和DNA有關」的這個發現，要很久以後才出現。

此外達爾文也瞭解到，演化還牽涉到兩項很不同的因素：首先，一定要有某種遺傳性，也就是說親代要能夠把某種變化傳給後代；其次，遺傳的機制一定要有些許不完美，偶爾使錯誤發生。有了這兩種性質，其他一切就隨之而來，並遵循著下面這個事實：在有限的地球上，所有的資源都是有限的。因此，生物體都必須為爭取資源而競爭，而在競爭中失敗的懲罰，將是無法把自己的性狀傳給下一代。〔性狀（character）一詞是遺傳學家的用語，凡是可定義的形態、模式或行為的特徵，都稱為「性狀」；如用通俗的話說，帶有相同含義的詞彙就是「特質」（characteristic）。〕

達爾文領悟到了，不完美的遺傳性加上天擇必然會使生物演化。生物會變化，在生存競爭的比賽中成為更好的選手。生物通常會藉由變得更複雜，來達到這個目的，不過這是一種次等的觀察結果，不是這個學說的明顯特徵；生物有時候甚至是因為變成更簡單，而變得更好。除此之外，由於所有其他的競賽者也都在變化，所以就生存的意義而言，不是每一種生物都確實需要變得更好。

孟德爾的數字模式

當代生物學填補了達爾文理論中的一大漏洞——遺傳性的物理（事實上是化學）基礎。生物體透過DNA來傳遞性狀，而錯誤就發生在DNA的複製過程中。這個發現是最近才得到的，但是有個建立在清楚數學原理上的遺傳學理論，已經盛行了很久一段時間。這個理論就稱為「孟德爾學說」（Mendelism），之所以取這個名稱，是為了紀念發現該學說的孟德爾[5]。

孟德爾是維也納大學的數學系學生。諷刺的是，他因為輔修的植物學不及格，而拿不到教學證書。為了求學，他跑去當修士，後來又因為表現得太好了，升為修道院院長，後來因行政職務太多，而必須放棄他的研究工作。不過，在這中間他得到了十九世紀中一項關鍵的發現。

孟德爾為他所種植的豌豆做雜交實驗，取別株的花粉來給另一株授粉，結果發現豌豆的遺傳性呈現簡單的數字模式。例如，當他將綠豌豆株與黃豌豆株雜交好幾代之後，在得到的子代當中，黃豌豆的數目是綠豌豆數目的三倍。由這些結果，他推論出決定豌豆性狀的因子一定遺傳自親代雙方。

今天，這些因子稱為「對偶基因」（allele）；這些對偶基因雖然與基因有關，但是兩者還是有所區別，而後者已經變成日常用語。對偶基因是同一個基因可能的多種形態，舉例來說，決定豌豆顏色的基因至少含有兩個對偶基因，也就是黃色及綠色。

簡潔的數字比，對生命遺傳機制而言是極為重要的線索。我現在就用豌豆的3：1為例來解釋。孟德爾的想法是，親代雙方都有兩個對偶基因，而子代從雙方各繼承了一個對偶基因，而且是隨機選取。假設我們分別稱呼決定出黃豌豆和綠豌豆的對偶基因為Y及G，那麼可能產生的配對就會是YY、YG、GY及GG。所以，如果豌豆株的對偶基因為YY或GG，那麼顏色是什麼我們自然曉得，但如果是YG或GY，情況又是如何？

孟德爾對於這個情形的答案是，其中某個對偶基因總是會贏。贏的那個對偶基因是顯性（dominant）基因，而另一個則為隱性（recessive）基因。在豌豆的例子裡，Y是顯性的，而G是隱性的，所以YY、YG及GY這三種配對所得的子代都是黃豌豆，只有GG會產生綠豌豆。

處理大量這類數學機制的計算，是由英國人費雪（Ronald A. Fisher, 1890-1962，族群遺傳學家、統計學家）在二十世紀初發展出來的。這種統計的優點是既簡單又方便，但是也有缺點。它的主要缺點在於使用了簡化的假設：把大量的不同個體統一成為一個共同的基因庫（gene pool），僅追蹤對偶基因出現的頻率，而不去記錄個別擁有的對偶基因的種類及其組合。

新達爾文主義

遺傳學家看待演化的方式，與達爾文完全不同，他們把注意力放在基因及對偶基因上，而非生物體和性狀；他們認為生物體是基因的衍生產品，只有基因本身才是關鍵。這種看法始於一九三〇年代，也就是所謂的「新達爾文主義」（neo-Darwinism）。今天，科學家的注意力更是集中，絕大多數的人都把所有重要作用的來源指向DNA[6]。

從DNA的角度所做的演化研究，目前已經高度數學化。即使在DNA鹼基的隨機突變中，也存在著規律和模式，所以我們可以利用這些規律及模式，來追溯演化的歷史。無可否認的，模式大部分是屬於統計學的，而整個範疇具有相當的爭議性，不過，數學模型向來就只等於自己所使用的假設，而且從這方面來說，許多早期的研究現在似乎顯得有點天真。

但是我並不認為這種批評很嚴重，畢竟每種新的想法一定要有個開始，最初的成果回顧起來總會顯得天真。不管天真與否，這樣的成果很吸引人，也為我們對演化（包括我們自己的演化）的看法，帶來劇烈改變。

重要的觀念在於，要利用精確的數學技術[7]去追蹤演化的歷史——若用專門術語來說，就是「種系發生學」（phylogeny）。在此課題變成數學之前，種系發生學的基礎是建構在專家的意見上，譬如說，有人大膽假設某種甲蟲是與另外一種甲蟲在演化上的親緣關係比較近，但與蜈蚣或黃蜂則相距較遠。這種方法的問題在於專家的意見可能會不一致，而且也沒有途徑來合理解決這種爭議。

數值分類學

數學方法則有希望讓答案變得較為客觀，因為數學的一大優點就是精確；很不幸的，這也可能是它的一大缺點，因為精確（precision）不等於準確（accuracy）。例如，捲尺可以告訴我們一個人的腰圍「精確」至〇．一公分或更小，但是這個度量值的「準確性」，與我們把捲尺拉得多緊有關；同理，數學答案的準確程度不會比它所依據的假設好到哪兒去，但是我們很容易對精確性留下深刻的印象，而不想去懷疑原先的假設。

我們可以用兩種基本方法，來查考生物體的族譜。一種是找出共同性狀，推斷生物之間的親緣關係——例如所有的鳥類一定互有關聯，因為都有翅膀和羽毛，而蝙蝠雖然也有翅膀，但沒有羽毛，所以與鳥類的親緣關係較遠。另一種查考方法，就是問下面這個問題：假設有兩種生物，那麼牠們從共同的祖先分支出來的時間，在演化史上最早可以推溯至什麼時代？

上述的第一種方法，通常稱為「數值分類學」（numerical taxonomy），最早的提倡者是史尼斯（P. H. A. Sneath）和蘇卡（R. R. Sokal）。這種方法主要是在列出性狀的清單，所列的性狀包括骨頭的形狀、葉脈的模式、染色體的聚集模式等，列好之後再給每個性狀一個數值。例如，假設我們現在想要區別河馬、蒼蠅和螞蟻，我們就可以畫出一個像下方的數值表。

現在的問題在於，我們必須從這張表找出某種量化的基準，以度量不同生物之間的整體差異。其中一種方法，是把每一種生物的性狀值表示成多維空間上的點，然後看看這些點的聚集狀況。

為了簡化起見，我們只把注意力集中在清單上頭兩個性狀：身體長度和翅膀數。我們可以用兩個互相垂直的軸，（在「形態空間」上）用圖來表示這些性狀，因此我們可以把這三種動物標示在如圖四二所示的二維空間中。我們可以清楚看到，螞蟻和蒼蠅在圖上比較接近，而河馬距兩者都較遠。

這種在多維空間（含有大量變數）中的聚集訊息，多

性狀	河馬	蒼蠅	螞蟻
身體長度（公分）	375	2	1
翅膀數目	0	2	0（大部分）
腳的數目	4	6	6
是否生活在水中？	1（是）	0（否）	0（否）
其他	…	…	…

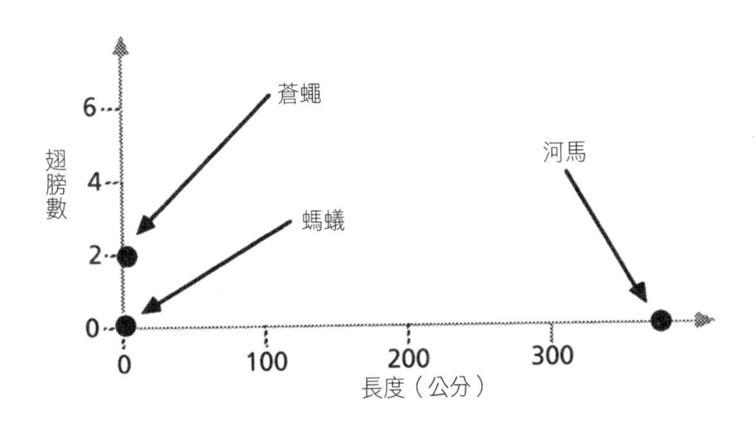

圖四二　以兩個分類學變數（長度和翅膀數）所畫出的形態空間。

虧了現在已經發展出來的很多數學技巧，才變得有意義，除此之外，這些數學技巧也使得分析的過程盡可能客觀。

不過，過程本身並不像它的擁護者所稱的那麼客觀。真正客觀的是計算過程，但是計算背後所根據的假設，卻牽涉到人為判斷，因此，判斷所使用的性狀才真正是有影響的——就像要如何去定義兩點間的距離。同樣的，精確（無可否認的）與準確（有爭論的）在這兒又被混淆了。

此外，這種分類學的方法也被批評為欠缺演化的內容。相對的，種系發生學的方法則試圖要研究兩物種是何時從假想的共同祖先分支出來的。種系發生學的方法可能會大大改變最後的結果。舉個例說，倘若我們把這兩種方法應用在龍蝦、藤壺與帽貝這三種生物身上，數值分類學的結論是認為，藤壺和帽貝是這三者中親緣關係最近的兩個，而種系發生學的方法則認為龍蝦和藤壺的親緣關係最近。

主要的種系發生學派有兩個：一派是由麥爾、辛浦森及杜布藍斯基所提倡的演化分類學（evolutionary taxonomy），另一派是海尼格所提出的樹系分類學（cladism）。兩個學派都認為龍蝦比較接近藤壺，距帽貝較遠[8]。

樹系分類學與演化分類學

樹系分類學最初也是根據性狀的量測，但是這門科學試圖推導出真正的演化族譜，或稱為生物體的譜系（lineage），因此它是在觀察被認為有演化關係的多組生物的共同性狀，然後只把注意力集中在某一群特有的那些性狀。還要精心設計出一些數學技巧，來訂出這些性狀，進而推斷出整個譜系。

樹系分類學的其中一個問題（倘若你是樹系分類學家，就會把這個問題視為

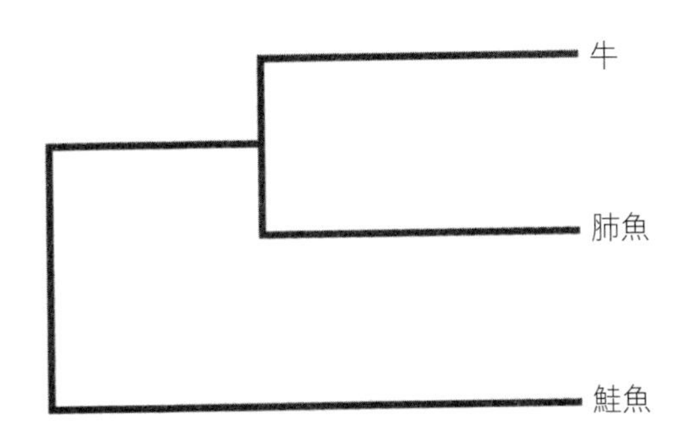

圖四三　牛、肺魚及鮭魚的分支模式。

一項優點）就是，有些傳統的族群會分支出去。例如，牛為四足動物，而所有的四足動物都是（在很久很久以前）從像肺魚這種肉鰭魚類演化而來的。其他魚類譬如鮭魚（是一種條鰭魚類），也是從肺魚分支而來，它的譜系的分支遠早於牛。結果我們得到了一個分支模式，如圖四三所示。

依照樹系分類學的規則，就不會使肺魚和鮭魚放在相同的族群中——除非把牛也放進去。所以我們要麼說牛是魚，要麼就說肺魚及鮭魚都不是魚。在分類爬蟲動物的時候，也出現了相同的問題：結果發現鱷魚與鳥的親緣關係，反而比與蜥蜴或蛇的親緣關係還近。

樹系分類學家的觀點，也就是生物譜系，實在是太差了。數值分類學家並不認同這個看法，所以就有第三種學派出現，也就是演化分類學——不同於另外兩種學派，演化分類學家提出了折衷的方法。

不過，今天我們有（據稱）一個較少引起異議的方法，來循跡查考演化的譜系，這個方法不是從性狀來追蹤，而是追查DNA密碼。如果一個生物的序列當中的一段是CCGGGTTCC，而另一個生物在相對位置的序列為CAGGGTTCC，兩者只有一個不同，那麼我們可以推斷兩者之間的關係，必定比與序列為CGTGACTTCC的生物更為相近，因為後者與前兩者有多處不相同。

雖然還有一些更值得驚奇的地方，但證據已清楚顯示，這個方法不像在選擇性狀時會因人而異。不過，DNA不是用來追蹤譜系唯一的分子方法；例如，蛋白質裡的胺基酸序列也可以用來追蹤。

這裡最大的問題是一個相當耐人尋味的數學問題：我們要如何合理定義DNA序列之間的距離？有一個明顯的答案是通訊工程師所稱的「漢明碼距」[9]：

序列與序列之間元素不同的位置個數。所以，後面所列的前兩者間的漢明碼距為一，因為只有一個不同的鹼基（粗體字），而後兩者之間則為四：

C**C**GGGTTTCC
C**A**GGGTTTCC

C**CG**G**GT**TTCC
C**GT**G**AC**TTCC

可惜，DNA不會總是以改變一個鹼基來突變。鹼基可能被插入或消去，這也可能發生在整個鹼基序列上面；序列可能會被連續複製好幾次，也有可能被倒置。所以，與序列CGTGACTTCC只相差一步的，可能就有下面這些序列：

（插入一個鹼基）CG**A**TGACTTCC
（消去一個鹼基）CG GACTTCC

（插入一個序列）CGT**ATTAG**GACTTCC

（消去一個序列）CGT TTCC

（加倍一個序列）CGTGACT**TGACT**TCC

（倒置一個序列）CGT**TCAG**TCC

這些都是漢明碼距為一的序列，與原先的序列相差了十萬八千里。你或許會想改用某種像「把序列一轉換成序列二所需運作的最少次數」這樣的東西。除了難以計算外，這種量測方法還有一項重大缺點。如果用一個實際的類比，就相當於把「小熊維尼」與《哈姆雷特》擺在一起。我們可以分兩個步驟進行：

步驟一：把一整段《哈姆雷特》放在「小熊維尼」的末尾。

步驟二：刪掉「小熊維尼」。

這同樣是行不通的。我們真正需要的是一種能描繪出明顯插入句或刪除句的方法——這樣一來，當我們看到「To be or not to be, that is the pooh trap for heffalumps question. Whether 'tis nobler in the mind...」這句子時，數學就可以像莎劇迷和小熊維尼迷一樣，輕而易舉地點出插入的字句[10]。

利用分子方法來追查族系的分支，這中間的一個有趣特點是，你可以推斷出某特定物種從另外物種分支出來的某些資訊。所採用的觀念在於，基因組的特定區域會以不同的速率突變，而突變的速率可以從現代的實驗數據中估計出來。所以，DNA的突變其實是提供了一個分子時鐘。對於這種時鐘運作的規律程度，現有的看法相當分歧，但是從「質」的角度來看，這種觀念是夠合理的。

分子時鐘與拉瑪猿

這種探究的方法，在體質人類學（physical anthropology，研究人類史前祖先的學科）上獲得了很大的成功。

一九六〇年代以前，科學家普遍認為拉瑪猿（*Ramapithecus*）是一種人科動物（hominid），與人類的血緣關係極為接近，甚至遠比一些大猿（great ape），例如大猩猩（gorilla）和黑猩猩（chimpanzee）來得相近。然而在一九六七年，薩里奇和維爾遜[11]量測人類、大猩猩和黑猩猩之間的「免疫距離」，想要看看每一物種的抗血清（antiserum）與其他物種體內的蛋白素（albumin）的結合有多強。透過分子時鐘的解釋，他們獲得的結果顯示，人類自大猿分支出來只有五百萬年的歷史，而其他證據則顯示拉瑪猿與人類的分支發生在九百多萬年前，所以拉瑪猿根本不是人科動物。

現在已經引起爭論的，不是「拉瑪猿並非人科動物」這個結論，而是五百萬年這個數字。一九九七年三月間，伊斯帝爾（Simon Easteal）和赫伯特（Genevieve Herbert）對分子時鐘的運作做了不同的觀察。五百萬年這個數字，是從一特定鹼基某一年會產生突變的機率估計值「1.5×10^{-9}」而來的。（意思就是說，任何一種DNA鹼基平均每六億年突變一次。任何一種鹼基的突變雖然非常稀罕，但是鹼基的數目卻非常非常多。）

伊斯帝爾和赫伯特認為，所有哺乳類動物的突變速率應該大致一樣，但是由這樣的假設會推算出，有袋類動物（如袋鼠）自其他哺乳動物分支出來的時間約在三億三千萬年前，不過，化石的證據卻斷然顯示，兩者的分歧不會超過一億兩千五百萬年前。這兩位科學家的結論是，分子時鐘走得比以前所假設的快五〇%，所以他們重新修正人類與黑猩猩的分支年代——大約在三百六十萬年到四百萬年前，而不是五百萬年前。

這個修正具有重要的意義，因為我們從這個修正當中可以推論出，某種已知的人科動物——阿法南猿（*Australopithecus afarensis*），很可能是人類與黑猩猩的共同祖先。而另外一種類似的人科動物——非洲南猿（*Australopithecus africanus*），有可能是大猩猩的祖先。在這裡，我提到了科學上的瞭解要如何繼續發展，才能持續修正科學對早期人類演化的瞭解，而數學，正為體質人類學提供了不可或缺的工具。

DNA雜交實驗

還有另一種方法可用來估計分子距離，稱為DNA雜交實驗（DNA hybridization）。這種方法是混合兩個物種的DNA單股，讓這些DNA單股在溶液中黏結在一起成為雙股，然後利用雙股的合成點來估計結合力有多強。結合力愈強，其DNA序列愈為相配。

透過這種方法，西布里（C. G. Sibley）和阿爾奎斯特（J. E. Ahlquist）[12]證明了人類與黑猩猩（包括一般的黑猩猩和巴諾布猿）的血緣關係比較接近，而不是大猩猩（圖四四）。巴諾布猿（bonobo）是最近才被鑑識出來的一種黑猩猩，體型比較小，不像你從電視廣告和其他媒體上看到的黑猩猩那麼魁梧。

演化產生了一些新的數學問題，因為當我們把演化看成是一種過程時，演化會出現幾個不尋常的特點，這些特點不能很簡潔地套用在現有的數學理論中。演化最少包含了四個因素：

◇ 突變
◇ 天擇
◇ 發展
◇ 環境

這些因素會交互作用，製造出能適應環境的生物體。透過控制（至少是透過影響），基因可以影響生物體的發展，基因本身則因隨機突變而變化。這些過程牽涉到每一個生物的內涵——生物自己內部的結構。

生物會透過生殖，影響到有哪些基因可以傳給下一代（基因庫），「天擇」對

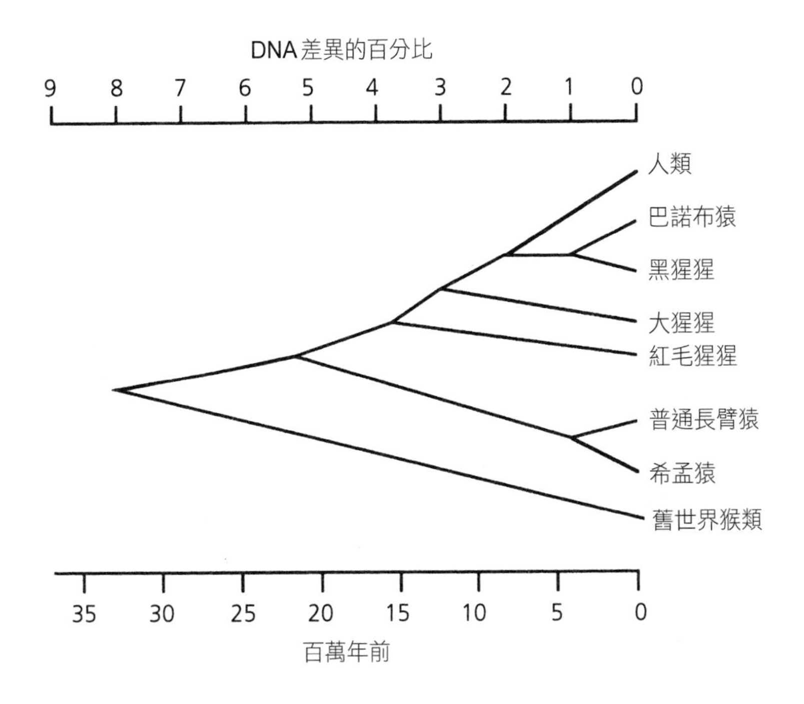

圖四四　由DNA雜交實驗所得到的人類演化的族譜枝系。

生物的影響，則是透過使那些適合環境者順利繁衍而達成。這些過程牽涉到生物所處的環境，包括其他生物、氣候、地域，以及能不能成功交配（以性來繁殖的物種）。當這些交互作用牽涉到很多生物時，演化就會發生，多少會出現有系統的改變。

一個全然真實的演化模型，一定要考慮到所有這些交互作用——這真是個令人卻步的艱巨任務。

對演化系統的簡化

遺傳學家，特別是那些所謂的新達爾文主義者，想要規避生物體的雜亂，因此試圖將演化系統簡化成較為簡單的系統，只去探究基因所造成的影響[13]。於是，他們將多變環境裡的複雜天擇程序，簡化成對於特定對偶基因能否傳衍的篩選，而把表現型，也就是生物的形態及行為，假設成基因型的直接結果。新達爾文主義者認為，基因是在相互爭取它們在基因庫中的位置，而不認為是生物在競爭生殖的權力。

另外，在費雪所提出的傳統遺傳學中，異態（heterogeneous）生態系，像是充滿了形形色色的植物、昆蟲、小動物及肉食動物的雨林，其模型是被描述成一個受到同形（homogeneous）攪動的基因庫。生物體繁殖的時候，那些基因會混雜在一起而成新的組合；由於天擇淘汰掉不能傳衍的對偶基因，因此對偶基因會使生物體更能適於生存並繁殖。隨機的基因突變會使基因庫保持在活躍的狀況。在這兒，數學只處理特定對偶基因數占全體數的比例，並且做出模型，來描述這些比例與天擇之間的對應關係。

物理學家稱這種處理法為「平均場論」（mean-field theory），他們只有在別無辦法時才求助於此種方法。在平均場模型當中，一群不同的個體被視為一群完全由相同平均的個體形成集合。就好像假設每個家庭有二．三個小孩一樣，對於某些理由來說是合宜的，譬如要決定設立多少所學校，但是在其他情形下，卻會產生誤導，譬如要決定接下來十年內可能需要建造多少間大房子或小房子。

舉例來說，假設有一個蛞蝓群體可能有決定皮膚顏色為綠色或紅色的基因，以及用來決定想棲息在灌木叢中或是亮紅色的花叢中間的其他基因。因此，典型的基因組包括了綠色／灌木叢及紅色／花叢——共有四種可能的組合。不過，有些組合有較大的存活率：例如，紅色／灌木叢的蛞蝓在所棲息的樹叢的綠色背景中，很容易被鳥類看到，而紅色／花叢的蛞蝓比較不容易。

為了把這系統設成費雪設想的模型，我們為幾個可能的基因組指定所謂的「天擇係數」。比方說，紅色灌木叢的可能天擇係數為〇．一，相對於紅色／花叢的天擇係數〇．七；基本上，這些數字的選取是在表示，紅色蛞蝓棲息在灌木叢裡只有一〇％的機會存活下來並繼續繁殖，而棲息在花叢間，則有七〇％的機會。此外我們也假設相對於這四類對偶基因的蛞蝓的最初數目的比例——譬如紅色／灌木叢為二〇％，而紅色／花叢為十五％……依此類推。

費雪的數學方法可以讓我們計算每一種對偶基因在每一子代裡的比例，如果某個比例為零，那麼該對偶基因就被淘汰掉了。

當然，這一切其實就等於它的假設，以今天的標準來說，是不夠嚴謹的。除了是平均場，費雪的遺傳模型也是線性的（linear）——這些模型假設，一組對偶基因的影響，與對偶基因發生的頻率成比例，而幾組不同的對偶基因的影響，只要相加起來即可。過去主要使用線性的數學，是因為計算簡單，只要筆和紙就可以完成，而今天，大部分的科學領域都採用非線性模型，其動力學更加複雜，但也更為實際；對於尖端的遺傳學與演化理論，情形也是一樣。

非線性模型

我們可以借用幾何上的譬喻，來掌握一些非線性模型的特點。想像山坡上有一棵樹，結了種子，並把種子隨機散播到樹的周圍。為了方便討論，假設在較高的山坡上著陸的種子成功地保留下來，而那些掉落在較低處的種子卻被除掉了，於是，經過了一段時間，你會發現一大片樹林沿著山坡長上去，愈長愈高。

這種山坡的圖像，是萊特[14]所稱的「生殖成就空間」的一個簡單例子。生殖成就空間（fitness landscape）是一種曲面圖形（圖四五），用來表示生物體的生殖成就與本身性狀之間的相關程度；其中，生殖成就以高度來表示，而性狀則決定生物體在空間上的位置。「非線性關係」的意思是指，典型的景觀是有隆起的，而非平坦光滑或呈一固定角度的斜坡。隆起處代表生物體生殖成就最高的地方，是主宰演化行為的部分；不過，山谷也很重要，因為山谷可以區隔隆起處。

生殖成就是一種相對的觀念，不是絕對的觀念，不過，這種模型預測出來的結果卻很清楚：生物體可以往上坡的方向演化，朝局部的生殖成就尖峰邁進。這個演化模型雖然在許多方面太過簡單，無法掌握細部的真實狀況，但是卻強調了

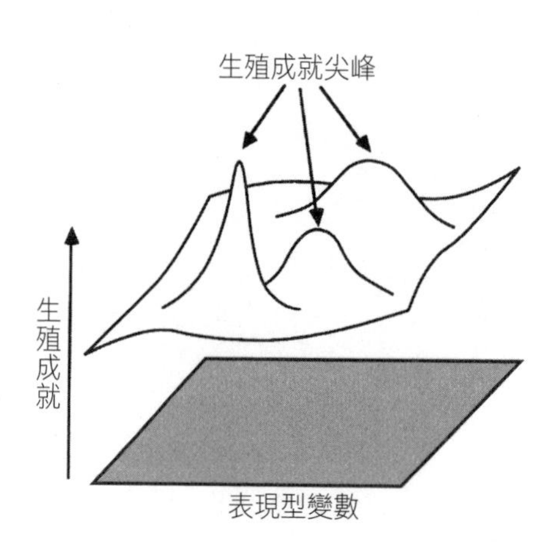

圖四五　萊特的生殖成就空間。

下面這個基本要點：儘管遺傳的錯誤是隨機發生的，天擇仍會為生物體明確指出一個通往較高生殖成就的方向。相似的模型可以處理更實際的假設，但也會推導出幾乎相同的結論。

萊特的圖像，就是現在已經普遍在討論的數學概念「相空間」的最早生物案例之一。

相空間（phase space）的概念，是龐加萊（Henri Poincaré, 1854-1912，法國數學家）在一世紀前提出的，是在把動力學表示成幾何圖形。相空間是一個多維的數學空間，空間裡的點代表了某種動力系統的可能狀態，而系統內的狀態，會隨時間而變化。

在萊特的模型中，相空間就是生物體的空間，空間裡的座標代表所有有關性狀的一系列數值。舉例來說，我們若以模型來描述一個雀鳥族群，那麼此系統就是「雀鳥的所有可能表現型」，而其狀態則為「特定的」雀鳥表現型；如果相空間是二維的，也就是平面，那麼該系統的兩個座標，可能就會對應到「體長」與「翅膀展寬」這兩個變數。

如果我們探討二十個這樣的變數，實際上就等於在處理一個二十維的相空間！「維」（dimension）這個字，是由類比產生的；由於包含二十個數目的清單中的每一項，都可獨立自主地變化，所以每一項的行為有如一個獨立的維度。利用幾何方法來處理是相當有用的，因為幾何的語言可以建構出二維或三維空間的有用類比；只要能記住，我們所討論的實際物體是一長串數字，我們就可以得到精確度。

那麼動力學呢？

在相空間裡，動力學是表示成一個流動模式。當空間上一點隨著流動而移動時，該點的「座標」（代表系統狀態的一串數字）就會隨時間而改變。相空間為數學家提供了技術上的有利條件，但它所扮演的最重要角色卻是隱喻的：在所有可能會發生的物件的結構範疇內嵌入真正發生的情形，來形成它們的脈絡觀念[15]。在相空間模型中，你可以問：「為什麼是這種行為，而不是那種？」也能期待獲得合理的答案。

萊特的相空間方法，立刻解開了一項令人困擾的謎題：如果表現型的變數是連續的（亦即可以在已知範圍內假設任意數值，而且可以逐漸變化），為什麼我們所看到明確定義的物種帶有一些群集在特定數值之間的數值，而在其他數值範圍卻出現空白？理由在於，連續變化的景觀仍然會有孤立的山峰。

萊特的方法有下列兩個主要的缺點：

◇ 並不是所有的性狀都可以由連續的數值變數來描述。

◇ 生殖成就並不只是估計單一數值而已。（例如，與金魚比較起來，貓比較會爬樹，但比較不能一次停留在水中數小時。哪一種動物較占優勢，得看牠們在玩哪一種遊戲。）

儘管如此，「生殖成就空間」這種隱喻對於演化的某些方面相當有用而且有洞察力。

演化是否可以跳躍？

一九六〇年代後期，英國數學家齊曼（Christopher Zeeman, 1925-2016）發展了法國數學家、生物學家湯姆（Rene Thom, 1923-2002）所提出的幾個觀念，並建立一個數學模型來描述生殖成就空間，而此一數學模型，又提出了下面這個棘手的問題：演化是否可以跳躍（jump）[16]？

一個全新的器官（如眼睛），或是一個全新的物種，是否可能突然出現？達爾文對這個問題的觀點通常是這樣：「Natura non facit saltum.（大自然不會製造跳躍。）」不過他也補充說：「很多物種一旦形成之後，就不會再進一步變化……而物種持續變化的期間雖然積年累月，但是與維持相同形態的期間相較起來，可能算是相當短的了。」也就是說，演化是否跳躍，視你所看的時間尺標而定。

的確，化石紀錄不時會顯現一些突然的變化，但這些明顯的跳躍是真的嗎？或者，這些跳躍只是反映出化石紀錄上的空白？當然，這些化石紀錄不夠完整，但由於古生物學家不斷挖掘出新的標本，因此那些明顯的空白正以相當快的速度填補起來。主張漸變論[17]的人，對於物種形成（speciation）的看法是：長時間下來，物種的表現型會慢慢漂變（drift），直到最後，變化就會顯得相當大，而使物種看起來有了改變。例如三葉蟲（trilobite），過去曾活在海床上，在數億年間慢慢地演化。當新物種出現之後，較早期的就會絕跡——性狀上的所有已知改變無疑都是漸進的，然而就在差不多兩億五千萬年前，所有的三葉蟲全部絕跡了。

一九七二年，艾垂奇和古爾德[18]共同提出了「平衡中斷說」（punctuated equilibrium theory），而引起爭論的風暴。該理論主張：第一，物種形成差不多總是發生在譜系的分歧上，而不是經單一譜系慢慢漂變而來；第二，這種分歧發生的速度，遠比通常的漂變速度要快。

他們把這個理論（對我來說，我認為沒這個必要），與「物種的分歧是藉由異域種形成（allopatric speciation）而發生的」這個觀念連結在一起，而異域種形成的情形是，在地理範圍的邊緣有一小部分的次族群離群而去，與該物種的主群中斷關聯。這個小族群一分離之後，就開始往新的方向演化，因為所處的環境已經完全不同。如果形成的這個新物種重新侵入原來的領域，此處的化石紀錄就會顯現一個跳躍。

一場複雜的辯論

漸變論者完全不同意平衡中斷說，他們主張，差不多所有的物種形成都是逐漸發生的。除了漂變，他們也接受分歧的可能性（不管怎麼說，今日存活著的物種的數目，是比以前多得多，新的物種一定是從某些地方來的），但是他們把分歧的本身，視為一種漸進的分離，而不是突然的跳躍。相反的，艾垂奇和古爾德卻認為，差不多所有的物種來自分歧點的快速改變，幾乎沒有任何物種改變，是透過漸進的漂變而發生的。

這是一場複雜的辯論，而對於「物種如何構成」的不同看法，更增加了其中的複雜程度。例如，樹系分類學家在定義物種的時候，先排除漂變做為物種改變的機制，因為對他們而言，任何採取漸進改變的物種都代表同一物種。

在檢視以上這種辯論的時候，數學家認為整個討論都被誤解了。熟悉當代動力系統（現今對於解釋「系統如何隨時間而改變」，所能得到的最佳的廣義理論）的任何一個人都知道，同樣一個系統既能夠突然改變，也可以漸進改變。

突然的改變稱為「分歧」（bifurcation），代表可能行為的一種「概念上」的分歧，而不是物種的真正分支；除此之外，分歧也不限定於只分成兩種，儘管這個字的日常用法是這種意思。

現在請各位想像一個動力系統，其行為取決於外部因素（可能是環境）。接下來再假設那些因素是慢慢在改變，那麼這個系統會怎樣呢？答案顯然是：此系統也慢慢改變——連續的變化，會產生連續的效應。

這個答案雖然明顯，卻是錯的。在大部分時候，產生的效應的確也會慢慢改變，但是某些因素往往有可能到達臨界值，此時就會使改變加快，變得較為劇烈。當這種情形發生時，我們就會得到分歧。

例如使用外力（譬如用你的手）將一根（或多根）桿子慢慢折彎，開始時桿子會彎曲，施力漸漸加大，桿子也漸漸彎曲。但是過了一會兒，桿子卻在外力沒有明顯改變的情形下，突然卡嚓一聲斷了。之後，你還是可以繼續慢慢移動你的手，桿子也會跟著慢慢移動。這兩種行為並沒有什麼不尋常之處：通常是很平順的，但有時會是突然的。差不多所有的動力系統都是如此。

當系統的狀態由穩定改變為不穩定時，分歧就會發生；系統接著會尋求一個新的穩定狀態，這可能就是一個大改變。另一方面，漸進的行為則發生在穩定狀態繼續保持穩定的時候。在對稱的系統中，失稱就是一種特定的分歧行為，不過，即使是非對稱系統，也常常發生分歧。

一場不流血的革命

一九六〇年代，湯姆由純數學導出一些新觀念，並將這些觀念帶到分歧的分類中，這些觀念後來由齊曼定名為「巨變理論」（catastrophe theory），以強調所牽涉到的突然改變[19]。

巨變理論雖然對生物學的模型化沒有造成很大衝擊（部分原因是，在出現的早期，這個理論是過度批評造成的結果），卻讓分歧理論完全改頭換面。

這是一場不流血的革命，在代用名稱〔亦即奇點理論（singularity theory）〕下完成，而且因為大半是發生在數學圈內，所以幾乎沒有外行人注意到。「動力系統的改變可能是突然的」，這並非什麼新鮮的想法，但是，以複雜幾何形態的序列來為這種改變作分類，這種可能性卻是新鮮的。

從這個觀點來看，主要的問題在於：假定一生殖成就空間的漸進變化是來自外在因素的變化，那麼我們應該預期生殖成就尖峰會有什麼樣的表現呢？你可以預期這些尖峰也會漸進移動——這就好像漸變論者對演化的看法的背後假設，只是沒有言明而已。

如果只有一個尖峰，而這個尖峰又不會碰到其他東西（譬如斜坡），那麼那種預期是正確的；在一世紀之前常見的、特別簡單的線性數學模型當中，這個預期也是對的——但是，在更接近實際的非線性數學模型中卻是錯的，甚至與事實相差甚遠，理由在於：在非線性的系統中，尖峰可以產生，可以合併，可以相碰，也可以分裂。

那麼物種為什麼不也是如此？我們承認，生殖成就空間論太簡單了，無法掌握生物學豐富實況的全貌，但是見微知著：這個模型顯示，在任何一種具有空間緩慢變化的尖峰的系統中，快速變化和漸進變化都是自然的，一點也不需要去選擇這個或排除那個，而且絕對有理由不要這樣做。如果在漸進變化的生殖成就空間中，最簡單的非線性相變模型擁有這麼廣泛的動態行為，那麼更複雜、更有生物學準確性的模型，是否至少可以得到相同的豐富度？

漸變論者與平衡中斷論者的爭論是毫無意義的。可能在有些時候，兩個思想學派都是對的，但在某些時候，兩者卻都是錯的。現在該是他們把各自的觀念結合在一起的時候；若單靠一己之力，沒有哪一方會贏。

到目前為止，我所敘述的演化數學模型還是相當傳統，至少對數學家而言是如此。但是，演化的某些面向卻提出全新的數學問題，而這些問題的答案，則需要新數學的出現才能解答。新數學雖然還未出現，但是靠著想像，我們可以預見它不久就會到來；至於是漸進式的到來，還是突然到來，則屬未知。

複雜理論

生物學上需要更符合實際的演化模型，而這層需求，已經激發出很不相同的、描述演化模型的方法，稱為「複雜適應性系統理論」（theory of complex adaptive systems），或簡稱為「複雜理論」[20]。

人工生命是複雜理論當中的一項發展。複雜理論學家嘗試將個體組成的複雜系統，塑造成複雜的個體系統，他們不採用平均行為的捷徑，不去假設一切都是均勻混合的；他們接受個體具有獨特的天性，而且也喜歡如此。為了描述演化的模型，他們為很多遵循簡單交互作用法則的真實生物體，建構出電腦模型，然後觀察產生了什麼結果。

還記得蛞蝓和其天擇係數嗎？為了用複雜理論的方法，來處理這個相同的問題，我們不妨根據一個正方網格（例如一百乘一百個正方格），來進行模擬。現在，我們要先決定哪一個方格對應到灌木叢或花叢，或任何東西，然後再隨意挑選擺放虛擬蛞蝓的方格，並在每一個這種方格內指定蛞蝓的基因組（該蛞蝓對偶基因的組合）；例如，第四十九列的第二十八個格子可能指定給紅色／灌木叢基因組，以此類推，其他的格子也許擺放虛擬的掠奪者。

接下來，我們訂下電腦的規則給這些虛擬的生物體，支配牠們在這些格子間的移動方式和互動方式；例如，我們可能會決定在每一個時步，一隻蛞蝓可以隨意移動到隔鄰的方格，或者停留在原地不動，然而掠奪者卻看到了離牠最近的蛞蝓，於是朝那隻蛞蝓的方向移動五格，如果正好到達蛞蝓的格子，就把牠吃掉——意思就是：我們把這隻虛擬蛞蝓從電腦的記憶體中移除了。此外，我們還設立一些規則，使綠色蛞蝓在灌木叢而非花叢中比較不會被發現等等。

接下來，我們就要執行這種數學的電腦遊戲（其專有名詞為「格狀自動機」（cellular automaton）），執行到一萬個時步，然後就能很快地讀出存活的不同蛞蝓的對偶基因比例。很有可能如果我們做這種模擬幾百次，就可確保任何明顯的數學模式，與發生在單一事件的特定隨機事件序列無關。複雜模型的其中一個長處在於，此一模型明確地把生物體具體表現成個體，而不是僅以對偶基因的比例來代表；這個模型也讓被捕食者與掠奪者在環境中相互對抗，藉此貫徹天擇，而不是單單對這種比賽的可能結果指定權重的數值。

人工生命誕生

複雜理論學家秉持著同樣的精神，創造了無數模型：他們為很多個體之間的交互作用，建立起簡單的規則，然後在電腦上模擬這些交互作用，看看會發生什麼事。「人工生命」這個具煽動性卻又貼切的用詞，就是為專門敘述這種活動而創造的。

有名的例子之一，是雷氏所創造的「提拉」。在提拉的內部，電腦記憶體內的小段電腦碼在互相競爭，不斷在複製、突變[21]。所有像這樣的生命形態，其來源都是一種祖輩的有機體，一種占八〇位元記憶體的、可自行複製的一段電腦碼。

一九九〇年一月，雷氏把這種有機體釋放到電腦記憶體中的隨機位元原始海中，然後讓此系統自行發展。可複製祖先的複製物很快就占據了記憶體的大部分區域，但是後來也不時發生突變（電腦的錯誤），而開始造成變化。新的可複製物種出現了，有的比它的祖先小，有些變得較大。一段時間之後，此種生態系的多樣性開始產生變動：有時幾乎沒有什麼物種，有時很多。這情況相當令人困惑。

接著，又出現了占四十五位元的寄生物，但由於缺乏自己的複製指令，所以這些寄生物就向附近的有機體借用指令。在某些運作情況中，祖輩的有機體會發生突變，長度成為七十九個位元，而且可以抵抗寄生物，於是寄生物就滅絕了。

而在其他情況下，會出現雙重寄生物（hyperparasite），這種寄生物推翻了一般寄生生物的複製方法，並用這種方法來複製自己。有一些雙重寄生物會演變成占六十一個位元的社會性生物，而且只有在共同合作下才能複製。有了這類生物，才能使二十七位元的生物體順利出現，後者由社會性生物的身上偷取控制權，進而劫持整個程式。

提拉可能僅只是電腦記憶體裡大量隨機位元的組合，但是所有生命就在那裡。提拉大大強調了下面這個觀點：生物學所利用的模式，是由數學自發產生而來，不需特別費力，也不需任何刺激或指示——這也正是本書的中心要旨。雷氏並沒有下令要他的位元組體形成寄生物，或雙重寄生物，或者去合作。這些位元組體就是做到了。

不過，他確實下令要它們複製，他在電腦語言中加進了一個明確的複製指令。你必須有個起點，但如果自行複製的能力是來自本身，沒有任何外力協助，一切應該會更有說服力才是，因為到那個時候，你就需要為生命的起源建立模型，而不只是等生命出現之後，再來描述後續發展的模型。這樣是不是野心太大了？還是根本不大可能？那當然。但是，要是我們只追求那些可事先預測會成功的結果，科學根本不可能進步。

一九九六年，帕給立（Andrew Pargellis）公開發表自己的人工生命程式：「阿米巴」（Amoeba）。先前，雷氏扮演了上帝的角色，在電腦的記憶體中播種了特別設計的複製元，相對的，帕給立只是用一段隨機的電腦碼為起點。每隔十萬個計算步驟，程式就清掉百分之七的記憶槽，而以隨機挑選的指令取代。帕給立發現大約每五千萬步，一種自行複製的密碼片段就會出現[22]。複製不一定要在規則中建立，它會自己發生！

像提拉及阿米巴這樣的系統，在沒有給予任何明確指令要如何做的情形下，就可以產生非常類似那些在真實演化中發現的高階模式，這些模式包括：複製元的自發出現、複雜性的自發增加、共生和寄生現象的原始形態、被劇變所打斷的長停滯期——甚至還包括某種有性生殖。

這一切所透露的訊息是，所有這些令人困惑的現象全都是自然的，是複雜適應性系統裡的典型性質。當我們在演化紀錄中看到這些現象時不必驚訝，但如果沒看到，才應該感到驚訝。

突變與天擇的重要性

這些發現相當驚人，但是重要性在哪裡？人工生命真的告訴我們有關真實生命的有用訊息嗎？我想是有的。前面我借用了「相空間」的概念——一種幾何描述，其中每個確實發生了的事件，是被鄰近沒有發生（但可能會發生）的事件的魅影所環繞；在此，我可以盡可能敘述一下為什麼我要借用這個概念。

當你建立任何數學系統時，不管是傳統的動力系統或是熱中人工生命者所用的系統，你也會隱含建立一個相空間。相空間很大，包含了所有可能性，而不只是特定的選擇。如果法則系統有充分的多樣性（基本的意思就是要不會太無趣和顯而易見），那麼各種的可能性就會潛藏在該系統的相空間裡。

現在，我們開始明白突變在演化中的重要性。突變不只是讓演化成為可能；突變更使系統對相空間進行探討。目前系統所具有的狀態，也許明天就會改變。此外我們也更清楚地瞭解天擇所扮演的角色：天擇使探索更有效率。如果所發生的都是隨機突變，而沒有天擇機制，那麼系統就會像醉漢一樣，在它的相空間裡搖來晃去，進一步退兩步。

的確，隨機游動（random walk，漫步、無規則行走）的數學告訴我們，這種系統花費極多的時間重回老地方，不過，有了天擇的協助，相空間上無作用（亦即不會增進生殖成就）的點會被消除掉。天擇幫助系統走向相空間中的有趣區域，也就是有用的事情發生的地方，也就是演化景觀的特殊外貌。

真正地球演化的相空間，遠比提拉、阿米巴、甚至宋莫樂及米格農諾的蠓物的相空間來得複雜，不過所扮演的角色卻都一樣。相空間所遵循的規則，就是物理宇宙所遵循的規則。突變使地球上的生命得以探索演化的相空間，而天擇，則使可能性的數目減少，使演化不必花所有時間在死胡同裡繞來繞去，或是一直重回那些沒什麼樂趣的地方。

突變與天擇合起來的效果，創造了相空間的地形面貌，使相空間更像多山的壯麗景色，而不是那種平凡無奇的曠野；演化瞄準了那些更重要的特徵，像有目標似的，而事實上卻是受相空間的地形面貌所帶動。演化並不知道自己要走向何方——但是如果我們可以看到演化的相空間，我們就會相當清楚答案是什麼。

可能的相鄰空間

第三章提到的複雜科學家考夫曼，是位極有創新力的科學家，對這類問題已經有極深入的探討，他把這類結構視為不只是具有演化的特性，而且對於任何一種擁有自我複雜化及自我組織能力的過程，也有屬於這類過程的特性。考夫曼談到了「可能的相鄰空間」（space of the adjacent possible），而不是「相空間」。

他相信我們也許很快就可以確立精確的數學定律，來規範系統向可能的相鄰空間伸展的方式，而不光是指出「相空間擁有某種地貌」這樣的事實。此外他也深信，那些精確的數學定律將更接近「盡快有堅實的見解而不至於散亂掉」，而不像目前所接近的「沒有目的，沒有任何方向感」。

【注釋】

1. 編注：雷氏（Tom Ray），研究由「數位有機體」（digital organism）所組成的小小人造世界。
2. 編注：K/T meteorite，其中的 K 代表地質年代裡的白堊紀（Cretaceous），T 代表第三紀（Tertiary）。
3. 詳見 Charles Darwin, *The Origin of Species*, Penguin Books, Harmondsworth, England (1985)。
4. 詳見 D. Lack, *Darwin's Finches*, Cambridge University Press, Cambridge, England (1947)。
5. 欲知較詳細的孟德爾（Gregor Mendel, 1822-1884，被尊稱為「遺傳學之父」）的故事，可參考 Karl Sigmund, *Games of Life*, Oxford University Press, Oxford, England (1993)。
6. DNA 的觀點在道金斯（Richard Dawkins, 1941- ，英國牛津大學動物學家、牛津大學紐學院院士）的幾部著作裡有最深入的說明，包括：*The Blind Watchmaker*, Longman, London (1986); *The Selfish Gene*, Oxford University Press, Oxford, England (1989)（中文版為《自私的基因》，天下文化出版）；*The Extended Phenotype* , Oxford University Press, Oxford, England (1982); *River Out of Eden*, Weidenfeld and Nicolson, London, England (1995)（中文版為《伊甸園外的生命長河》，天下文化出版）；以及 *Climbing Mount Improbable*, Viking, London (1996)。
7. 詳見 Mark Ridley, *Evolution*, Blackwell Science, Oxford, England (1996)。
8. 編注：本段提到的幾位科學家分述如下：麥爾（Ernst Mayr, 1904-2005），原籍德國的美籍動物學家；辛浦森（George G. Simpson, 1902-1984），美國古生物學家；杜布藍斯基（Theodosius Dobzhansky, 1900-1975），原籍俄國的美國遺傳學家；海尼格（W. Hennig, 1913-1976），德國動物學家。

9. 譯注：Hamming distance，漢明碼（Hamming code）是一種誤差檢測及校正碼。

10. 譯注：pooh trap for heffalumps為插入的句子，而這段出自《哈姆雷特》的句子原意為：「是否活下去是一個問題，是否心中要存有高尚。」

11. 薩里奇（V. Sarich, 1934- 2012），加州大學柏克萊分校生化學家；維爾遜（A. C. Wilson, 1934-1991），加州大學柏克萊分校生化學家。相關資料請見V. Sarich and A. C. Wilson, "Immunological timescale for human evolution" 一文，*Science* 158 (1967), 1200-1203。

12. 詳見C. C. Sibley and J. E. Ahlquist, "DNA hybridization evidence of hominoid phylogeny: Results from an expanded data set" 一文，*Journal of Molecular Evolution* 26 (1987), 99-121。

13. 可參考John Maynard Smith, *Evolution and the Theory of Games*, Cambridge University Press, Cambridge, England (1978)。

14. 萊特（Sewall Wright, 1889-1988），美國統計學家、遺傳學家。相關的討論可參考Sewall Wright, *Evolution: Selected Papers* (edited by W. B. Provine), University of Chicago Press, Chicago (1986)。

15. 詳見Jack Cohen and Ian Stewart, *The Collapse of Chaos*, Viking, New York (1994)。

16. 詳見E. C. Zeeman, "Evolution and elementary catastrophes" 一文，preprint, Mathematics Institute, University of Warwick, England (1988)。

17. 名詞注釋：漸變論（gradualism），主張演化是透過族群的漸進改變所造成，而不是經由新形態突然生成。

18. 艾垂奇（Niles Eldredge, 1943-），美國自然史博物館古生物學家；古爾德（Stephen Jay Gould, 1941-

2002），哈佛大學古生物學家。關於這個部分，可參考Niles Eldredge and Stephen Jay Gould, " Punctuated equilibria: An alternative to phyletic gradualism" 一文，T. J. M. Schopf (editor), *Models in Palæobiology*, Freeman, Cooper & Co., San Francisco (1972)。

19. René Thom, *Structural Stability and Morphogenesis* , (translated by David H. Fowler), Benjarnin-Addison-Wesley, New York (1975); Tim Poston and Ian Stewart, *Catastrophe Theory and Its Applications* , Pitman, London (1978); E. C. Zeeman, *Catastrophe Theory: Selected Papers 1972-77*, Addison-Wesley, Reading, Mass. (1977)。

20. Roger Lewin, *Complexity* , Macmillan, New York (1992); Mitchell Waldrop, *Complexity* , Simon and Schuster, New York (1992)（中文版為《複雜》，天下文化出版）；Stuart A. Kauffman, *The Origins of Order*, Oxford University Press, Oxford, England (1993); Klaus Mainzer, *Thinking in Complexity*, Springer-Verlag, Berlin (1994); Stuart A. Kauffman, *At Home in the Universe*, Viking, New York (1995)。

21. 詳見" Life and death in a digital world",《新科學人》（*New Scientist*）(February 22, 1992), p. 36; Ed Regis, *Great Mambo Chicken and the Transhuman Condition* , Addison-Wesley, Reading, Mass. (1990)。

22. 詳見Paul Guinnessy, " Life crawls out of the digital soup",《新科學人》（*New Scientist*）(April 13, 1996), p. 16。

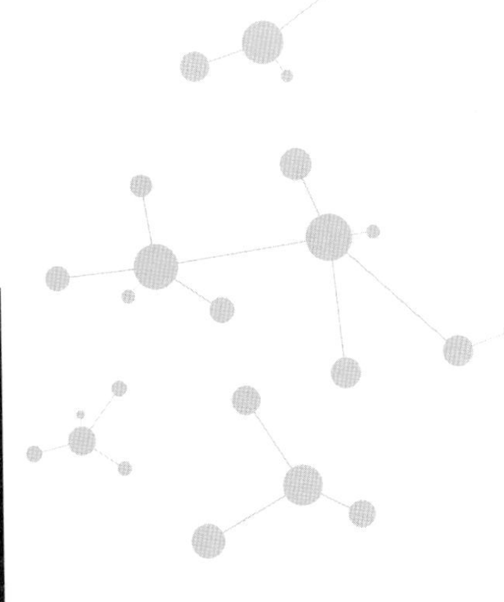

第6章

費布納西的花朵，碎形的莖枝

花椰菜的小花本身是由小花組成的，
而小花的小花又是由小花組成的……
雖然這並不像數學家所稱的碎形那樣永遠進行下去，
但這種形態確實持續了數個階段。

莖幹上小花或葉子的規則排列所產生的美麗結構，長久以來一直是人們讚美、想進一步探知的東西；即使所觀察到、認識到的可能排列數目不多，這些結構的特徵仍然激起了我們的好奇心。

——湯普生，《論生長與形態》，第十四章

偶爾觀察一下植物王國，你就會清楚看到生命的第二個祕密，比在其他任何地方都來得明顯——到處都可以找得到數學模式：在對稱排列的花瓣裡，在沿著莖幹上下疊置的葉子裡，在某些植物的圓形種子和某些植物的尖形種子裡，以及在其他一些隨風飄散的種子的小小降落傘狀物裡。

就連在樹木不規則的幾何外形裡，也隱藏著令人難以捉摸的模式，這模式是一種自我參照的幾何原理，而在這樣的幾何架構下，樹木的些許小部分會與整體形貌有著不可思議的相似之處——正因為非常相似，所以建構模型的人可以用樹枝代表縮小的樹木。植物世界已經向物理學借用了這樣的結構，甚至現在仍然以近乎原來的形式使用這些結構。

不過，植物的其他特徵則因演化而與原始物理學愈離愈遠。植物的數學原理（如果有的話），一直隱藏在演化的層層修補中。有某些花朵會模仿雌蠅，是為了騙雄蠅前來做親密的接觸，以便傳播花粉；這種植物與昆蟲交互作用的演化，時間已經長達數億年之久。

在瞭解那些塑造植物的力量的同時，一定也要區別出哪些特徵是演化形成的，哪些是物理免費提供的，一定要解開數學的一般限制與有彈性的遺傳指令之間的糾結。

科學家在很早以前就知道植物具有數學性。湯普生清楚看到植物世界裡的奇特數術，為植物生長的生物學帶來重要影響。

多虧有當代動力學的研究成果，我們現在才對這種生物學所涉及的知識，有了相當清楚的概念。湯普生觀察到，植物王國對某些數字及螺線幾何結構有奇特的偏好，而這些數字又與幾何結構極有關聯；他的這項觀察，遵循了一個建構完整的傳統，這個傳統據他的推測，可追溯至達文西（Leonardo da Vinci, 1452-1519）的時代，甚至更可遠推至古埃及。

我們已經注意到，植物（如花瓣、萼片及其他各種外貌）裡出現的數目，常取自費布納西數列：1、2、3、5、8、13、21、34、55、89……在這個數列中，每一個數都是其前兩個數的和。如有例外，多半會是下列兩種情形當中的一種：一、這些數成對出現，這種把戲可能是由植物染色體的某些獨特性變出來的，但仍然屬於費布納西模式；二、所謂的「異常數列」1、3、4、7、11、18、29，這個數列也是按照與費布納西數列相同的加法模式，只不過開始的數字不同。

針對植物的幾何與數目模式所做的研究稱為「葉序」（phyllotaxis），這類研究的歷史和文獻可列出一大串。在十八世紀中葉，就有兩位科學家研究過冷杉毬果裡的螺線，這兩位數學家分別是龐內（Charles Bonnet, 1720-1793）及卡蘭德利尼（G. L. Calandrini）。

後來約在一八三七年，晶體學先驅布拉菲兄弟（Auguste and Louis Bravais，前者研究「發散角」）對葉序理論做出了很大的貢獻，他們在生長中的植物身上發現了最顯著的單一規則性，也就是植物幾何學中普遍存在的一種特別角度，這部分我們在後面會談到。

一八七二年，沉迷於數學奇特事物的蘇格蘭數學家泰特（Peter G. Tait），利用晶格的幾何結構（亦即平行四邊形不斷重複的模式），證明出每當某個螺線系統一出現，我們一定也會看到其他相關的螺線。這就是為什麼我們會在相鄰的種子中看到兩組螺線，而這兩個螺線，都與相鄰的費布納西數有關，也都與模式的真正來源有非常大的差別。但上述這些人的研究僅只是敘述罷了——只是整理出排列的幾何結構，但沒有解釋這些數目與植物的生長究竟有何關聯。

費布納西數術之謎

為了解釋植物的費布納西數術，人們已經花了三百多年努力尋找答案。終於，這個目標好像已經達成了：一九九二年，庫德（Yves Couder）與鐸狄（Stéphane Douady）這兩位法國數學家，將費布納西數術追溯到植物發展所碰到的自然動力學限制條件，總算對這個幾世紀以來的研究做了總結。

庫德與鐸狄的研究成果（也就是本章所要討論的主題），證明了植物裡明顯的數學模式，的確來自物理世界通用的定律，這些模式不只是演化所強化的遺傳偶發事故。然而就像其他所有的事物一樣，物理定律必須與植物的基因密切合作，因為如果沒有基因，當初就不會生長出任何植物了。

費布納西的兔子謎題隱含了更進一步的訊息。重要的不只是數字；這些數字產生的方式也關係重大。分支結構（可以說是兔子的家族樹）擁有令人驚嘆的數學理論，而費布納西數是看得見的一點端倪。用上述同樣的結構不僅能說明植物的數術，還可以闡釋植物的整個形態——也包括植物分枝的方式。如今我們可以（在電腦模擬中）運用數學規則，來「種」出逼真的草、花、灌木叢和樹木，而那些規則很有可能就是說明植物如何自我生長的精髓所在。

我們先來談數術（numerology）。要瞭解費布納西數出現在植物中的狀況，最好的方法其實不是把重心放在這些數的四則運算上。就某種意義而言，這些數的相加模式是一種巧合，是費布納西數術的數學結果，但不是其重要依據。探討這問題最好的方法，就是來看看植物幾何學。

要看植物中的模式，最好的起點之一就是從湯普生的這個例子開始看起：向日葵的排列方式（彩圖四）。在此我們會看到相當驚人的數學模式。

向日葵的花呈現出兩組螺線，一組是順時鐘旋轉，另一組則是逆時鐘，兩者好像可以互相套合。在這個例子中，有三十四條像車輪輻條但呈彎曲狀的順時鐘螺線，並有五十五條逆時鐘方向的螺線，這兩個數目並不相同，但都是費布納西數——而且在數列中的位置是相鄰的。確實的數目要視向日葵的種類而定，不過我們通常看到的是「三十四及五十五」一組，或「五十五及八十九」一組，甚至有的是「八十九及一百四十四」一組。

雛菊也有類似的模式，但是比較小。鳳梨有八排向左傾斜的鱗片（也就是那些呈菱形的小片），另有十三排向右傾斜。挪威雲杉的毬果有五排鱗片向一個方向，另有三排向另一個方向；而一般常見的落葉松（另一種針葉樹）的數目為八及五；美國落葉松是五及三。

如果遺傳學可以讓花朵自己挑選喜歡的花瓣數目，或者松樹毬果可以挑選想要的鱗片數目，那為什麼費布納西數會占上風？看起來這些數目很有可能是來自某種更深層的數學機制（譬如植物發育所受到的動力學限制條件），而現存的證據支持了這個觀點。

植物的存在是以種子和一枝嫩芽做為開始，種子發芽後，很多細根會長出來，並且向地底下生長，而嫩芽則是迎向陽光，向上生長。成熟植物的所有奇特數術，原本都已經存在了，雖然在那早期的嫩芽裡是肉眼看不到的；它是在植物剛冒出新芽、新細胞即將出現時，由許多動力學條件創造出來的。當新細胞想盡辦法各就各位時，就已經排列好要形成費布納西螺線了。

如果用顯微鏡觀察新芽的頂端，你可以看到所有主要徵貌發展過程的一點一滴——包括葉子、花瓣、萼片、小花（floret）等等。在頂端的中心，有一個圓形區域的組織稱為「頂尖」（apex）；而在頂尖的周圍，則有微小隆起物一個接一個的形成，這些隆起則稱為「原基」（primordium）[1]。

每一個原基自頂尖移開（更精確的說應該是：頂尖從隆起處向外生長，而把隆起留在原地），最後，這些隆起會長成葉子、萼片之類的東西。還有，那些外貌的一般排列，是在原基開始形成時就安置好的，所以問題的癥結，是在解釋為什麼你在原基中看到螺線的形狀及費布納西數，因為植物各式各樣的費布納西特徵，全都是這種基本幾何結構的簡單結果。

第一步是要體認，雖然螺線能夠明顯到讓人一眼看出（植物學家稱之為「斜列線」（parastichy）），但那並不是植物頂端實際生長模式的直接表徵；就某種程度而言，這些螺線只是錯覺。

最重要的螺線，是依照原基出現的次序來考量而形成的（圖四六）。由於較早產生的原基移開得較遠，所以你可以從它與頂尖之間的距離，來推斷出現的先後次序。結果發現，原基與原基隔得相當開，並排成一條捲繞得非常緊的螺線——稱為「生成螺線」（generative spiral）。人的眼睛之所以能分辨出斜列線（費布納西螺線），是因為斜列線是由相鄰的原基所形成（圖四七），但生成螺線才是建立數學模式的真正功臣。

從生成螺線到黃金角

布拉菲兄弟的偉大貢獻，在於發現原基沿生成螺線呈間隔排列的基礎數學規則[2]。他們量測相鄰兩原基之間的角度，首先發現量得的各個角度非常相近；而這些角的共同值就稱為「發散角」（divergence angle）。（比方說看圖四七中編號29的原基與編號30的原基之間的角度，或看編號30與31的原基之間的角，依此類推。）

他們的第二個發現，徹底說明了發散角的性質：發散角往往非常接近一三七．五度。為了充分瞭解這個數字的數學重要性，我們取費布納西數列的相鄰數目來檢驗一下，譬如三十四與五十五：我們先化成對應的分數 $34/55$，然後乘以三六〇度，得到的結果約為二二二．五度。現在，我們可以量這個角的內

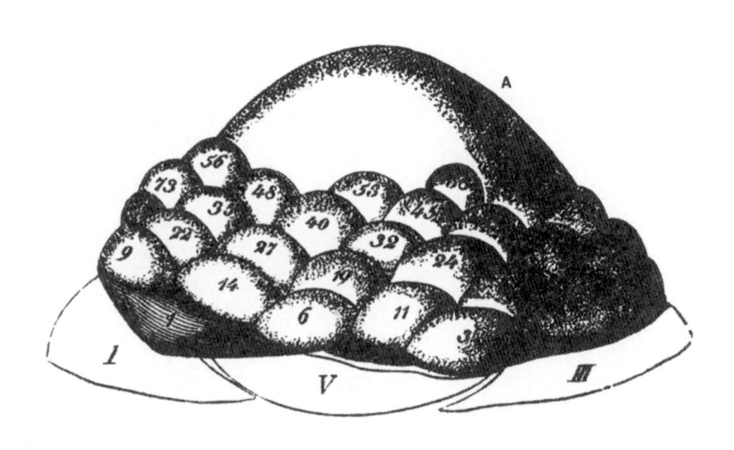

圖四六　依照出現次序標號的原基。

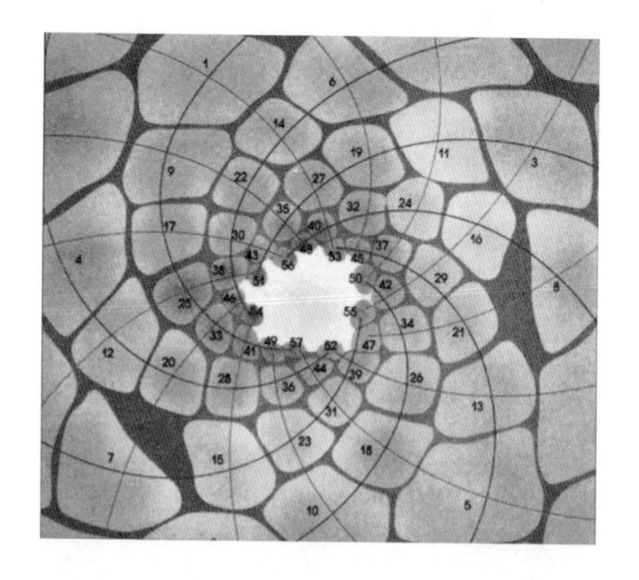

圖四七　原基的分布間隔，圖中顯示的是芽的剖面。

角或外角；因為二二二．五度大於一八〇度，所以要用三六〇度來減掉，就得到「一三七．五度」這個神祕數。

我們可以證明，當數字愈來愈大時，費布納西數列中相鄰兩數的比率會愈來愈接近0.6182。像剛才所舉的34/55 = 0.6182，就已經很接近這個值了。精確的極限值為(√5-1)/2，也就是所謂的「黃金數」（golden number）[3]，通常用希臘字母 φ（讀作phi）表示。因此我們稱一三七．五度為「黃金角」（golden angle）；更準確的值則為一三七．五〇七七六度。

布拉菲兄弟發現黃金角是自然界偏好的數值，但是他們並沒有找出原因。毫無疑問的，黃金角是自然界所使用的奇特數字，因此這其中一定有很好的理由。

一九〇七年，數學家易特生（G. van Iterson）首度解釋了為什麼黃金角合乎物理原理——是自然的、而非偶然的結果。他在一條一三七．五度的緊密繞行的螺線上，先標示出相鄰各點，然後研究這些點的排列方式。他證明了我們會因為相鄰兩點的排列方式，而得到兩組交錯的螺線——一組是順時鐘旋轉，另一組是逆時鐘（圖四八）。又因為費布納西數與黃金數密切相關，所以兩組螺線的數目是相鄰的費布納西數。究竟是哪些費布納西數，則要看螺線的旋轉有多緊密。

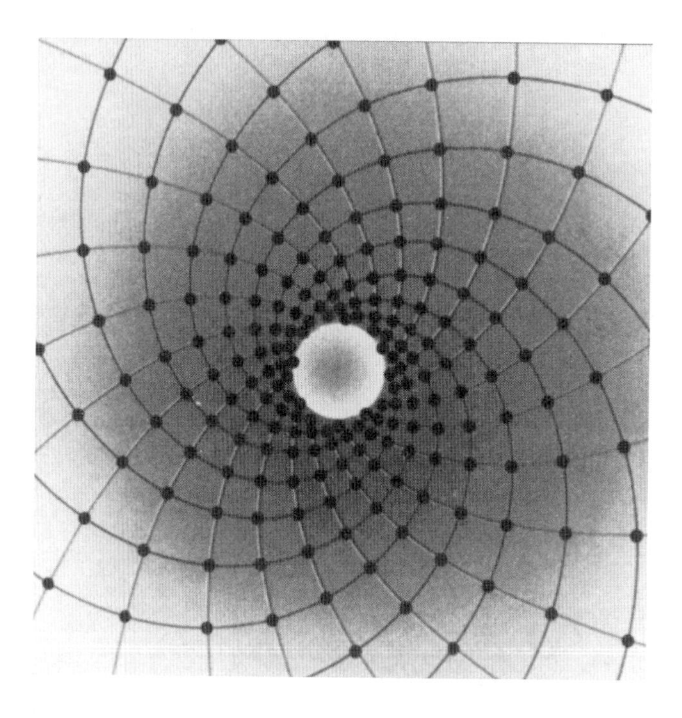

圖四八　沿著一條緊密繞行的螺線（圖中並未畫出）以黃金角的間隔擺置各圓點，會造成兩組費布納西螺線的錯覺。

易特生的理論也是純敘述性的：只顯示出排列幾何的主要模式，並沒有解釋這些模式的物理或生物成因。接著在一九七九年，數學家伏格（H. Vogel）[4]進一步研究了模式的成因。

伏格用相同的圓點來代表向日葵的原基，然後要找出是什麼間隔規則（假設發散角不變），會使這些圓點盡可能緊密地排在一起。他的電腦實驗顯示，當發散角小於一三七．五度，花的裡面就會出現空隙，而你也只會看到一組螺線；同樣的，如果發散角超過一三七．五度，花裡面也會出現空隙，但是這次你看到的是另一組螺線。因此，如果要使排列沒有空隙，黃金角就必須是一三七．五度這個唯一的角度，而這時，兩組螺線就會同時出現（圖四九）。

簡言之，要使花頭最密實、最堅固，最有效的堆排方式是讓發散角等於黃金角[5]——這就是黃金角會這麼特別的原因，而這一切全部都來自有效率堆排的幾何原理。

生物學家往往刻意去慎重解釋系統的完美性質或想要的性質，卻避開解釋那個完美性質究竟從何而來。舉例來說，「鳥有翅膀是為了要飛翔」，這說法並不是在解釋翅膀，因為它並未告訴我們翅膀是如何演化出來的，甚至沒告知翅膀是否

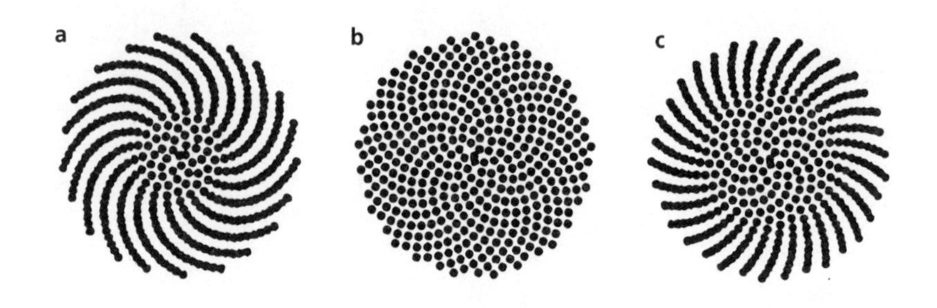

圖四九　三種發散角的堆排配置：(a)137.3°；(b)137.5°（黃金角）；(c)137.6°；其中只有(b)是最有效率的堆排。

可以演化。這個說法只是表示：如果翅膀可以演化，「翅膀」就會是個好點子。

演化並不會因為某個徵貌是不錯的點子，就選擇這個徵貌來做為進行的對象；一定有某種合理的演化進行方式。有效堆排就是一種適切的解釋，這方式顯然有助於產生強壯而堅實的植物。不過，雖然希望能做到有效堆排，但這種心願並不保證一定會存在一種使有效堆排發生的機制。

很幸運的，鐸狄和庫德所發現的正好是這種機制[6]。他們所得到的黃金角，正是動力學的一項明顯結果，而不是直接把黃金角假設成有效堆排的根據。

他們的第一步，是假設有某種連續出現的元素（代表原基），在相等的時間間隔下，在一小圓圈（代表頂尖）的邊緣某處形成；並假設這些元素接著就直接向外移動。此外他們還假設每一元素會互相排拒，就像相同的電荷或極性相同的磁極。這種排斥力能使這些元素一直向外移，而每一新元素出現時，會盡可能遠離它的前者。換句話說，每個新的原基會在最大的間隔處迸出來。

這種系統相信可以滿足伏格的有效堆排的準則（因為如果你持續將最大間隔處填滿，那麼剩下的將只有小空隙），因此，我們所預期的黃金角就會自動出現——事實上也是如此，就像鐸狄和庫德利用物理的類比所證明的：將盛裝矽酮油的圓盤放進垂直磁場中。

他們使微小的磁性流體，在一定的時間間隔下滴落在圓盤中心。油滴被磁場極化，然後就會相斥；當他們使圓盤邊緣的磁場大於圓盤中間的磁場之後，油滴在徑向就會受到一股推力。顯現出來的模式（圖五〇）與兩油滴之間的間隔大小有關，但是很普遍的一種模式是：連續的油滴會落在一螺線上，且發散角很接近一三七．五度（即黃金角），就如向日葵的交錯螺線模式。他們也進行了許多電腦

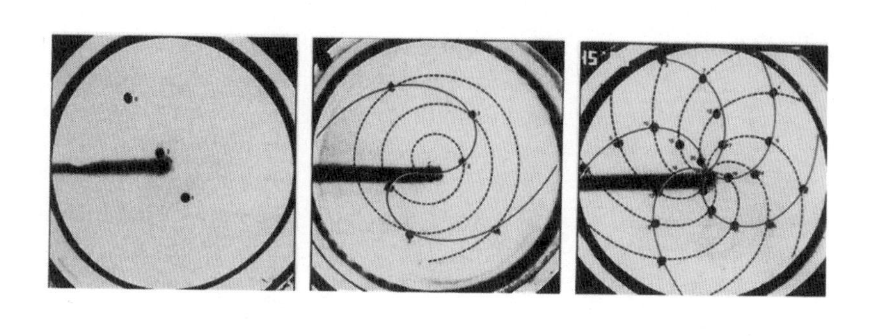

圖五〇　以帶電荷的油滴進行實驗，所觀察得到的費布納西螺線。

計算，得到很類似的結果。

為了證實這個結果，昆茲（M. Kunz）在一九九〇年代中期對鐸狄與庫德的動力學圖像做了一個完整的數學證明[7]。

這兩位法國數學家根據很顯著的幾何分歧圖（一種波動曲線的分歧模式，如圖五一），發現發散角與油滴滴下的間隔有關。曲線中相鄰扭動之間的每一段都相當於特定的一組螺線數目。主要的分歧出現在發散角很近於一三七·五度的地方，沿著分歧，你可以發現螺線的排列是利用相鄰兩費布納西數所有可能的配對。分歧之間的間隔，代

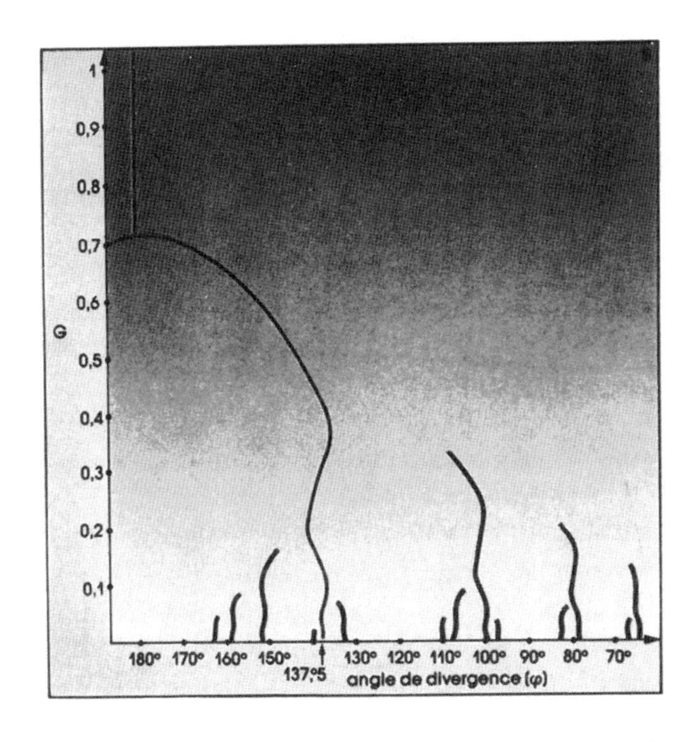

圖五一　螺線數術的分歧圖。標注為G的縱軸代表「新原基出現的速率」相對於「它們自生長新芽的頂端向外移開的速率」的比值。

表分歧的動力學有很大的改變。

不過，圖中也有發散角不接近一三七．五度的分歧。這並不是鐸狄—庫德學說的缺陷，而是長處。值得注意的是，主要的例外分歧相當於異常數列3、4、7、11、18……也就是存在於植物王國本身的費布納西數術的主要例外。所以在適當的油滴時間下，相同的模型會對費布納西規則產生主要的例外，也會產生於費布納西規則的本身——當我們很清楚某些例外根本不是例外時，這就證明了為什麼這些例外會發生。

模式是必然結果

當然，沒有人認為植物學像這個模型一樣，具有完美的數學性。特別是，很多植物的原基出現的速率有可能加速或減慢，而形態及結構上的改變（比方說某個已知的原基是長成葉子還是花瓣），往往會伴隨這類變異而來。植物基因所扮演的角色，有可能影響原基迸發出來的時間嗎？基因當然不需要告訴原基如何把自己間隔開來——這是由動力學來操縱的。

植物的生長是一種結合了物理學與遺傳學的合作結果，所以兩者都需要，你才能瞭解植物的生長情形。把這謎團拼圖的最後一塊擺上去之後，植物的驚人數學模式就揭曉了，你會發現這個模式是植物生長動力學的必然結果，因此受到嚴格數學定律的規範。

如果在一個存活著截然不同生命（其遺傳原理不是根據DNA）的遙遠世界裡，也出現了像植物這樣的生命體，也以常見的同樣方式生長，那麼那些生命體也會呈現出費布納西數術。費布納西數不是意外發生的事件；這些數是普適的幾何原理的結果，是植物結構的晶體學。事實上，植物沒有辦法避開費布納西數，就像食鹽晶體不能不是立方體。

在鐸狄和庫德揭開原基的動力學之際，其他的數學家也試著解釋植物的形狀，尤其是林登梅爾（Aristid Lindenmayer，荷蘭胚胎學家），他們特別想要解釋植物的分枝模式。

碎形與分枝模式

如果仔細看一般的植物和灌木，你常會發現上面的分枝不是隨意的，而是有某種規則性。分枝的結果也許有長有短，但是每個分枝都根據一定的模式。或許是某種巧妙的安排，我們最後會發現分枝的模式也是依照數學，而且也可以回推到費布納西的兔子問題。不過這一次，重要的部分是兔子的家族樹，而不是兔群的大小。

決定植物分枝的規則，需要新的概念，那就是——碎形（fractal）。碎形是一種在各種大小尺度下都有複雜結構的幾何形狀。碎形很可能是最有名的新數學觀念之一，這或許是因為碎形本身迷人的美。你可以買到碎形的T恤、啤酒杯，甚至遊戲拼圖。「碎形」這個名稱，是法國數學家曼德布洛特（Benoit Mandelbrot, 1924-2010）所創，他開拓了現代的碎形幾何（fractal geometry）及很多應用。

碎形是一種新方法，用來為自然界的不規則物制定模型，這類不規則物包括了雲朵、山、河口的三角洲、滿布隕石坑的月球表面、陸地上的海岬與海灣，以及樹、葉子、草、蕨類植物等等。就某種意義而言，碎形好像捕捉到了自然界幾何當中尚未形式化的特徵，而這個特徵，很自然地引發了我們對美的感覺，這或許就是我們會在這麼多T恤、啤酒杯、遊戲拼圖等東西上面發現碎形的原因。

碎形揭露了自然界中潛藏的規則性。最簡單的碎形是自我相似的（self-similar），意思是這種碎形的形狀是由本身的複製物所組合起來。例如，一根樹幹初次分成兩枝，每一分枝看起來幾乎與整棵樹一模一樣，有時你甚至可以把分枝種在地下，就會長成一棵新樹。就這層意義而言，一棵樹是由兩個跟自己一樣的複本製作成的，這兩個複本也許不是很完美（樹在統計學上是屬於自我相似的，但在嚴謹的定義上並非如此），但是每個複本看起來都像一棵樹。

我們在真實世界裡不大可能發現完美的碎形，最多可能只找得到完美的球，這兩者都是數學的理想典型，然而若放在真實世界裡，都將變得不完美。真實世界的碎形並沒有「任意」大小的錯綜複雜結構——只有「許多種」大小而已。如果真正去仔細看一棵樹，你看到的是原子，而不是許多微小的樹。

植物世界充滿了各式各樣、可以用碎形來合理做出模型的形態，最顯著的例子是花椰菜：花椰菜的小花本身是由小花組成的，而小花的小花又是由小花組成的……各位應該瞭解了吧。雖然這並不像數學家所稱的碎形那樣永遠進行下去，但這種形態確實持續了數個階段，而且比你預期的還要多。

林登梅爾的L—系統

為了產生與植物分枝結構類似的碎形形態，林登梅爾發展出一套代數系統，一部分枝法典。他的想法[8]現在名為「林登梅爾系統」，或簡稱為「L—系統」（L-systems）。

最簡單的一種L—系統，可以往回推至費布納西數的最初來源——有關兔子的謎題。這個問題是這麼說的：假定在第零季，我們剛好有一對未成熟的兔子，而兔子要花一季的時間才會成熟；現在已知每一季，每對成兔只會生出一對未成熟的兔子，而這對兔子也要花一季才成熟，那麼，每一季會有多少對兔子（假定兔子不會死）？

要想解開這個謎題，正統的方法是建立一個方程組，然後利用代數來解。不過，在這裡我們要來看看兔子家族樹的分支規則，因為這個新方法將把我們帶往植物的分枝規則。我們用字母「I」代表一對未成熟的兔子，用「M」代表一對成兔，所以分支規則就變成下列形式：

I → M（一對未成熟的兔子，在一季之後成為成兔）

M → M I（一對成兔仍然活著，並生出一對未成熟的兔子）

我們從一對未成熟兔子（I）開始，然後反覆運用這兩個原則，就得到下面這個符號串的序列：

I↓M↓MI↓MIM↓MIMMI↓MIMMIMIM↓……

我們在每一步驟，都對串列中的每個符號應用分支規則，然後就得到下一個串列。因此，現在我們只要數一下符號就可以了，比方說，這裡所列的最後一代，含有五個M及三個I，所以共有八對兔子。由於三、五、八這三個數目，恰為連續的費布納西數，因此這個模式可無限持續下去。

除了直接數符號的數目，我們還可以把這些符號，解釋成樹狀圖裡的實際分枝（圖五二）。現在，我們是在為一種擁有兩種細胞類型的植物建立模型；這兩種細胞的其中一種，是未成熟的細胞，經過一季後成熟，然後分枝，而另一種是成熟的細胞，會產生一枝未成熟的側枝，同時細胞本身也在繼續生長。這不再是兔子的家族樹，而是樹或是某種像樹一樣的植物。

林登梅爾也發展出其他類似的通用法典，其中有一些可以解釋為某種格狀自

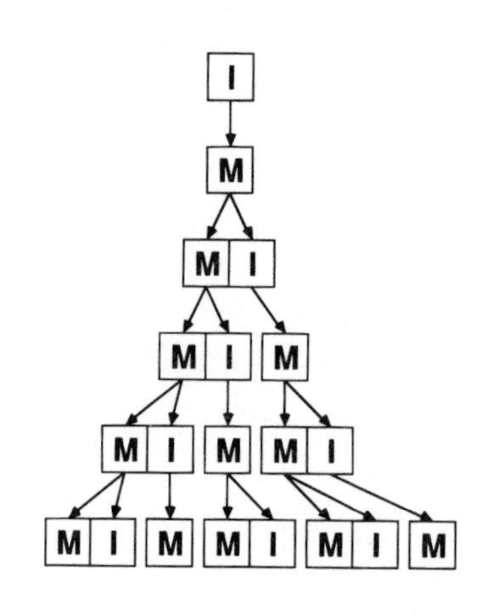

圖五二　費布納西兔子家族樹的L—系統幾何示意圖。

動機。舉例來說，圖五三顯示了紅藻（*Callithamnion roseum*）模型的第十五個生長階段，所根據的是下列這些規則：

◇　在花絲（filament）的基部，有三個細胞沒有分枝。

◇　在這些分枝上面的每一相鄰細胞都有一個分枝。

◇　在各階段中，花絲頂端以下的四個細胞沒有分枝。

◇　每個分枝都重複花絲的模式。

圖五四則顯示了幾種不同的L—系統植物的例子。有機率型

圖五三　紅藻的L—系統模型。

L—系統，也有確定型L—系統，更有依情況而定的L—系統（其分枝法則取決於上下脈絡）；在這幾種系統當中，依情況而定的L—系統，可以為真正的植物制定出使人信服的模型（圖五五）。

加拿大的胚胎學家普辛基（P. Prusinkiewicz）已經把L—系統結合到尖端電腦繪圖上，創造出一個專門用來設計及分析植物的虛擬實驗室（彩圖五及六）。

這些都很好，但我們是在看視覺上的雙關語嗎？這一切會不會只是因為植物和碎形之間碰巧相似罷了？不管怎麼說，如果你繪製出夠

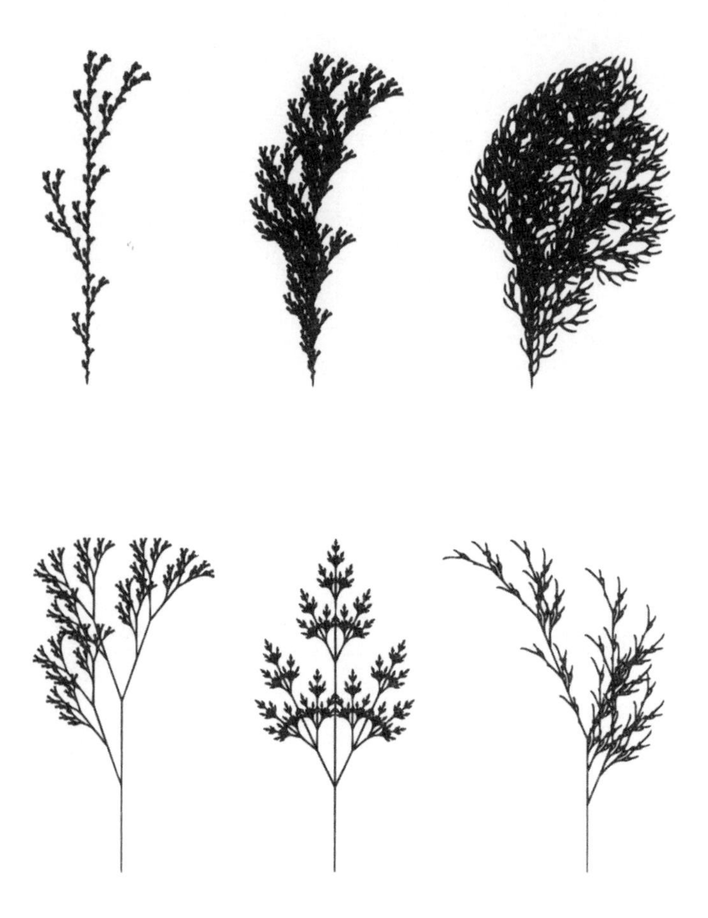

圖五四　確定型L—系統所創造出的植物形狀。

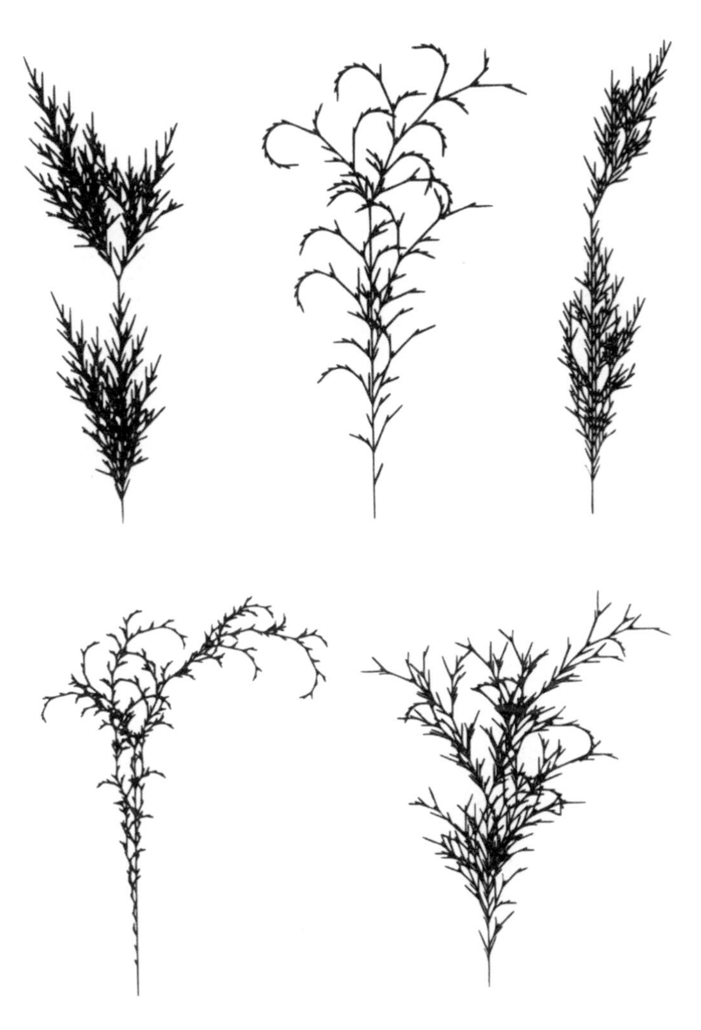

圖五五　依情況而定的L－系統所創造出的植物形狀。

多的碎形，總有一些碰巧看起來很像我們所認識的植物。我並不認為這種相似是巧合。但另一方面，我也不認為我們應該完全相信數學家為了重現植物的分枝模式，所利用的特殊方法。

我不是說植物在利用這部L—系統法典來計算自己的形狀，當然不是！我所認為正在進行的，是更微妙卻也更容易覺察到的事物。一定有某種東西導致植物在生長時分枝，這東西可能是遺傳指令：毫無疑問的，正是那些指令吩咐雛菊成為雛菊，命令毛茛生長成毛茛。然而，如果我們說基因是在借助一般的數學規則，來利用物理學及化學自發提供的自然分枝模式，這種說法也是合理的。

分枝是一種分歧形態；例如，冰晶的頂端分裂不穩定性，產生了屬於自己的分枝模式，很像我們在蕨類植物當中看到的。由此可見，物理學為分枝過程提供了現成的來源。

用數學語言來解謎

林登梅爾為L—系統所建立的規則的主要特性，在於這些規則的自我相似：相同的規則既應用在主枝幹，也用於細枝。這些自然的分枝模式，為植物的生長提供了一種很經濟的方法，同時也與植物自我相似的幾何性質頗為一致。生長中的植物，在各個生長階段應該遵循同樣的物理定律，這似乎也全然合理，特別是當我們假設插入土中的細枝有時也可能生長成完整的樹的時候。

所以，在L－系統法典裡成形的規則性，大概就是植物生長動力學的結果——正如費布納西數術也是其中一個結果。而碎形數學，是人類用來瞭解宇宙的這些特殊規則的途徑——正如微積分，是我們用來瞭解重力規則的工具。這正是數學的作用：數學，是我們想去瞭解自然界的模式時所用的語言。

那麼基因呢？基因會告訴植物它應該是哪一種植物；也就是說，基因會從物理的摸彩箱中，揀選出一種特定的模式搭配。然而，模式本身又是由數學規則產生，所以除非我們瞭解那些規則，以及規則裡隱含的數學，否則基因的真正角色將永遠是個謎。

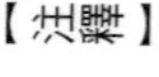

【注釋】

1. 名詞注釋：本段提到的幾個結構分述如下：小花（floret），最後會變成種子的微小花朵；頂尖（apex），植物根部或枝條具有分生組織的部分；原基（primordium），植物中某種特定結構的最早期細胞。
2. 詳見Przemyslaw Prusinkiewicz and Aristid Lindenmayer, *The Algorithmic Beauty of Plants*, Springer-Verlag, New York (1990)。
3. 黃金數通常取值為$(\sqrt{5}+1)/2$，帶正號，等於1.618034。此與$1+\phi$與$1/\phi$相同。如果你由另外一種方式來看這個比值，如$55/34 = 1.6176$，那麼由極限值你就得到0.618034。
4. 詳見H. Vogel, “ A better way to construct the sunflower head, *Mathematical Biosciences* 44 (1979), 145-174。
5. 欲瞭解為什麼，可以假設發散角是一八〇度，可以剛好整除三六〇度。那麼相鄰的原基就會沿著兩條輻射狀的線排列，方向正好相反。如果你使用的發散角是九〇度，則可得到四條輻射狀的線。事實上，如果你採用的發散角是三六〇度的有理數乘積（也就是角度為360p/q，其中的 p、q 兩數為整數），那麼你就可得到 q 條輻射狀的線。這也就是說，在排列時輻射狀線之間會有很大的空隙，所以種子就不能有效地堆排起來。為了有效地堆滿空間，你所需的發散角就要用三六〇度乘上無理數——不能寫成剛好是分數的數。事實上，你應該使用有可能是最無理的數——而數論學家長久以來認知到的最無理的無理數就是黃金數。這敘述聽起來也許很奇怪：數目若不是無理數，就是有理數——但有些數會比其他數還「無理」。試回想一下黃金數ϕ是序列2/3, 3/5, 5/8, 8/13, 13/21, 21/34,

34/55……的極限值。這些分數都是對 ϕ 的有理近似值：也就是愈來愈逼近 ϕ，但不會剛好等於 ϕ 的有理數。現在我們可以找出這些分數與 ϕ 之間的差逼近 0 的速度，來量測 ϕ 的無理程度。數論學家要證明的是，對 ϕ 來說，這些差逼近 0 的速度要比對於任何其他無理數時來得慢（這個部分可參考 A. Ya. Khinchin, *Continued Fractions*, Phoenix, University of Chicago Press, Chicago, 1964, p. 36）。黃金數不容易用有理數來逼近，如果你用合理的方法來量化其逼近程度，你會發現結果是最糟的。所以，黃金數的確很特別。本質上，這正是伏格提出的論證。

6. 詳見 Stéphane Douady and Yves Couder, " La physique des spirals végétales," *La Recherche* 24 (January 1993), 26-35; "Phyllotaxis as a self-organized growth process," in *Growth Patterns in Physical Sciences and Biology* (edited by J. M. García-Ruiz et al.), Plenum, New York (1993), 341-352; "Phyllotaxis as a self-organized growth process," *Physical Review Letters* 68 (1992), 2098-2101。

7. 詳見 M. Kunz, "Some analytical results about two physical models of phyllotaxis," *Communications of Mathematical Physics* 169 (1995), 261-295。

8. 詳見 Przemyslaw Prusinkiewicz and Aristid Lindenmayer, *The Algorithmic Beauty of Plants*, Springer-Verlag, New York (1990)。

第7章

蝴蝶、斑紋、動力學

有些動物的模式和形態相當多變，
例如鳥類身上的斑紋。
然而大部分的模式與形態，
好像是從相較之下小得多的結構型錄中抽選出來的。

在試圖解釋一切現象的同時……我們現在有理由去做的，就是要證明，某某行為是在已知的物理行為及現象的範圍內……不知是什麼緣故，這些已知的行為和現象最後都能歸結到動力學定律和物理科學的一般原理。

——湯普生，《論生長與形態》，第四章

在森林的邊緣，陽光還是可以穿透過樹木的屏障，在地面上製造出圓形斑點模式，夏天和風吹拂時，樹影婆娑，形成波浪狀的鮮明模式……。蝴蝶飛舞花間，舞動著纖弱多彩的翅翼，懶洋洋地滑行。花朵有五個花瓣，「五」是一個費布納西數。我們知道為什麼，但是蝴蝶只把尚未發展的心智放在花裡的花蜜上。

我們愈是觀察，就會慢慢瞭解到，蝴蝶的身上也存在著數學。蝴蝶的翅翼是如此多采多姿，不只是色彩繽紛，幾何的圖案也讓人眼花撩亂。

孔雀蛺蝶（peacock butterfly）有著深藍色的斑點，成對排列，每一翅翼各有一個，有如暗夜中發亮的狐狸眼睛般閃爍著。鳳蝶（swallowtail）的身上則有一排一排的長方形黃色斑點，被整齊的黑線隔開，很像橫線筆記本裡所看到的那樣。姬紅蛺蝶（painted lady）的翅膀末端有斑紋，彷彿在一塊黑絲絨撒上白色的斑點……纓蝶（tortoiseshell）前緣黑色與橙色的三排凹口……大樺斑蝶（monarch）身上錯綜複雜的翅脈，尖尖的黑線形成美妙的曲線，在暗褐色的翅翼上向四方伸展……

那麼大型動物的情況又是如何呢？看到老虎身上的驚人之美，誰不動容？帶點橙色又帶點褐色的軀體，上面是黑色條紋，在整個臉部緊緊排列在一起，而在眼睛和嘴的四周，則以白色來襯托，完美地融合到四排平行而整齊的鬍鬚。或者我們來看花豹，帶著永不磨滅的斑點——每個斑點都是一個四周由黑色包圍的褐色斑塊，斑點與斑點之間又以白色通道隔開。

至於雲豹，淺黃色的身體帶有灰色及黑色大斑塊，由於毛皮十分值錢而變成瀕臨絕種的動物，雖然已有法律的保護，但還是不斷被獵殺。此外還有大斑獛（genetta），擁有條紋的尾巴和斑點的身體——一部分像花豹，一部分像斑馬。這些動物有的雖然是難以捉摸的幾何——但終究還是幾何。

圖靈方程式

在動物王國中，我們找不到類似植物界裡的驚人「數值」模式，除了大多數的動物似乎都有偶數隻腳。但是我們的的確確找到了許多模式：包括形狀上的模式，以及斑紋上的模式。

第一位把數學用於動物斑紋的是圖靈（Alan Turing, 1912-1954），一位英國數學邏輯學家，他最為人所知之處，是他在電腦誕生方面所扮演的開拓者角色，以及他對於計算數學本身的限制的深刻瞭解。圖靈發現，動物的斑紋當中存在著令人意想不到的一致性：所有斑紋都可以用同一類型的方程式來產生。這類方程式是在敘述化學藥品在一起反應、擴散到表面，或穿過固體介質時所發生的變化，所以我們稱這些方程式為「反應─擴散方程式」。圖靈的方程式並不能很精確地與生物學吻合；我們最好把這些方程式視為一個特別簡單的例子，而這個例子，代表那種必定能規範動物模式形態的數學方法。

有時候，這些方程式也會與生物學相符，至少在幾個重要的層面。例如皇后神仙魚（*Pomacanthus imperator*）這種美麗的熱帶魚，身體就像所有的神仙魚一樣扁，而尾部較寬，然後一直往前變小，到前頭就成為鳥嘴般的突出嘴巴。這種熱帶魚的斑紋很漂亮，有白色的臉，還有一條黑色條紋橫跨過眼睛，眼睛的邊緣是一圈細細的深藍色。牠的身體差不多有三分之二帶著黃紫相間的平行條紋，這些條紋可能是典型的圖靈模式，但是要讓數學去配合生物學，是有不少困難。有一些圖靈模式會移動，所以如果要用圖靈的理論來解釋神仙魚的條紋，那麼那些條紋也必須移動。

這些條紋的確會移動。一九九五年，兩位日本科學家近藤（Shigeru Kondo）和淺井（Rihito Asai）發現，經過幾個月之後，神仙魚表面的條紋會移動。當條紋移動時，某些在規則間隔條紋模式裡的缺陷（物理學家稱之為「差排」），會以獨特的方法解體然後重新形成，完全就像圖靈方程式的預期。

圖靈的理論已經取得其他的驚人成就，其中很令人印象深刻的案例之一，就是海貝的斑紋[1]。貝殼沿著邊緣生長，而貝殼中動物的套膜（mantle，一種外圍組織，例如許多無脊椎動物襯在殼內的外體壁），也會在殼的邊緣分泌出新的結構物質和色素。真正在產生模式的，就是色素——所產生的模式有時很普通，有時卻很精緻。

貝殼世界之美

彩虹蜎螺（*Umbonium vestiarium*）是一種居住在泥地的亞洲貝類，貝殼上的螺旋形態混合成一個平面錐，但是每一半都被標上了褐色、紅色或綠色條紋。澳洲產的蠑螺（turban shell）與牠的名字很相稱，貝殼上纏繞著綠色、白色、褐色相間的條紋。產在大西洋的車輪笠螺（sundial）身上有壓平的線圈，在淺淡的底色上帶著規則的暗點。產於歐洲、加勒比海及日本的綺螄螺（wentletrap）則有細長的條紋，點綴著奇特的凸緣，有時看起來就像籃子的編織式樣。

鳳螺（conch）覆罩著褐色與白色的不規則波狀線，頗像用刷子刷過的痕跡。月蝸牛（moon snail）帶有各種圖樣：中國月蝸牛展現了成排的整齊黑色正方形，斑馬月蝸牛則帶著平行的波狀條紋，蝴蝶月蝸牛的條紋本身也是由許多條紋組成，而斑點月蝸牛上面都是一大堆間隔整齊的小三角形。

寶螺（cowry）的貝殼上大部分是斑點，有大斑點、小斑點、規則的斑點或大小不一的斑點。軟帽貝（bonnet shell）帶著相間的褐色與白色條紋。這些條紋可以直直從貝殼的頂端到口部，或是在貝殼上一環一環地繞。有時候，條紋也會解體成一連串的正方形，就像這樣：■■■■。

特別神祕的，是榧螺（olive shell）：例如風景榧螺（Oliva porphyria），形狀呈圓形而細長，淡淺的底色上點綴著大小不一的褐色三角形。類似的模式也可以在椰子渦螺（baler shell）和渦螺（volute）中看到，特別是芋螺（cone shell）。織錦芋螺有淡褐色的底色，上面帶著深褐色的波狀條紋，另外還有白色三角形覆蓋在條紋上，好像貼花一般，而每個三角形都有細細的黑色邊緣，看起來就像鯊魚的牙齒。

此外還有大海榮光芋螺（glory-of-the-seas cone shell），橄欖色的貝殼上裝飾著寬鬆的淡褐色螺線，由於藏在細長而極小的三角形錯綜織網後面，而幾乎看不到。事實上，芋螺可能是所有貝殼中面貌最多樣化的——貝殼表面的斑紋就像布料、大理石、山脈、舊式的電腦打孔帶、一排排的摩斯密碼，或是在家裡刷油漆時不小心留下的散亂汙點。

貝殼的形形色色，讓人嘆為觀止，貝殼的美讓人驚嘆。這種大自然的美妙，好像不太可能用任何一個數學方程式來產生。但是我要告訴你：這確實可行。事實上，這個方程式，與圖靈為了描述動物斑紋模型所提出的，是同一個方程式。

更令人驚奇的是，圖靈模型不僅可以創造這種不規則的模式，而且能相當輕易地掌握這類模式。

以彩圖七為例，這個圖是由普辛基和富勒（Deborah Fowler）所繪製的，顯示出一個真正的渦螺，和一個帶著適當重疊模式的電腦模擬圖像。另外，曼哈特（Hans Meinhardt）對貝殼也進行過深入研究，結果顯示，不管貝殼圖樣多麼多變而複雜，都可以用圖靈方程式產生[2]；彩圖八是曼哈特研究的另一個例子。此外像勞浦（D. M. Raup）、依勒特（C. Illert）等人，甚至還為貝殼的形狀寫出方程式[3]。

雖然有這些非凡的成就，但我不希望各位就此認為圖靈的理論全然成功。圖靈的方程式也存在著問題：這些方程式未必都會和實驗一致，特別是那些讓生物體在異常溫度下生長的實驗。同時，有些動物斑紋的形成原因好像很不相同，譬如成排的細胞讓自己斜向一邊，而形成條紋。不過，圖靈原先的理論後來有了很多現代的衍生版，每一個都試著要對付這些缺陷。

生物體生長的難題

那麼動物的「形狀」又是何種情形？形狀與模式，是一體的兩面——此處的

「一體」就是指形態學（morphology），從最普遍的意義來說就是「形式」。發生在生命體發育過程中的形態改變，就稱為「形態發生」（morphogenesis）。

圖靈和批評他的人，一般都會同意，形狀與模式似乎都在胚胎時期以相同的機制建立起來，這種機制是一個化學變化的預先模式（prepattern），它會先等候適當的發育階段，然後再選擇是要觸發色素，以便建立模式，還是要使細胞改變，以便建立形狀。

但是當我們進一步探究建立起預先模式的詳細機制時，圖靈與他的批評者就變得意見不一了。那些改變之中，有很多都含有遺傳成分，這絲毫不足為奇——特殊基因在一排一排的細胞裡同時打開，刺激色素的生成，或是使細胞修飾自己的形態及物理或化學性質。不過，基因的活動模式，幾乎是一成不變地從圖靈的數學模式書當中搬出來。

所以，看起來好像是DNA在引導形態朝適當的方向發生——但是除此之外，生物體的反應也牽涉到物理定律和化學定律。我們對DNA已經相當瞭解，特別是DNA製造蛋白質的過程，但是我們對那些蛋白質和DNA的其他產物，是如何排列在一起產生出完整的生物體，知道的卻很少，這很令人沮喪。事實上，生物發育的難題，是我們在面對科學時碰到的巨大挑戰之一。

生物體要如何調整並控制自己的生長模式？是什麼定義了動物的身體藍圖？動物的形態要怎樣從DNA的畫板，轉移到發育「生長線」？生長中生物體的「材料」怎麼知道要往哪裡生長，以及要生長出什麼？這些問題的解答牽涉到化學、生物學、物理學，以及數學——不只是其中單單一種。

同源區基因是最終答案？

慢慢的，我們學到了愈來愈多關於控制生物生長的過程——包括這些過程背後的遺傳學和數學原理。在一九八〇年代，遺傳學家發現，果蠅有很多不同基因的前面是同一種DNA序列，該序列長約一百八十個鹼基，另外他們也在很多其他生物體的多種基因中，發現這個序列。由於該序列是經過很多演化變化之後留存下來的，所以它一定做了某件很重要的事，以至於天擇過程忍受了序列的沒有改變。

這個序列稱為「同源區基因」（homeobox）。同源區基因看起來很像基因的某種分子控制器，可以打開或關閉，這種序列的運作方式，比負責製造蛋白質的基

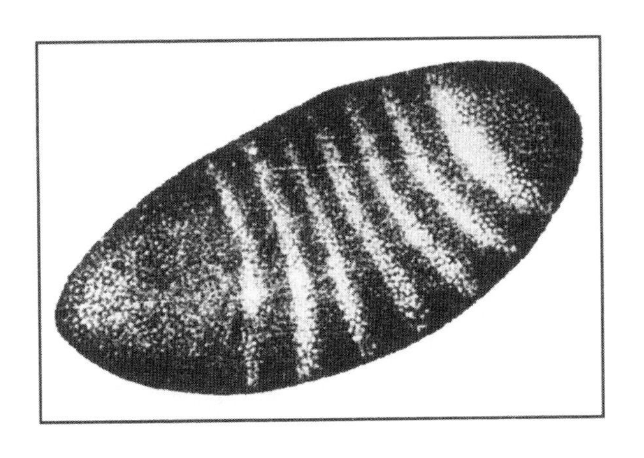

圖五六　果蠅幼蟲身上，由於基因活化而形成的條紋模式。

因更高一層：同源區基因控制的不是蛋白質，而是其他基因。

我們有可能利用螢光染料，來觀察染色體中有哪些基因被啟動、活化。一九九〇年代的某些研究顯示，在適當的環境下，果蠅幼蟲的活化基因會導致有條紋的區域（圖五六），稍後幼蟲就會沿著這些條紋的邊緣，分離成許多節。這種過程清楚展示了生物基因活性，與生物的整體形態及模式之間的關聯。

一九八六年，朗斯登（Andrew Lumsden）證明了，同類型的模式會出現在老鼠胚胎的神經管裡，所以實驗證據並不局限於果蠅。負責規範胚胎結構的基因，會受到同源區基因的控制，而開啟空間模式。不過，由於基因一般會與物理學（或化學，在此處所舉的例子當中就是如此）攜手作用，所以同源區基因絕對不是最終的答案。

形態發生素

圖靈所專注的是形成模式的通則，而不是去看基因組，想從中瞭解不同的模式形成基因如何打開與關閉。他瞭解到，在生長中的生物體體內，會有一種或多種遵守著反應─擴散方程式的適當化學物質，可以建立起一個預先模式，而這種預先模式，隨後就能變為動物的斑紋或外形特徵[4]。

他稱這種化學物質為「形態發生素」（morphogen），而他所得到的計算結果，也讓他發現到，當形態發生素的系統共同反應並擴散到整個組織之後，就可以解釋模式的形成。你不需要在開始時就放入模式；模式會經由物理及化學定律的運作，而自動形成。

事實上，模式是來自對稱性的破壞。方程式總會有一個明顯解（trivial solution），相當於化學濃度到處都一樣的均勻狀態。要是這真的是一種預先模式，那麼就會產生整體都一樣的生物體。因此，均勻狀態並不等同於重要模式，不過對所能產生的結果來說，這種狀態卻十分重要。由於均勻狀態是不穩定的狀態，所以只要化學物質的分配系統稍有一點不均勻，這情形就會迅速擴大。這看起來也許只會產生由化學物質隨意拼湊的東西，但是這種拼湊伴隨著擴散，因此圖靈發現到，這樣會使這些拼湊自行安排成條理分明的空間模式，類似斑點、條紋這類幾何結構（圖五七）。

圖靈的理論感覺上似乎很合理，但是得要有那些特殊化學物質（即形態發生素）的存在。生物學家在嘗試尋找這些化學物質的時候，並沒有發現。不過，要在生物體內發現特殊的化學物質，是一件極為棘手的工作，特別是當我們對這種化學物質一點概念都沒有的時候，所以生物學家沒有成功找到，並不意味沒有這些物質。化學家的確有在試圖把圖靈的數學應用到真正的化學藥品上。圖靈模式在現實世界裡最好的例子就是ＢＺ反應——有同心圓圈和旋轉的螺線。

圖靈模式真的能解釋一切？

同心圓和旋轉螺線在動物身上並不常見，但是反應—擴散方程式也可以產生

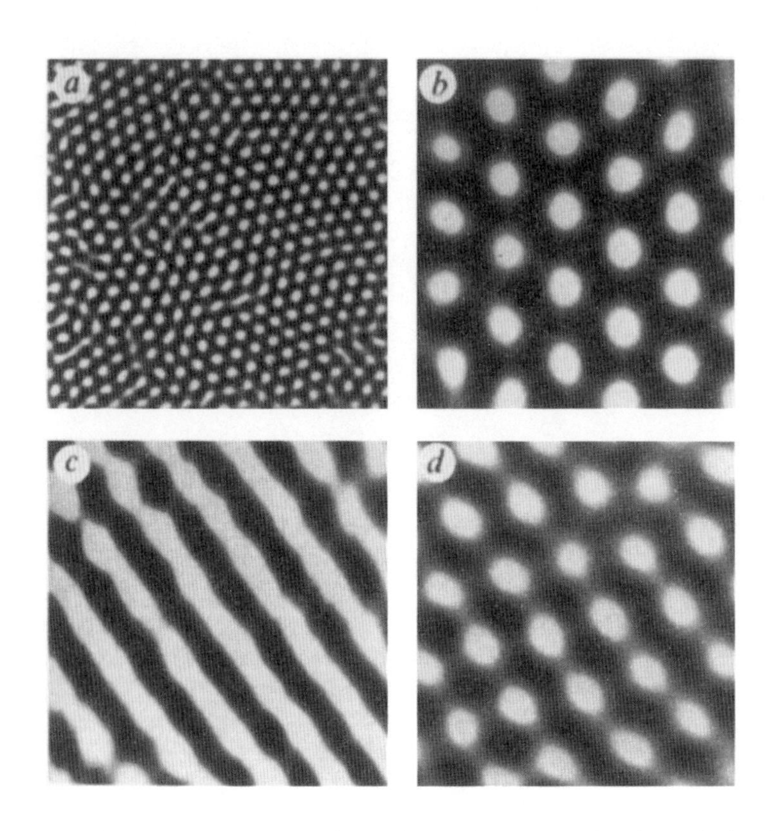

圖五七　由反應－擴散過程創造出來的實驗模式，可以看到六邊形、斑點、條紋和點狀條紋。

很多其他模式，諸如條紋、斑點、花斑等等，而這些都確實出現在動物身上。莫瑞（Jim Murray）[5]把一些類似圖靈方程式的方程式應用於長頸鹿（圖五八）、斑馬和大型貓科動物（圖五九）身上的斑紋，證明了下面這個值得注意的定理：動物可以有斑點的身體和條紋的尾巴，而不會有條紋的身體和斑點的尾巴。

圖靈模式的另一項成就，是史密斯（Maynard Smith）的研究成果，他的研究顯示，果蠅身上的毛展現出許多類似圖靈模式的模式，其遺傳變異也呈圖靈模式。如果模式是DNA密碼的任意結果，那麼上述模式的形式，就很難加以解釋——為什麼天擇就要偏好圖靈模式？不過，這些初始的成功，最後還是像其他的形態系統（譬如羽毛的生長）一樣失敗了，在周密的印證之後瓦解了。

當羽毛在不同溫度下生長時，所觀察到的定量模式變化並不符合圖靈方程式。DNA的發現與遺傳學的進展，反而對圖靈的理論拋出了更多難題。

果蠅是遺傳學家喜歡使用的實驗動物，因為果蠅繁殖得很快，很容易養在實驗室中，而且種類繁多。有關果蠅的遺傳學，科學家目前已經有非常清楚的瞭解，而且也知道了果蠅似乎以某種與圖靈模型十分不同的方式，來建立條紋模式。實際上，有證據顯示果蠅是一次下一個遺傳指令來形成條紋的——這與反

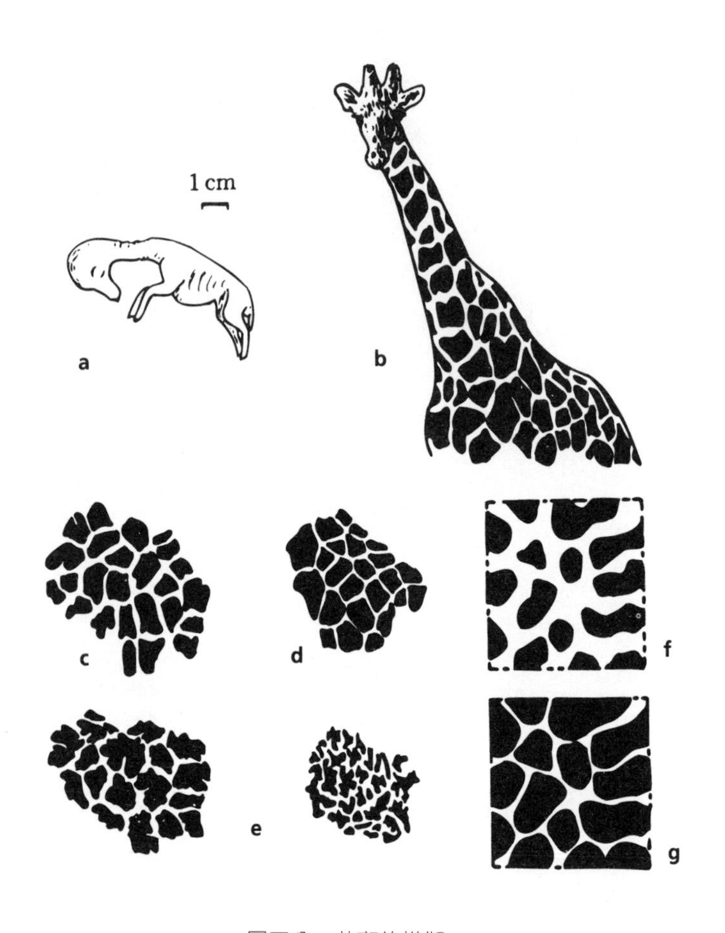

圖五八　花斑的模擬。

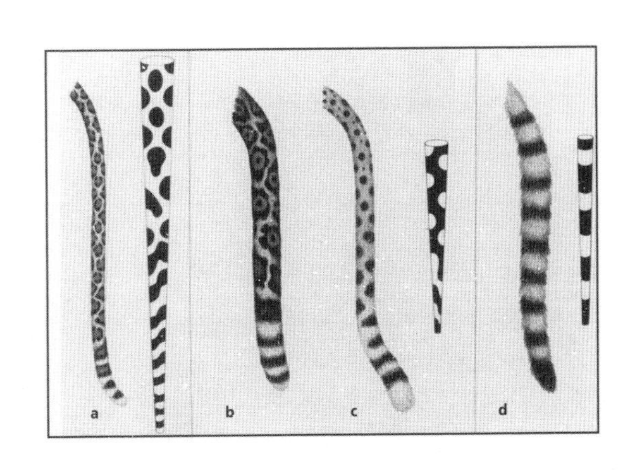

圖五九　貓科動物尾巴斑點與斑紋的模擬：(a)花豹，(b)美洲豹，(c)獵豹，(d)大斑獴。

應—擴散機制十分不同；後者是一舉建造出整個預先模式[6]。

到了一九七〇年代，大多數的生物學家已經對屢屢發現不適合圖靈模式甚感厭煩。所以他們就改變心意，把注意力集中在DNA密碼及其作用上，由此他們思考出一個替代理論，我稍後會介紹，但在這兒我要暫時離題，先來談談蝴蝶、傘藻和神仙魚。

莫瑞的蝴蝶方程式

數學家比較不擔心圖靈方程式的失效，因為他們認為，那些方程式只是描述相似性質的無限多種可能方程式當中的一個例子罷了。他們明白，所有與圖靈方程式「類似」的方程組，包括更複雜的物理化學方程式（可描述化學變化與組織生長之間的交互作用），可能會產生類別大致相同的模式。對他們而言，某些方程式的細節並不是很重要；重要的是整類方程式的共同特色，而這正是一般模式問題的關鍵所在。

所以，在即將邁入二十一世紀之際，圖靈的觀念又再度盛行，但是外觀上變得更加精緻。數學家目前正提出了一些更接近真實生物學的模型，但是所運用的仍然是同樣的形成模式的失稱機制。蝴蝶身上的斑紋就是其中一項應用。

蝴蝶和蛾的種類將近上百萬，散布在世界各地。小到微小而不易察覺，大到在高空飛舞的多彩種類。

不過，在這些非常有趣的展示中，隱藏了很多次序，像是在一九二〇年代，德國博物學家許旺維奇（B. N. Schwanwitsch）和蘇法特（F. Suffert），就依照幾個基本元素，譬如斑點、條紋、滾邊等等，為這些模式分門別類。

一九八一年，莫瑞為蝴蝶斑紋的模式列出數學方程式，而且方程式所做出的預測，與生長中蝴蝶的實驗十分相符[7]。莫瑞的模型是在將圖靈的反應—擴散系統，與遺傳的開關學說相結合。

形態發生素由蝴蝶翅膀的邊緣釋放出來並向中心擴散；在擴散與減弱的同時，形態發生素也開啟了某些基因，這些基因稍後又會釋放自己的化學產物，而這些化學產物也會發生作用，並且擴散。當這些複雜的化學交互作用向翅膀的表面蔓延時，會鋪設某種預先模式，而這個預先模式，正是後來決定蝴蝶斑紋的幕後推手。

古德溫與美人魚帽

英國索塞克斯大學的古德溫教授，也提出了一個圖靈體系的不同版本，他所提出的生長模型是：當生物生長的時候，原先的形態會變得相當固定[8]。

假設某種生物是以圓形對稱開始，那麼在生長的初始階段也會有圓形對稱，而當此生物成熟時，這種對稱就變為一種穩定的模式。這種對稱終究會被打破，接著此生物就會發展出許多間隔相等的、漸漸生長成分枝、觸毛或花瓣的凸出物。因此當你把目光沿著老組織看到新組織，會發現該生物的對稱在改變。

古德溫的方程式，成功描述了一種單細胞海藻——傘藻（彩圖九）形態發生當中的一個關鍵步驟，這種海藻遵循了一種與上述模式相似的模式。傘藻開始時是一個球形的蛋，這個蛋會伸出一個根狀的結構和一個莖幹。莖幹會繼續生長並產生一圈小毛髮，叫做「毛輪」（whorl）。從毛輪的中央，會繼續長出尖端，並生出更多毛輪，然後就會發展成一種帽狀的結構，因此得到了「美人魚帽」（mermaid's cap）這樣的俗名。

這些新的理論還滿適用的——但是在這個科學領域裡，舊的理論並不會就此消失。早先對圖靈的原始體系的一些異議，已經不合宜了。舉例來說，長久以來科學家都假設，圖靈方程式產生出動態的模式遠比產生靜態模式來得容易[9]。

當然，這種傾向是許多類似圖靈系統的一項特徵——既是數學上的，也是實驗上的。顯然，生物體身上的模式並不會移動……如果是這樣，問題就大了。

神仙魚的條紋模式

但是，生物體的模式有時的確會移動。模式的移動相當緩慢，這就是為什麼我們通常都不會注意到，但是模式的確有在移動。引發這種觀念上最新改變的生物體，就是我先前所提過的生物：一種小的熱帶海魚，神仙魚（*Pomacanthus*）（彩圖十）。這種魚的幼魚體長約兩公分，成魚則為三至四倍長。

熱帶神仙魚有許多種類，也呈現出多種模式：例如藍紋神仙魚（*Pomacanthus semicirculatus*）的身上有彎曲的條紋，縱列在身體兩旁，而皇后神仙魚全身都是橫向條紋。經過一段時間之後，每一條魚身上的條紋模式會改變，這種變化在藍紋神仙魚身上尤其明顯：幼魚只有三個條紋，但是成魚有十二條或超過十二條——不知是什麼原因，條紋的數目必須隨著魚的成長而增加。

事實上，模式是以相當奇特的方式在變化，如果我們從有三個條紋的幼魚開始觀察牠的成長過程，就會發現：最先，條紋會隨著魚的成長擴大，條紋與條紋的間隔變得愈來愈寬（如果模式是在開頭就被鋪設下來而保持不變，這種情形就會是你所預期的）；接著，新的條紋突然在原來的條紋中間出現，這使得條紋之間的空隙又恢復成原來的大小。最初，新條紋比舊的要細，但是後來就慢慢變粗。當牠們的身體長到大約八公分長時，又會再重複一次同樣的過程。

近藤和淺井利用反應—擴散方程式，為這種變化序列做出模型[10]。他們的模型只與兩種化學物質有關，並假設其中的基本組織含有一排細胞，當中一些細胞有時候會複製。如圖六〇的電腦模擬所示，他們的結果顯現了一種自然的條紋（圖中的波峰）模式，這些條紋會變寬，但不改變數目，直到組織夠大時，波數才會

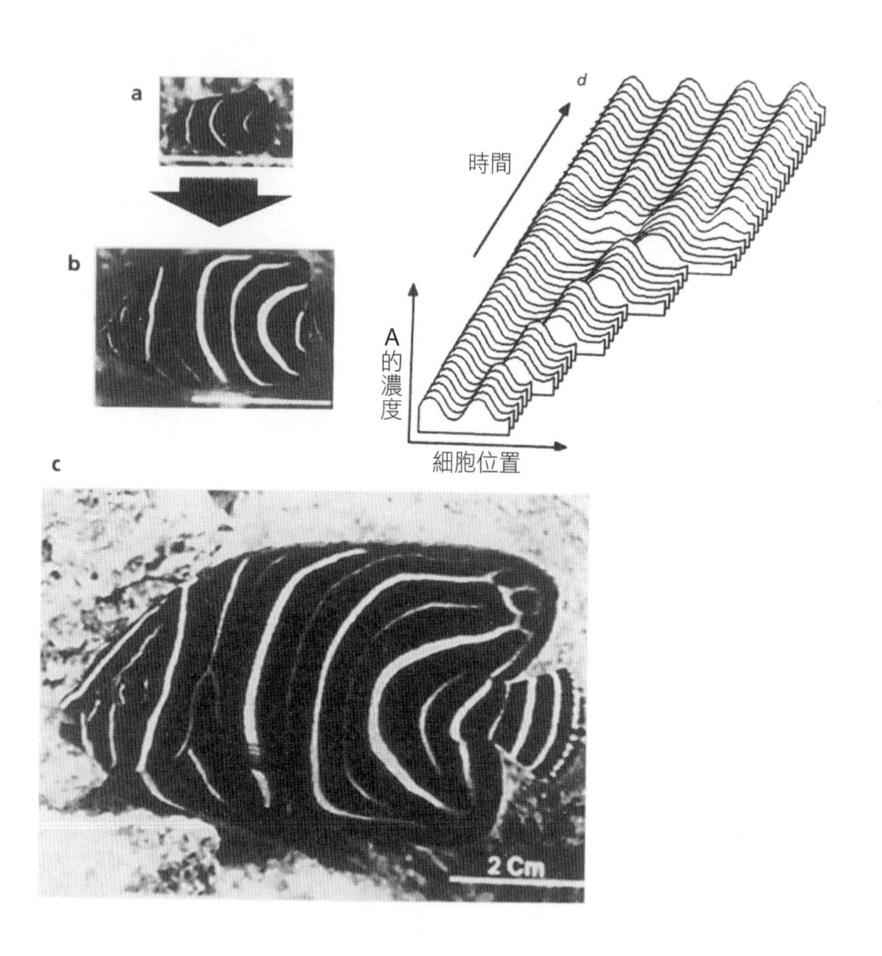

圖六〇　圖靈模式中的條紋數目變化。

倍增，同時有新的條紋開始出現在原來的條紋之間。

更戲劇性的變化是皇后神仙魚的橫向條紋。牠的條紋也是在生長過程中增加，但是有許多條紋似乎會從中間拉開，分成兩個條紋。物理學家把這類波的重排稱為「差排」；差排現象在許多不同的系統都看得到，包括反應－擴散系統。

這裡所說的條紋「拉開」，是有點過於簡化，因為實際上是條紋先發展出一個Y字形的分岔點，然後再變成兩條。情況是可以照這樣進行（圖六一），但是也有更複雜的差排方式：條紋自己重新排列，先斷掉然後再連接起來。

近藤和淺井也觀察到這些排列情形（圖六二），他們使用在此種魚類觀察到的條紋之間的間隔，來估計假想的形態發生素的擴散速率，因此，如果每個形態發生素都是某種蛋白質分子，那麼所發現的結果，就會在我們預期的範圍內。

證據也許不是完美無缺——但是如果所發生的事不是受反應－擴散方程式的影響，那麼就必定是受某些很相似的東西的規範。

現在我們再回到前幾頁所談到的：生物學家準備放棄圖靈的想法，另覓一條線索。我們雖還不曉得發育過程是如何組織起來的，但是我們清楚知道，一定有某種很能適應的組織系統存在。關於這一點，我們可以由一些觀察生物（如老鼠

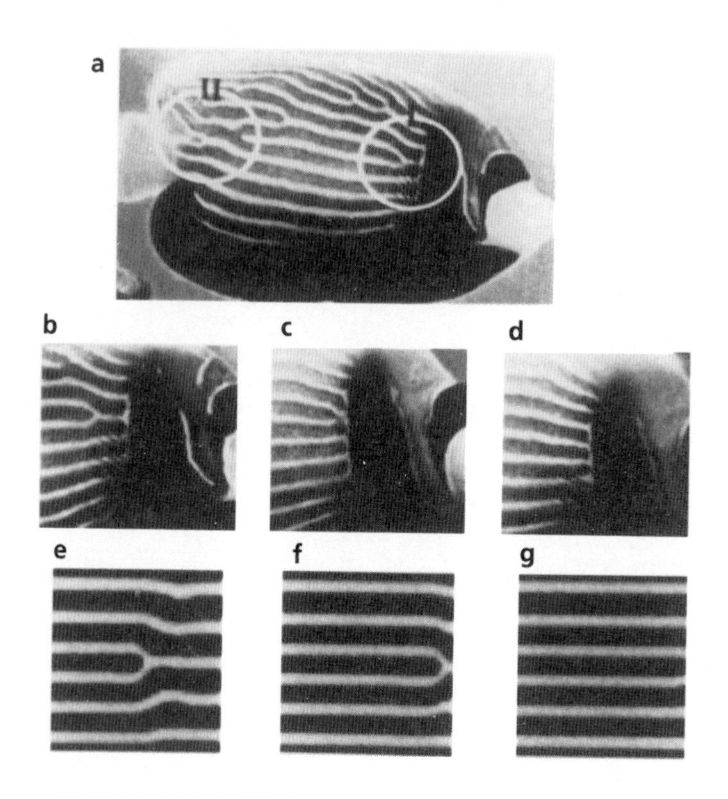

圖六一　神仙魚的Y字形分岔點（a、b、c、d圖），與模擬的圖靈模式（e、f、g圖）。Y字形是就白條紋而言，若你把注意力放在黑條紋上，那一條慢慢變長的黑條紋，就是差排。

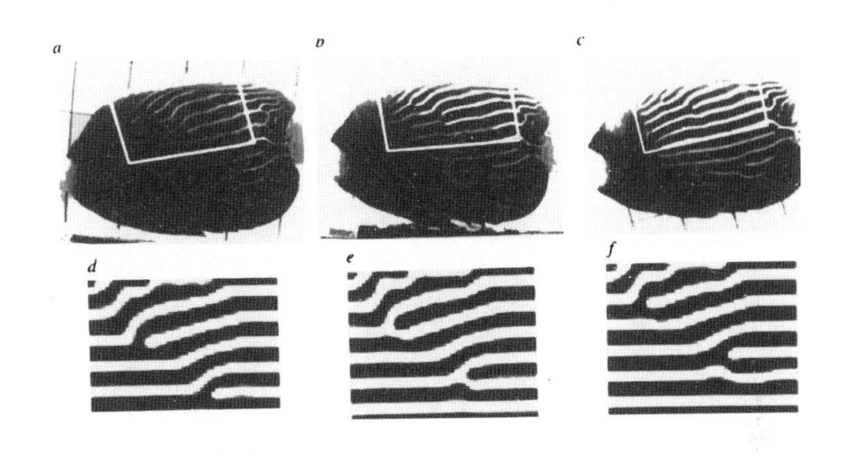

圖六二　神仙魚條紋之中斷及再連接（a、b、c圖），與模擬的圖靈模式（d、e、f圖）。

或青蛙）胚胎分開、重排和重組的實驗中取得證據。

當重排在發育階段的最初期就完成時，胚胎總是會設法長成正常的老鼠或青蛙，這就好像我們進到自行車工廠裡，把裝配中的自行車的輪子換成車座和手把，把鏈條纏繞在前叉，把輪子套在踏板上，然後把煞車放到這種機械應該放的地方——而後再審慎看著這部自行車的零件被重新擺回原先應該擺放的位置上。另一方面，如果移植的實驗是在發育的稍後階段才進行，那麼通常會使造出來的生物體有相當大的差異，諸如骨頭多出來、畸形、在不該有的地方長出羽毛來……。

胚胎發育地圖

有關胚胎發育的理論，最成功的是英國胚胎學家沃伯特（Lewis Wolpert, 1929-2021）的「位置訊息說」（theory of positional information，見《胚胎大勝利》一書）[11]。

位置訊息說認為，因為有化學訊息的幫助，因此胚胎裡的細胞，好像知道自己在所有發育階段中應該在哪裡，而這些細胞稍後可以利用這種訊息，來根據各自的位置而走不同的路徑。例如那些在心臟應該在的位置上的細胞，可以參照自己的DNA指令，來構造心臟，以此類推。但是如果這些細胞不知道自己在哪裡，就沒辦法做出正確的決定。

簡單的說，細胞同時擁有一張地圖（位置訊息）和一本書（細胞的DNA密碼），細胞會根據自己在地圖上的位置，來參照這本書，而這本書就會告訴細胞在那個位置上要做什麼事。

位置訊息說既簡潔又吸引人，而且在很多方面，也很接近事實。這個理論特別能合宜解釋移植實驗的結果。移動到新位置上的組織，會保留書，但是地圖就變得有點混亂了；經過移植的組織可能會按照新的地圖，也有可能已經對應到舊的地圖。移植實驗有很多令人困惑的特性，可以用這種方式來解釋。

然而，位置訊息的機制相當死板：地圖是已預先決定好的，而建構的步驟統統在程序發生前就已經記錄在書上。有一些更為當代的替代學說，不但與移植的實驗結果同樣吻合，看法也更為強而有力：生物體仍然有需要遵照的書，但地圖則是在生長過程中依照自己的需要建立起來，甚至有很多時候，生物體並不需要參照書，才知道下一步該怎麼做。雖然這種過程看起來也許顯得更形神祕，但是卻更接近生長動力學的自然流程，同時我們也有很多理由相信，這種過程也許更能抓住生長過程的真實狀況。

從圖靈到沃伯特

沃伯特的理論，就像圖靈的學說一樣，根據的是一種形態發生素（某種化學訊息）的觀念，但以很不同的方式來使用這種訊息。

在二十世紀初期，摩根（Thomas Hunt Morgan, 1866-1945，美國遺傳學家，一九三三年諾貝爾生理醫學獎得主）提出像毛蟲這類的生物體，在被切成數段之後可以自行再生，而且這是經由化學訊息做到的。他認為細胞會察知到化學濃度的梯度（gradient，特定化學物質的量的增加方向），而梯度實際上會告知細胞哪一端是哪樣，以及從毛蟲的頭尾兩端來比較，自己是在哪個位置上。

對此，沃伯特的想法則是，整個形態發生素系統的濃度梯度，可以告訴細胞它在生物體中的確實位置。有了這個訊息的幫助，所有的細胞就必須參照自己的遺傳指令書，並按照書上所說的去做。這種系統的功能實在太多元了，因而可以產生出任何一種模式——可以是圓的、方的，或一幅「蒙娜麗莎」的複製品。

用類比的方式來說，如果電腦螢幕是由一個個符合所需色彩和亮度的像素（pixel）構成的，就可以產生我們所想要的任何影像。任何一種模式都能用方形格子紙上的有色格子模擬出來。以三個不同化學梯度組成的系統，可以將生物體所占據的空間分割成三維的像素，這樣一來，任何一種想要的模式或形態，就可以在DNA密碼書裡詳細列出。

當然，實際的方法並不一定會這麼簡潔：基於額外的驗證並防止產生錯誤，生物體使用的化學物質可能不只三種。另外，也沒有特殊理由一定要使用直角座標系。如果能把這個系統與足夠詳細的指令書相結合，你在動物身上得到的就不

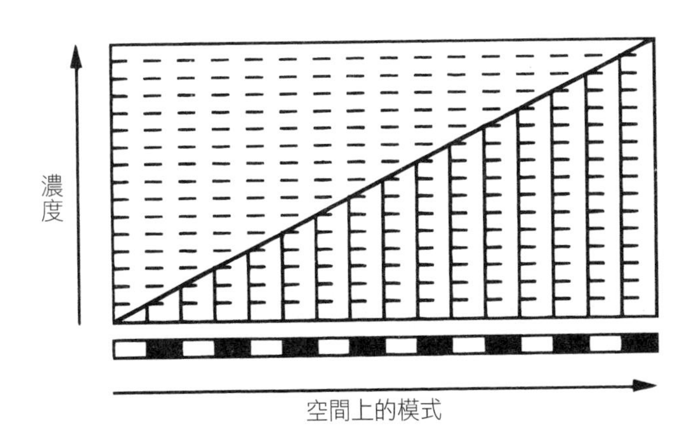

圖六三　由單獨一個梯度如何產生條紋。

可能只是「蒙娜麗莎」的斑紋——你甚至可以創造出三維的「米羅的維納斯」。

圖靈學說裡的模式，是用物理定律和化學定律創造出來的，化學物質不一定需要知道自己在哪裡，以進一步知道要做什麼；它就是去做。而沃伯特的學說則相反，他的模式是按照書上所寫的創造出來；形態發生素扮演的唯一角色，是告訴細胞它是在地圖上的哪裡。

圖六三顯示出組織的條紋模式如何從倚賴梯度的體系當中建構起來。為了簡化，我們只顯示一維空間，並把它擴大成一條組織的薄

條，以便清楚看到模式；但真正的情況則是三維空間。

這中間的想法在於，應該有許多臨界的濃度階層。細胞的DNA書知道，如果濃度在〇到一之間的階層，基因就不會被活化來產生黑色的色素；要是在一到二之間，濃度就應該使基因活化，來產生黑色色素……依此類推。在奇數到它的上一階層之間會活化，而在偶數到它的上一階層之間不會活化。如此的規則，簡單而有條理。所有的複雜、多樣化和精巧，都寫進了指令書，而你並不需要任何高深的數學。

既然有這麼一種更直接、更多變化的方法，生物體為什麼還要遵照圖靈的途徑呢？

這的確值得好好討論，但是在圖靈方法中自動產生的模式，並沒有激發或耗費能量，這是因物理定律和化學定律之賜。為什麼大自然不願自動自發地去使用那些容易獲得的模式？無庸置疑，事實在於生物體會同時利用DNA和大自然的定律。

現在我們就來看看我們對此問題真正知道了些什麼。

形態發生素的真相

有很多間接證據，可以支持形態發生素的說法，但是直到一九七〇年代，在科學上才有似乎可信的化學物質被發現。在脊椎動物中，最可能的是一種稱為視黃酸（retinoic acid）的分子——但它是否真正是一種形態發生素，仍有待商榷。

可證實視黃酸具有形態發生性質的，是在小雞胚胎生長中的翅膀裡所觀察到的一些明顯效應。視黃酸的正常梯度是後端高，前方低，中間差不多是穩定減少。翅膀中的骨頭的對應模式如圖六四（上）所示。數字4、3及2，是發生在視黃酸濃度遞減的情況下。如果生長中的翅翼有部分被移植，以便使視黃酸的濃度分布在兩端高、中間低，那麼就會產生出異常的數字模式，如圖六四（下）所示；數字重複了，而其中一組（視黃酸梯度相反的那一組）是另一組的鏡像：4 3 2 2 3 4。

真相大白了嗎？還沒有，生物學的微妙是無止境的。有更新的實驗顯示，第二個視黃酸來源的作用可能是當做啟動器，而不是梯度。視黃酸可能只是打開胚胎中某個負責翅膀發育的系統。另外，有些應該對視黃酸做出反應的基因（根據

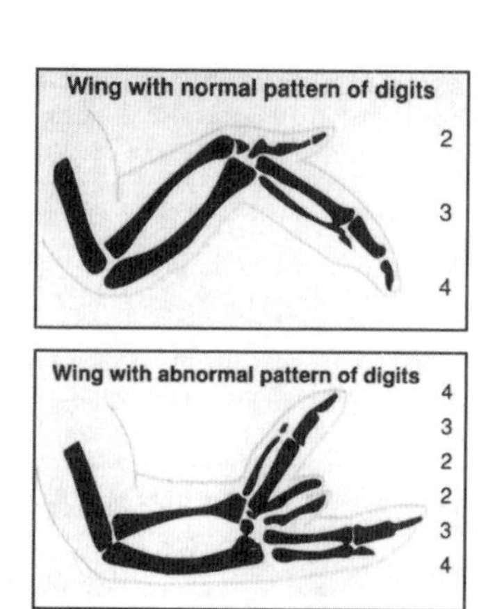

圖六四　小雞翅膀的發育情形：在（上）正常的視黃酸濃度梯度時；以及（下）異常的雙向梯度時。

沃伯特的理論），不一定就會反應。

所有這些實驗過程，都能使這個學說成為良好的科學，具有前瞻性：所發生的這種解說上的問題，是我們在開疆拓土時預計會碰到的問題，這些問題將提供一條帶你通往進步與瞭解的途徑。不過就現在而言，這些問題讓科學的真相變得撲朔迷離，使我們很難宣稱發現了一種特定的形態發生素。

不管生物學的情況如何，對於沃伯特的體系，還是有一些其他的反對看法。第一種就是說它「過於」多變，這有點諷刺。有些動物的模式和形態相當多變，例如鳥類身上的斑紋，然而大部分的模式與形態，好像是從相較之下小得多的結構型錄中抽選出來的，這些結構包括斑點、條紋、斑塊、浮泡、球狀、圓盤狀、管狀、藻葉狀等等。這些基本的形態具有不同的數學外觀：也許不規則，卻頗受限制。如果大自然可以產生「蒙娜麗莎」，像產生條紋那麼容易，為什麼還有這麼多動物僅有不算多變的條紋？

其次的擔心則在於，雖然某種化學座標方格和一本由像素拼出的彩色書，有如人類工程師所設計出來的東西，但是對生物學來說是有點過於有條理。電腦螢幕可以用一個個像素「表現出」一隻果蠅幼蟲——但是那並不表示，大自然是在使用這樣的一種表現法來使果蠅生長。

第三種異議，是精確度方面的異議。沃伯特常用一種很像圖六三的圖表，來解釋他的理論，但他只用兩種臨界階層，並把形態發生素的濃度削減為只有三個相鄰的範圍。這三種範圍若是對應到紅、白和藍色，所得的結果就像一面法國國旗。我雖然喜歡買上面有三個大直條的法國國旗——但如果買斑馬線條紋的好不好呢？你必須堆集相當多條紋，才能構成一個梯度。

在分發形態發生素時（或在讀取形態發生素的濃度時），若發生任何一點輕微的錯誤，都會使條紋遍布各處，有寬有細[12]。如果你想用梯度來產生一幅「蒙娜麗莎」，我十分肯定你所得到的會比較像美國抽象表現主義創始人波洛克[13]的畫作。所以坦白說，我並不想買梯度，除非是把梯度當做一種簡單的方法，可用來產生很簡單的模式。當然，那些模式可能是一些更複雜東西的簡單部分，但是這樣一來，你就必須也要將這些部分組織起來，而這就意味著要導入更多形態發生素。

稍事修正

到目前為止，我們討論過的所有理論都有一個共同的缺點：認為「一個生物體的任何特定部位的位置都是獨一無二的，都可以一次全部確立」。反應—擴散方程式是定義在空間裡的固定區域內；而沃伯特體系，是使用一種預先決定好的方格。不過，生物體在生長時，會劇烈改變形狀，位置就不準了。

就某種範圍來說，這項缺點可以修補得好，方法就是在生物體生長時，使地圖或方格的形狀隨著改變——但是在所有這些改變過程中隨時追蹤位置，絕對不是一件簡單的事，特別是因為有一些在生長過程中會死掉或是被遺棄。所以更恰當的方法是讓形狀和位置不是在開頭就被訂定好，而是從生長過程本身、經由自發的自我組織而浮現出來。

我們要如何達到這個理想？這裡有一種建議，是由阿嘉瓦（Pankaj Agarwal）所提出的一種更複雜系統的簡化版，而這種更複雜的系統稱為細胞程式語言（cell programming language, CPL）[14]。我無意要過於認真看待這種系統，讓它成為可行學說的角逐者，但是這正顯示還有其他系統遠比梯度不容易受誤差所影響。在開始時，你不需要將動物分解成像素——動物已經是僅用圖元細胞（pic-cells）那樣建造起來的。細胞透過化學方法與相鄰細胞溝通，經由鄰接的薄膜傳送或接收分子。對於執行指令的規則型系統來說，這種結構是很理想的。

以下舉個例子。為了簡化起見，假設我們有一排灰色細胞，而且還可以把這些細胞轉成另外兩種狀態，例如黑色和白色。（我之所以使用灰色，只是要區別出還沒被化學訊息系統打開的細胞。）對於這些細胞，我們只用一個規則來規範：如果在你左手邊的細胞是白色的，你就變成黑色的，反之亦然。

現在，我們先把最左邊的細胞轉成黑色，然後看看會發生什麼狀況（圖六五，上半）。很明顯，不是嗎？不只這樣：此系統極為穩固。個別的細胞可以變化大小、形狀或隨便什麼特徵，但是只要細胞之間的相對位置保持不變，我們就會得到相同的模式，所以建構生物體時發生的小錯誤，不會對模式產生太過嚴重的影響。換句話說，離散的開關規則，會比連續的梯度產生更可信賴的結果。

另外還有：假設指令影響的不只是顏色，也影響了大小和形狀——例如把「黑色」換成「保持原來尺寸」，而「白色」改為「縮小」，那麼我們就會得到結構性的組織，就像圖六五下半部所示。同樣的，這些規則所產生的模式不太會受小錯誤所影響。

我們不必用太多想像，就可以瞭解這種生物體建構系統的可能性。真正的細胞很容易就採用這種系統，將化學訊息穿過彼此間的薄膜傳遞到每個細胞。另外，這個生長出生物模式及形態的方法，只需利用一些簡單的規則，而不需要全數知道所有的梯度。這種方法看起來是有機的。這樣的觀察使我產生了對於梯度法的最後一項擔心：沒有效率。不只是「蒙娜麗莎」型的模式需要極大量的資訊來決定，還包括任何一種需要像「蒙娜麗莎」同樣數目的像素的模式。

人類體內的細胞數目，比人類基因組中的鹼基數目，多了好幾個數量級，所以指令書不可能顧及地圖上的每個地點。大量減少資訊需求的最好方法，不是去尋找更高明的方法來為資料檔加注密碼，而是用可以產生資料的簡單規則，來替

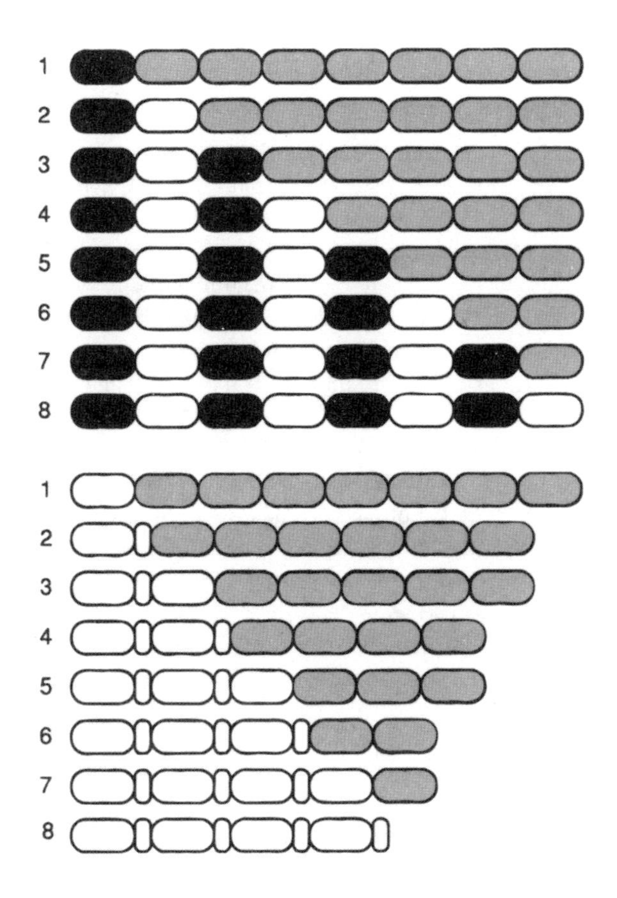

圖六五　在可變的格狀自動機中產生條紋模式（上），以及大小細胞相間的模式（下）。

代那些資料檔。

這種構想進一步產生了下面這個預測：自然界中最常觀察到的模式和形態，將是那些可由最簡單的細胞規則程序所產生的模式和形態。當中最簡單的模式，可能要算是均勻的區域，再來就是條紋的形態，而後是斑點的形態……再接下來我就無法憑感覺來猜出是什麼了。如果不知道這些規則的語言，就不會有太好的方法來做判斷。

不過，這種系統的長處在於不會製造出所有可能的模式——至少不是每一個的機會都一樣。此外，這些規則使用細胞系統中原有的自然模式，利用已有的東西：那正是這些規則之所以簡潔的原因所在。

DNA與動力學同等重要

早期有關生長的數學方程式，與真實的生物學相差太多，而無法提供正確的模型，但目前過於重視DNA，又是另一極端：DNA解釋了蛋白質的製造，但並未適當解釋蛋白質如何組合成生物體，或解釋為什麼大自然會如此經常選用數學模式。如果要瞭解這兩種方法的差異，瞭解兩者如何與事實不符，不妨設想以下這個畫面：你開著一部車（相當於一個生長中的生物體），經過一個風景區（代表生物體所有可能具有的形態：山谷代表一般的形態，而山峰則代表非常不可能的形態）。

在像圖靈模型這類的模型中，當你一開車，車子就必須按地形地貌的路去走，所以，如果自然的動力學是繼續直直地朝最近的山谷走去，你就不能突然決定改變方向，朝上坡的方向。

相反的，目前對於DNA所扮演的角色，是把生長過程當做一系列無厘頭的指令，譬如：「向左轉，然後直行一百公尺，再右轉；停車十秒鐘；倒車五公尺；左轉……」倘若指令正確，任何一種目的地都可能，但是沒有哪個特定的目的地是特別優先的。

不過，實際狀況一定會結合遺傳開關指令和自由運作的動力學。如果車子經過一個固定的地形地貌，並遵循一連串無厘頭的指令來行駛，那麼這部車子很可能掉進湖裡或翻落山崖，幾乎沒機會到達山頂。另一方面，駕駛車子的司機要有更多自由來選擇他的目的地，而不是讓車子在沒有任何控制的情形下自由行駛。

同樣的，生物體無法隨便變成任何形態：生物體的形態學除了受到DNA指令的限制，還受生物體的動力學（物理定律和化學定律）所限定。不過，DNA指令可以在幾個符合動力定律的發育過程中隨意選擇。

新的數學模型終於開始把發育的這兩個方面放在一起，單靠DNA，並不能控制發育——單靠動力學也不行；發育既需要DNA，也需要動力學，兩者必須相互為用，就像一片美麗的風景，會依據交通路線來改變形貌一樣。

【注釋】

1. 欲快速瀏覽貝殼模式的多姿多采，可看R. Tucker Abbott, *Seashells of the World* , Golden Press, New York (1985)。
2. 詳見Hans Meinhardt, *The Algorithmic Beauty of Sea Shells* , Springer-Verlag, Berlin (1995)。
3. 詳見D. M. Raup, “Computer as aid in describing form of gastropod shells,” *Science* 138 (1962), 150-152; C. Illert, “Formulation and solution of the classical seashell problem,” *Il Nuovo Cimento* 11 D (1989), 761-780。
4. 詳見A. M. Turing, “ The chemical basis of morphogenesis,” *Philosophical Transactions of the Royal Society of London* , series B 237 (1952), 37-72。

5. 詳見J. D. Murray, *Mathematical Biology*, Spring-Verlag, New York (1989), p. 444。
6. 詳見Lewis Wolpert, " The shape of things to come,"《新科學人》(*New Scientist*) (June 27,1992), 38-42。
7. 詳見J. D. Murray, *Mathematical Biology*, Spring-Verlag, New York (1989), p. 448。
8. 欲參閱通俗的解說，可看Brian Goodwin, *How the Leopard Changed Its Spots* , Weidenfeld and Nicolson, London (1994)。技術性的文獻包括B. C. Goodwin and L. E. H. Trainor, " Tip and whorl morphogenesis in Acetabularia by calcium regulated strain fields," *Journal of Theoretical Biology* 117 (1985), 79-106; C. Briére and B. C. Goodwin, " Effects of calcium input/output on the stability of a system for calcium-regulated viscoelastic strain fields," *Journal of Mathematical Biology* 28 (1990), 585-593;M. A. J. Chaplain and B. D. Sleeman, " An application of membrane theory to tip morphogenesis in Acetahularia," *Journal of Theoretical Biology* 146 (1990), 177-200; Brian C. Goodwin and Stuart A. Kauffman, " Spatial harmonics and pattern specification in early Drosophila development: Part I. Bifurcation sequences and gene expression," *Journal of Theoretical Biology* 144 (1990), 303-319; Axel Hunding, Stuart A. Kauffman, and Brian C. Goodwin, " Drosophila segmentation Supercomputer simulation of prepattern hierarchy," *Journal of Theoretical Biology* 145 (1990), 369-384; B. C. Goodwin and C. Briére, " A mathematical model of cytoskeletal dynamics and morphogenesis in Acetabularia," in *The Cytoskleton of the Algae* (edited by Diedrik Menzel), CRC Press, Boca Raton, Fla. (1992), 219-237。
9. 很諷刺的，化學家現在已經開始在膠體中設法創造靜態的圖靈模式。可參考V. Castets, E. Dulos, J. Boisonnade, and P. de Kepper, *Physics Review Letters* 64 (1990), 2953-2956; Q. Ouyang and Harry L.

Swinney, "Transition from a uniform state to hexagonal and striped Turing patterns," *Nature* 352 (1991), 610-612。

10. 詳見Shigeru Kondo and Rihito Asai, "A reaction-diffusion wave on the skin of the marine angelfish Pomacanthus," *Nature* 376 (1995), 765-768; Hans Meinhardt, "Dynamics of stripe formation," *Nature* 376 (1995), 722-723。

11. 詳見Lewis Wolpert, *The Triumph of the Embryo*, Oxford University Press, Oxford, England (1991)。

12. 一般都知道，斑馬胚胎上出現初始條紋的時間的小變化，會在成馬條紋模式上產生很大的變化；事實上，擁有不同條紋模式的不同種斑馬，可以往回追溯至胚胎時期的結構——但會有幾個發育時數的間隔。參考B. L. Bard, "A unity underlying the different zebra striping patterns," Journal of the Zoological Society of London 183 (1977), 527-539; J.D. Murray, *Mathematical Biology*, Springer-Verlag, New York (1989), p. 442。

13. 譯注：波洛克（Jackson Pollock, 1912-1956），常拿油漆、沙子等材料作抽象畫。

14. 詳見Pankaj Agarwal, "The cell programming language," *Artificial Life* 2 (1995), 37-77。

第8章

孔雀的偏好——對稱美學

札哈維認為，就是這個為雄性帶來不利條件的大尾巴，促使雌性挑中牠。只有那些帶有良好基因的雄性，才能夠度過這個不得不拖著累贅尾巴四處走動的不利條件而繼續生存。

孔雀和蜂鳥珠寶般的耀眼，以及琴鳥和眼斑雉不那麼耀眼的燦爛奪目，一方面歸因於毫無可疑的虛榮，另一方面則是性和放蕩。

——湯普生，《論生長與形態》，第十六章

說到炫耀，很少有其他生物比得上昂首闊步的雄孔雀——牠有很多可以自豪的，不是嗎？頭上彷彿戴著皇冠、帶著珍珠光澤的美麗藍色羽身……還有，尤其是華麗的尾巴，展開時有如巨扇，綠的、俗麗的、醒眼的圓點如珠寶似的裝扮，很令人印象深刻。

雌孔雀也同樣印象深刻。然而，雄孔雀卻是一種愚蠢的鳥，牠為什麼要浪費這麼多力氣，拖著那可笑又過大的尾巴四處展現？這個樣子的尾巴對飛行毫無幫助，事實上，反而更增加了飛行的困難。但是，可憐的雄孔雀不得不拖著那美麗卻不靈活的尾巴到處走。為什麼？因為可以讓雌孔雀印象深刻。

如果你是隻雄孔雀，你必須吸引雌孔雀，才能交配，將你的基因傳給後代。正如達爾文所認為的，雄孔雀尾巴所展現的愚蠢的華麗，只是性擇（sexual selection）的一個例子。用一般的方法來解釋就是：如果絕大多數的雌性，恰好帶有一種基因，能夠使牠們比較喜歡與帶有某種特定特徵的雄性交配，那麼缺少這種特徵的雄性就比較不易求得配偶，很快的，這種雌性基因的微小不平衡，會驅使雄性群體長出超量的羽毛或表現出額外的行為。

為了完成反饋作用的循環，那些剛好不喜愛雄性身上那種特殊修飾的雌性，會覺得愈來愈難找到沒有美麗尾巴的雄性，因此雌性也變得愈來愈著迷於任何一種恰巧在性擇過程一開始就引進的偶發特徵。

不過據研究顯示，雌性的偏好並不是全憑運氣，而是一段綜合了感覺、對稱和性的奇特故事。「感覺」之所以會牽涉進來，是因為讓雌性選擇配偶的，正是雌性對雄性的知覺（perception）。「對稱」也有關係，是因為唯有在「感覺」要從外界挑選真正的模式時，「感覺」才能有效運作，而這個外界，就是以物理學為基礎，而物理學的定律是極度對稱的。「性」所扮演的角色更是顯而易見。

這也是個「突現」的例子，突現（emergence）一詞是哲學家用來說明「全部比各部分的總合還要大」的現象。更確切一點的說，當一個由很多個別元素組成的系統，以任何一種方式，表現出一種看似不像由個體所建構起來的共同行為，就是發生了「突現」現象。例如，人類的腦是由無數個神經細胞所組成，但單獨一個神經細胞，就好像連一丁點智慧都沒有；其實，我們的智慧是由那幾十億個神經細胞的交互作用中「突現」出來的，你如果一次看一個細胞，是看不出來的。

複雜動物的感覺大部分是突現的，雌性動物的性偏好（有時候）也是如此。是什麼定律在規範感覺的形式和功能？這些定律是遺傳學的、數學的，還是兩者的結合？

霍奇金—赫胥黎方程式

感覺系統通常很有數學結構。為什麼呢？感覺必須迅速又確實地處理外來數據，才能從外界吸取資訊。為了達到這個目的，感覺必須設計建造得相當仔細，必須遵奉外界的重要模式。例如，由於外面的物體可以到處移動，所以如果某種視覺能在不同的距離及方向辨認出相同的物體，那麼這種視覺就可以發揮十分有效的功能。這種必要條件對於腦如何處理視覺信號，提供了很重要的暗示。

感覺器官的設計當中要含有相當多的數學規則性，這個感覺器官才會作用得

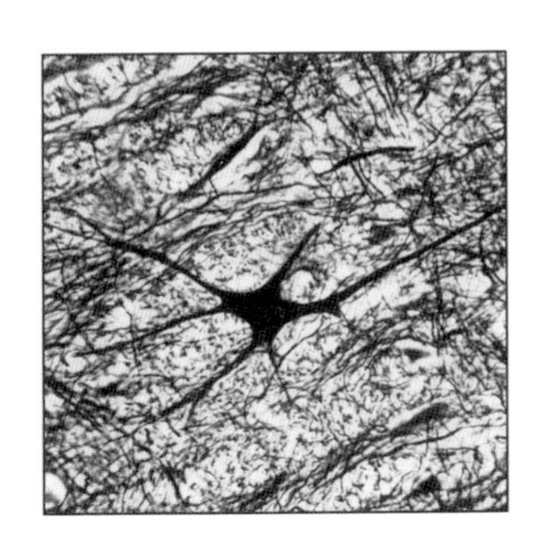

圖六六　腦的神經細胞網路。

很好，但另一方面，由於這些器官是演化的產物，所以我們不應預期其中的數學模式會是完美的，或是完全沒有例外。

我們都知道，腦和感覺知覺的共同元素是神經細胞，我們也知道，腦是由很多神經細胞接在一起，包含在一個巨大的網狀結構中——雖然還有其他成分，但是神經細胞最為重要（圖六六）。神經也負責把感覺器官連接到腦中，傳送外來的感覺訊息，而腦就把這些訊息處理成知覺。比較少人知道神經細胞也可以反過來執行，由腦傳遞到感覺器官，這樣一來，腦就可以微調它的感覺，來挑出它認為是最重要的感覺。知覺是雙向的。

神經細胞是細長的纖維，可以攜帶電訊。這些纖維有點像電話線，這樣的譬喻雖然方便，但是生物傳送的電訊，與非生物傳送的訊號畢竟不一樣——這個結果是由霍奇金和赫胥黎[1]兩人，在一九四七年研究烏賊神經細胞時發現的。他們的研究成果為他們贏得了諾貝爾獎，也是早期生物數學的成就；他們為神經脈衝的傳送寫出方程式，如今稱為「霍奇金—赫胥黎方程式」。

他們發現，神經細胞傳送訊息的方式，跟火花傳過保險絲一樣，訊號牽涉到的不是自由電子，而是離子——帶有一個額外電子或失去一個電子的原子，故有正電荷或負電荷。離子不會沿著神經傳送，但是會穿過細胞膜。沿著神經的某個位置上的電活性，會引發下一段的活性，有如燒掉一段保險絲會引發相鄰段的燃燒；這也就是說，唯一在移動的，就是活性的位置。

單獨的神經細胞可以傳送訊號，也可以對所接收的訊號做出反應，但是（就我們所知）無法有太大的作為。有效的感覺系統，特別是腦，必須能夠進行一些可操縱電訊號的程序，就某種意義而言，也就是說，這些系統要能夠做某種程度的運算——雖然不一定要像電腦那樣。感覺系統會從串接成網路並形成相當於電路的複雜生物系統中，獲得不少運算能力。完成運算究竟有多困難？演化在這裡又做了些什麼？

霍普菲德的神經網路

一九八二年，霍普菲德（John Hopfield，加州理工學院數位理論家）建立了一種神經細胞網路的簡單數學模型，稱為「神經網路」（neural net），接著他證明出，只要我們把很多簡單的神經單元串接在一起，這些神經細胞就會擁有運算能力[2]。你可以為某些特別目的設計不同的網路，就像工程師為音響和電腦設計電路一樣；可是，更出乎意料的是，你也可以只是把神經元（neuron，也就是神經細胞）隨機組合在一起，即使沒經過設計，這樣的網路仍然可以進行有意義的運算——但一直要等真正建構出這個網路，你才會發現它做的是哪種運算。

霍普菲德稱這種現象為「突現運算」（emergent computation），意思就是，那些帶有粗略運算能力的網狀系統，可以經由一般的物理作用自動產生，接著演化就會選擇任何一個能夠執行較複雜運算（也就是可以增進生物體生存能力的運算）的網狀系統，這便催生出某些更為高度發展的運算能力。在這過程中間腦就這麼產生了，所以依照霍普菲德的觀點，腦的基礎原理是神經網路的一般數學運算所自動產生的結果。

霍普菲德的模型，是將神經元當做可以被活化（打開）或停息（關閉）的單元。模型中的神經元是透過這兩種狀態之間的轉換，並根據輸入訊號的強弱，來對輸入訊號做出反應。網路可以從經驗中學習，藉由神經生理學家海伯（Donald Hebb）於一九四九年所提出的規則，來調整連結的強度；此規則是這樣的：「一起活化的細胞，會一起成長。」也就是說：細胞同時被活化時，細胞之間的連結會增強；如果不是同時被活化，之間的連結就會減弱。

細胞之間的連結可以分為兩類：一是興奮態，一是抑制態。神經元所接受的興奮訊號如果超過某個選定的限值時，就會被活化，但不管是哪一種輸入訊號，只要一有抑制訊號進來，就會使該神經元關閉起來。如果你把很多神經元連接在一起，這些神經元就可以執行更複雜的功能，當其中一個神經元被活化（打開）之後，它會傳輸訊號給其他神經元，而接收到訊號的神經元，也會跟著開啟，最後整個網路就會呈現出一種包含一連串活化與停息的模式。電腦就是這樣運作，使用一些稱為「邏輯閘」（logic gate）的微小電子開關。原則上，神經網路可以做電腦能夠做的任何事。

解釋霍普菲德神經網路行為的最好方法，是利用幾何來描述它的狀態。假想網路上的每一個神經元，都代表一個一維空間（網路的相空間）。相空間上的單一點，代表網路上所有神經元的活化狀態，而該點的每個座標，則代表所對應的某個神經元的狀態。舉例來說，假設相空間裡的點的座標為（1, 0, 1, 1,……），那麼這就是說一號神經元是開啟的，二號神經元是關閉的，三號神經元開啟，四號神經元開啟，依此類推。

因此，連結的強度，決定了相空間上方的數學景觀，而景觀容貌的高度，則告訴我們網路必須做多少運算，才能得到正確的答案。在山谷深處，答案很快就可獲得，但在山峰頂上，運算就要進行很久很久，所以整個過程的目標，就是要避開山峰而走向山谷。霍普菲德為他的神經網路所設定的規則，是要使網路的行為如同球在地貌上滾動似的：它的動作就是在離開山峰，然後停置在山谷中。正如滾動的球無法避免地會停滯在山谷中一樣，網路終究也會在它的運算問題中獲得答案。

後來，霍普菲德和譚克（David Tank）[3]又繼續延伸這種觀念，使神經元不只能開／關，更能擁有一種狀態的連續體，結果，這些網路擁有那些離散開／關網路的所有運算能力——另外還多了一項好處，這些網路也因而可以更為迅速地解決更複雜的問題。

總而言之，自然界應用了物理定律當中普遍的數學模式的演化途徑，來產生像腦這樣複雜的器官——有著極為高度發展的能力來處理輸入訊號，把訊號儲存在記憶體內，查詢這些訊號，把不同的記憶互相關聯起來，控制移動運動……啟動演化的最初成分，是大型（生物性或數學性的）網路自發而突現的特徵。

霍普菲德在大型的隨機網路中觀察到的運算能力，並不是建構在個別的神經元上；個別神經元只是許許多多的開關，而運算能力是從神經元互相連結的方式中突現出來。我們幾乎無法預測任何一種特定神經網路所呈現的行為，這就是突現的明證。我們唯一能做的就是去執行，然後靜待結果——這也意謂著現在完全沒有明確的方法，可以從一個線路圖當中推導出群體的行為。所以，神經網路的普遍數學特徵，為演化的起步提供了一套運算元件，只要一有了立足點，演化馬上就可以完全接手。

描繪腦的線路圖

當然，以上並沒有確切告訴我們腦是如何演化的，這部分是另一個更困難、而且相當有趣的問題。此外，上面這些也沒有提供我們任何線索，說明腦的網路的實際運作情形。腦容納了大約一百億個神經元，平均每一個都與其他一萬個串接起來，所以要想描繪出整個線路圖，是不大可能的，實際上，即使要探查其中一小部分，也是極為困難，因此研究人員只好仰賴比較簡單的器官。

艾希禮和格頗林[4]選擇研究花園裡常見的灰斑蛞蝓（*Limax maximus*）。這種蛞蝓喜歡的食物是胡蘿蔔，不喜歡奎寧，但是他們發現他們也可以製造出不喜歡胡蘿蔔的蛞蝓，只要讓胡蘿蔔含有奎寧的氣味就行了。還有，一旦蛞蝓學會了不喜歡吃胡蘿蔔（因為胡蘿蔔總是伴隨著奎寧），蛞蝓就會避開任何與胡蘿蔔在一起的食物。所以在某方面而言，蛞蝓學會不只是因為奎寧而對胡蘿蔔反感，而且也會避開那些讓牠們的神經系統聯想到奎寧的東西。

艾希禮和格頗林也研究出了蛞蝓用來執行這些運算的神經網路的一般性質，並以一種類似霍普菲德神經網路的網路來進行模擬（圖六七）。網路模型忠實地掌

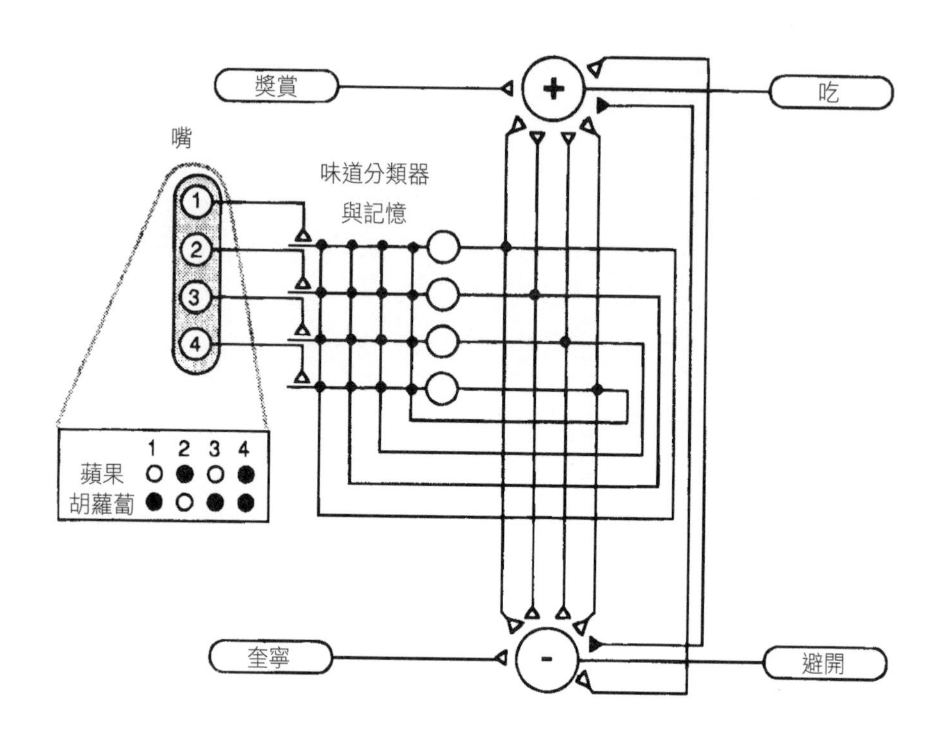

圖六七　蛞蝓學習的神經網路模型。

握到了蛞蝓表現出來的這種學習過程，所以儘管霍普菲德的網路是描述實際神經運算的大幅簡化的模型，但仍然能夠在許多重要方面，表現得像真實物體的行為。

更複雜的器官會有更複雜的感覺——聽覺、視覺、嗅覺、味覺、觸覺、對溫度的感覺……，甚至方向感。這類感覺的神經網路或許是從隨機的小線路開始，但是當經過演化之後，所發生的改變一定受到了外界強大限制的影響。例如，如果被獵食者的視覺系統，只能在獵食者靠近時才察覺到危險，那麼這個系統就沒有提升被獵食者的存活機率。所以，視覺一定要體認到，所看到的遠處獵食者的小影像，就如同近處獵食者的大影像一樣，代表的是同樣的外來物體。

感覺，在腦中產生了神經活動的內部模式，為了成為有用的訊息，那些模式必須以某種方式來回應外界的重要模式，因此，用於感覺知覺的神經網路，一定要予以組織化，使其能夠反映外界的深奧模式。

從最深層的意義來看，宇宙的基礎是對稱。我們在前面已經談過，對稱支配了自然界的四種力量，支配了量子力學，控制著空間、時間、物質和輻射的本質，以及我們的宇宙的形態、起源和命運。人類的腦和感覺器官，在這奇妙的對稱宇宙裡一起演化。為了要在這充滿敵意的世界裡生存，我們必須演化出有能力來利用我們的腦，來探知周圍發生了什麼事，並且預知下一步會發生什麼事。所以，我們只有期盼，宇宙的對稱應該已經刻印在我們的感覺器官裡。

我希望讓各位相信，人類視網膜中的感覺細胞的排列、大腦視覺皮層的結構，以及甚至因藥物或缺氧而產生的幻覺，統統都是由對稱來決定的。不過，我們的感覺器官並不是在盲目複製自然界裡的對稱，相反的，這些器官在受到諸多限制（因為本身由許多離散單元，也就是生物細胞所組成，而產生的限制）的情況下，仍然盡力而為。

我們稍後就會瞭解，這些限制進一步導致存在於自然界的連續對稱性，與人類感覺的離散的近乎對稱性，這兩者之間非常有趣的相互作用，而這個相互作用，可以為感覺器官的一些奇特特徵提供數學上的解釋。

例如，視網膜的視桿細胞和視錐細胞並不都全然一樣，靠近視網膜中心的視桿細胞和視錐細胞體積很小，且呈緊密疊排，而那些距離中心愈遠的就愈大，分布得也愈稀疏。這也許是眼睛發育過程中的偶發事件，但是當我們仔細研究之後，似乎有它發生的理由：視覺系統會因此而更容易認識到，在不同距離下看到的是同一個物體。

視覺系統與近乎對稱

外界與眼睛構造之間的共通聯繫就是對稱性——在這裡是指伸縮對稱，當物體移近或遠離時，這種對稱可以使視覺所產生的物體放大或縮小。

我們很快地複習一下跟「對稱」有關的數學。所謂的「對稱」，就是指物體在經過變換（transformation）之後還是保持不變。「變換」有下列幾種：反射、旋轉、平移和伸縮（dilation，比例的改變）。伸縮是一種「連續」的對稱，意思就是可以對一物體做任何比例的放大或縮小。對旋轉和平移也是一樣，但反射就不是如此。

不過，我們的視覺感官是由離散的細胞所組成，所以不可能有連續的對稱性——在任何一種對稱變換下，那些不連續的單元一定要經由某個距離外或有某角度的東西來開或關，而非所有的距離和角度都可以。因此，自然界被迫只去求一個近似。我們的視覺系統是一種折衷，以「近乎對稱」來替代對稱——這麼一來，變換就不是在使所有的感覺細胞保持準確的位置，而是使經過變換後的位置，整體而言一直接近某個細胞原先的位置——可能是不同的細胞，但不論如何還是一個細胞。

這種近乎對稱的觀念可以應用到視網膜。較小的細胞緊密聚集在靠近視網膜中心的地方，離中心愈遠的細胞愈大，這種結構在經過旋轉和伸縮變換之後，是近乎對稱的；事實上，對離散的細胞而言，這是很接近完美的對稱。這種結構使我們的腦更容易處理由眼睛輸入的訊號，以及體認到一個物體不管在哪個方向都是同一個，或是認識到在近處的大東西，與在遠處的小物體是同一件東西。

對於外界的平移對稱，處理的方式則有所不同。腦使眼睛指向物體，把物體帶近到視網膜的中心，這樣可以把物體看得最清楚。當我們的眼睛跟隨著一個移動的物體，我們是在平移我們的視覺來配合物體的平移。為了這個理由，視網膜上的細胞排列就不需要平移對稱，這真是太幸運了，因為沒有哪個離散細胞的排列方式可以相當近似所有這三種對稱（不包括反射對稱）。

對稱扮演了關鍵角色

一九九五年前後，由數學家梅森（Peter Mason）和電腦科學家克里賓達爾（Simon Clippingdale）及威爾遜（Roland Wilson）[5]所做的研究顯示，人工神經網

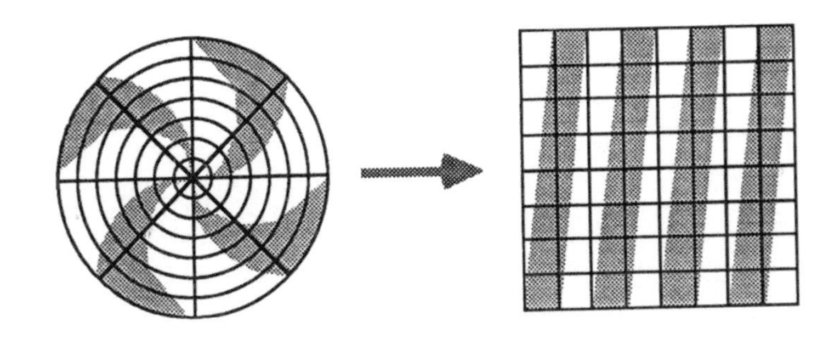

圖六八　複數對數把視網膜的影像變換成視覺皮層的活動模式。

路可以經由訓練，來學習如何形成近乎對稱的結構，而方法就是使這個神經網路隨機暴露在外界的對稱中（視希望接近何種對稱而選定要暴露在哪種對稱中），然後依照其反應來修正它的形態。此外也有證據證明，視網膜中的細胞的定位，會在個別的發育過程中調整——也許會透過一個相似的訓練過程。

視覺皮層[6]雖也有對稱性，但這些對稱與視網膜所具有的對稱頗不相同。視覺皮層中的對稱主要為平移，因此我們的視覺必須將視網膜「蓋射」到皮層，而這個過程，是經由一種稱為「複數對數」（complex logarithm）的數學變換來達成（圖六八）。這種變換會將視網膜上的圓圈和螺線，變換成皮層上各種方向的直線。

螺線是幻覺的一種很普遍的類型，幻覺中所見到的模式如果經由這種對數映射的變換，就會變成平行線的系統，最先注意到這種現象的是柯文（Jack Cowan）[7]（圖六九）。這樣的觀察結果，可以馬上告訴我們幻覺的來源是什麼：電活動的平行波穿過皮層，就好像海浪滾向沙灘一樣，而我們的視覺會誤解這些波，把它們當成傳送到視網膜的螺線訊號。所以我們的腦是在製造平面波，但是我們以為看到的是螺線。真實性直接影響了我們的腦，而不是間接經由我們的感覺，我們所看到的，與真實的有差異，才造成了我們所見到的。

這麼一來，對稱在感覺知覺當中扮演了關鍵角色，因為負責處理感覺訊息的神經網路必須要能夠選取外界的重要模式——譬如空間的幾何學。至於雌性的「性偏好」，有對稱的角色在其中就不足為奇了。

我們早先提過，達爾文認為有性生殖開啟了新的演化現象：性擇。偶發的雌性偏好，可以在雄性（以及雌性）的群體中變得十分確立，正如同這樣的偏好對雄孔雀尾巴所造成的影響。達爾文沒有解釋為什麼會出現這種偏好，但是在

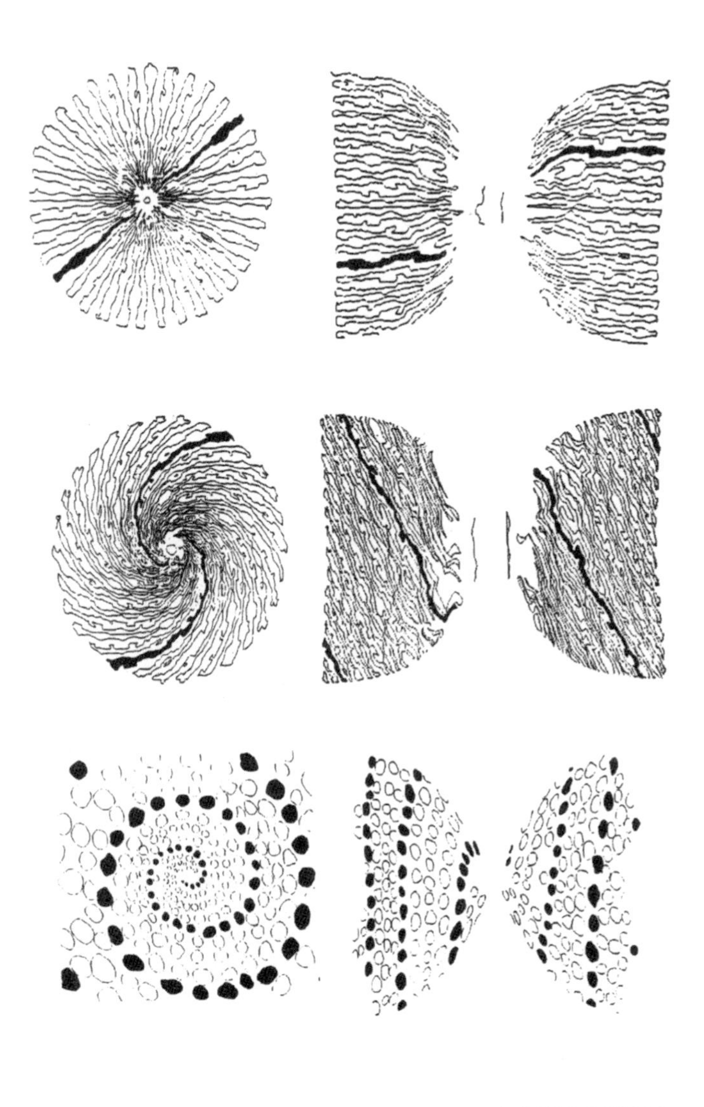

圖六九　常見的幻覺及其在視覺皮層的變換，在此顯示成平面波。

一九三〇年，費雪指出這可能是某種無法控制的反饋迴路的結果。

大尾巴是有利條件？

促使此一過程實際發生的要素，就是雌性的知覺和對雄性的抉擇之間的關聯。雄性華麗尾巴的基因和雌性偏好華麗尾巴的基因會不斷互相強化，只有在這過程本身因為某種更能影響生殖成就的狀況出現時，整個過程才會停止。這個最初偶然發生的些微偏好，啟動了反饋，而整個情節發展原本也有可能完全不一樣——譬如說反而是導致一種對於小尾巴、捲曲的喙或大腳等特徵的偏好。天堂鳥和園亭裡的鳥（擁有迷人誘惑但無用的東西來吸引雌性）一樣，都只是展現了這類反饋的結果可以是這麼的多變。

不過，對雄孔雀而言，最後的結果可能不是那麼隨意。又短又愚鈍的尾巴也一樣可以成為雌孔雀的必要之物？札哈維[8]不這麼認為，他認為就是這個為雄性帶來不利條件的大尾巴，會促使雌性挑中牠。只有那些帶有良好基因的雄性，才能夠度過這個不得不拖著累贅尾巴四處走動的不利條件，而繼續生存下去。所以，與這種雄性交配的雌性就能將這種優良的基因傳給後代——而沒有這種條件的雄性就無法傳承下去，牠的後代也因而居於不利的地位。小尾巴從未正式登場，這是因為任何一種鳥類，不管有沒有好的基因，都可以操控小的尾巴。

然而，札哈維的主張幾乎引不起共鳴，一直要到像是格拉芬（Alan Grafen）等數學家，為該系統建立了模型，並發現所建立的模型是可行的（假設這種不利條件真的是象徵著良好的基因），情況才改觀；倘若這不利條件並不表示雄性一定帶有優良的基因，而只是一時的欺騙，那麼這個學說終將失靈。

生物為何偏愛對稱？

最常見的一種雌性偏好，碰巧就是對於對稱性的偏好。有很多實驗和觀察結果支持下面這種想法：雌性常常會挑選有對稱的雄性。

例如，莫勒（Anders Møller）於一九九二年試著測試「雌燕子喜歡長尾巴的伴侶」的說法。他發現確實如此，但出乎意料的是，他也發現到雌燕子也會偏好有對稱尾巴的伴侶。更令人意想不到的是，嵩希爾（Randy Thornhill）發現雌性日本蠍蛉（scorpionfly）偏好具有對稱身體的雄性氣味，而不偏好不具有對稱身體的雄性氣味——即使牠們看不到雄性。（良好的氣味會伴隨著良好的基因？我仍然在思解這個疑惑。）

蜜蜂似乎偏好偶數花瓣的對稱花朵，而在人類身上，有證據顯示對稱與美麗是互有關聯的，不管是男是女，都會挑選漂亮的伴侶。我們所想像的理想人類面孔是完美的對稱，雖然大多數人的臉孔都有一點偏向某一方。更有一些研究指出，人類的女性在與臉孔更為對稱的伴侶進行性行為時，會經歷更強烈的性高潮[9]。

對稱為什麼會是這麼常見的偏好？這種特別的偏好可不可能「不是」偶發的？對稱是很多生物發育時的顯著特色之一。大多數的動物都是對稱的，通常是左右對稱。在發育初期，這種對稱之所以會發生，是因為發育機制的本身就是對稱的，但當胚胎成長時，生物體內與對稱有關的各部分，會變得愈來愈難保持在相互對稱的關係上。

然而還是有很好的理由，使發育成熟的生物體仍然保有對稱性——如果馬的腳一邊高一邊低，就不可能跑得順暢，而鳥的翅膀如果一邊長一邊短，就不良於飛行。所以，基因可能含有很多指令，可以確保胚胎成長期間的發育過程仍能保持對稱。因此，對稱可能是一種有效的測試，可以判定遺傳系統是否正常運作。當然，帶著有缺陷的遺傳機制的動物，會傾向於顯出不對稱的特徵，例如傾向一邊的尾巴。

因此，演化將使雌性偏好對稱的雄性，因為這是一個讓你的後代有更好的機會遺傳到那些好基因的簡單方法。此處或許過於強調遺傳性，所以我要提出一個進一步的觀察：要使一隻成熟動物非常不對稱，最常見的方法不是要讓牠帶有不好的遺傳（因為這樣會使牠不容易存活到成熟期），而是使牠受傷。任何種類的雄性和雌性合作養育小孩時，受傷的一方就無法增進下一代的生存機會。

對稱美學的新闡釋

上面的故事說得雖美，不過，有一些很新的發現認為，性擇可能不是偏好對稱背後的主要因素。那麼還有什麼？是知覺。

一九九四年，恩奎斯特（Magnus Enquist）和阿拉克（Anthony Arak）[10]證明之所以會選擇對稱的伴侶，可能是因為一種神經細胞網路裡的副作用，而腦就是用這種副作用來知覺。這種網路會學習對特定的刺激做出反應，而對其他的則不做任何反應。

現在假設有個網路要學會辨認尾巴。你必須先能夠辨認，然後才能夠演化出對某種尾巴有所偏愛，對吧？所以在一般的演化時程上，知覺網路會受到不同的刺激，有一些像尾巴，有一些則否。再假設有一種尾巴讓自己從不同的角度出現在眼前，而角度與宇宙的物理對稱性有關：如果尾巴偏向一邊，那麼辨認系統接收到的，可能就是向左偏及向右偏這兩種尾巴，因此這個系統將學會對偏向一邊的尾巴（不管是哪一邊）做出強烈的反應。

現在，如果這個系統的面前出現了對稱的尾巴（與向左偏或向右偏的尾巴都很相像），各位不妨想想接下來會發生什麼事。結果會是：由於神經網路對刺激的反應方式，所以當一些同時與兩種刺激相像的刺激進來時，網路會反應得更強烈。恩奎斯特和阿拉克設計了許多電腦的實驗，來證明這個論點，幾乎在同時，瓊斯頓（Rufus Johnstone）[11]也進行了類似的實驗，並得到相同的結論。所以，挑選對的伴侶，極可能是這種「想要辨認哪些東西相配」的需求，所產生的一種副產品。

這個理論並不與性擇相衝突；它只是表明，偏好對稱不是一種偶發的方式，而是極不可能避免的。這理論也把人類對於對稱或近乎對稱的美學偏好，做了新的闡釋。這也許是能夠在對稱的宇宙中發揮功能的腦必須演化出來的一種普遍而必然的結果，如果是這樣，那麼性和美可能就不會像以前所認為的有直接關聯。即使是阿培洛貝特尼斯三世的無性的電漿旋渦異種人也會偏好有對稱的美學。

假定它們也有美學觀的話。

【注釋】

1. 編注：霍奇金（Alan Hodgkin, 1914-1998），英國生理學家；赫胥黎（Andrew Huxley, 1917-2012），英國生理學家。
2. 詳見 Klaus Mainzer, *Thinking in Complexity* , Springer-Verlag, Berlin (1994)。
3. 詳見 John H. Hopfield and David W. Tank, " Computing with neural circuits: A model, *Science* 233 (1986), 625-633。
4. 艾希禮（Chris Ashley）和格頗林（Alan Gelperin）的研究成果請參閱 Georgina Ferry, " Networks on the brain"（《新科學人》（*New Scientist*）, July 16, 1987, 54-58）一文。另外也可參考 Jules Davidoff and David Concar, " Brain cells made for seeing, "《新科學人》（*New Scientist*）(April 10, 1993), 32-36; Tobias Bonhoeffer and Amiram Grinvald, " Iso-orientation domains in cat visual cortex are arranged in pinwheel-like patterns," *Nature* 353 (1991), 429-431; Steven P. Dear, James A. Simmons, and Jonathan Fritz, " A possible neuronal basis for representation of acoustic scenes in auditory cortex of the big brown

bat," *Nature* 364 (1993), 620-623。

5. 詳見Simon Clippingdale and Roland Wilson, " Self-similar neural networks based on a Kohonen learning rule," reprint, Computer Science Department, University of Warwick, England (1994); Peter Mason, Ph.D. thesis, Mathematics Institute, University of Warwick, England (1996)。
6. 名詞注釋：視覺皮層（visual cortex），指腦中接受及處理從眼睛來的訊號的部位。
7. 詳見J. D. Cowan, " Brain mechanisms underlying visual hallucinations," reprint, Mathematics Department, University of Chicago; " Spontaneous symmetry breaking in large scale nervous activity," *International Journal of Quantum Chemistry* 22 (1982), 1059-1082。
8. 譯注：札哈維（Amotz Zahavi），以色列動物學家，提出「累贅原理」。
9. 詳 見David Concar, " Sex and the symmetrical body,"《新 科 學 人》（*New Scientist*）(April 22, 1995), 40-44; Mark Kirkpatrick and G. Rosenthal, " Symmetry without fear," *Nature* 372 (1994), 134-135; Matt Ridley, " Swallows and scorpionflies find symmetry is beautiful," *Science* 257 (1992), 327-328; R. Thomhill, S. W. Gangstead, and R. Comer, " Human female orgasm and mate fluctuating asymmetry," *Animal Behaviour* 50 (1995), 1601-1615; David Palliser " Symmetry in the human body is sexier and healthier as well as aesthetically pleasing, says scientist," *The Guardian* (August 10, 1996), p. 4。
10. 詳見Magnus Enquist and Anthony Arak, " Symmetry, beauty and evolution," *Nature* 372 (1994), 169-172; Magnus Enquist and Anthony Arak, " The illusion of symmetry?" *The Journal of NIH Research* 7 (July 1995), 54-55。

11. 詳見 Rufus A. Johnstone, " Female preference for symmetrical males as a by-product of selection for mate recognition," *Nature* 372 (1994), 172-175；也可參考 Martin Giurfa, Birgit Eichmann, and Randolf Menzel, "Symmetry perception in an insect," *Nature* 382 (1996), 458-461。

第9章

動物的步調

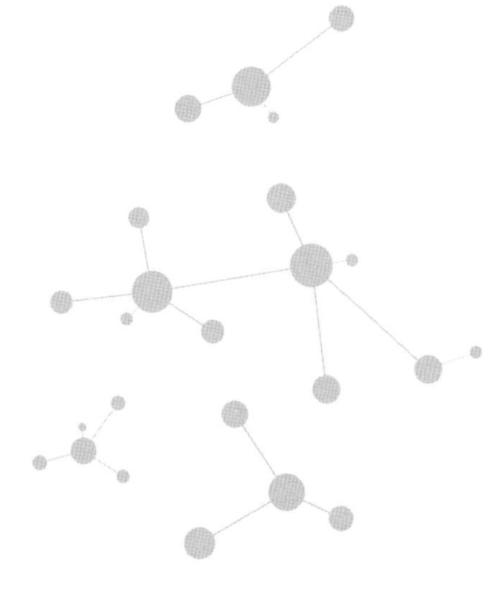

動物的步調與振盪器網路的週期模式，有很驚人的相似性，這暗示了模式是動物生理學或神經線路的自然結果。

所有這些使整個骨骼作用像彈性的發條，可以吸收鳥隻停息下來或自地上飛起的每一振盪。鳥、野獸和人類顯現出的這種彈性，程度各有不同；每一輕快的腳步展現了年輕的喜悅，一旦開始遲緩，就是年老病弱初顯。

——湯普生，《論生長與形態》，第十六章

幾年前，我在英國的一個海邊市鎮參加數學研討會。我們住的地方離會場有段路，那天真是春光明媚，所以我決定走路到會場。這段路程並不遠，而且好大一段是單一的直路——一段很平緩的斜坡，寬廣的人行道兩旁都是樹。鳥在耳邊吟唱，空氣中充滿春的氣息，我頓時感到心曠神怡。

有條狗走在我前面，那是隻黑色拉布拉多獵犬，也是情緒高昂。我用心觀察牠沿著路往前走，似乎毫無牽掛。牠的身體走向一邊，尾巴擺向另一邊，悠閒而帶著韻律地踏步前行。我從不曾想過一隻拉布拉多獵犬的動作會如此富有詩意——這種狗雖然不是世界上最優雅的狗，但卻是名副其實的「像狗」的狗，性格溫馴，始終如一。

路是這麼的直，日子是這麼快樂逍遙，所以這隻狗一直保持著同樣的韻律數分鐘，沒因為環境中的危險狀況而分心，像是地上的坑洞、彎曲、隆起，或任何會刺激腦中更高的控制機制、轉為避免災難所採取行動的情況：牠是動物王國裡自由運用腿來移動的絕佳例子。如果我仔細去觀察，我甚至可以看到牠的腳踏到地上的順序：左後腳、左前腳、右後腳、右前腳，腳步間隔相等，遵循著同樣的模式，一再重複。

這真的是一種模式。看看下面這些字，在你自己心中唸唸看，一邊唸、一邊在桌子上打節奏。後、前、後、前；左、左、右、右。兩個交插的數學序列，充分抓住了狗行走的本質——不只狗，還有牛、馬、大象……事實上是任何會行走的四隻腳動物。

就在我寫這段導言的當中，我想起當時我自己也是悠閒地走在那條長直的路上——而且我是動物王國裡用兩隻腳運動的標準例子，但是我的模式比較簡單：只有左、右而已。動物移動腳的模式〔在專門術語上稱為「步調」（gait）〕，很早以前就激起了動物學家的好奇心。人們想要瞭解動物的步調，有各式各樣的理由，其中一項就是等瞭解之後，可以幫助我們檢查出發生在人工髖關節這類東西上的問題：人工髖關節開始鬆動的跡象之一，就是此人走路的方式發生改變。

另外一個想去瞭解的理由，頗與時代的節奏相符，那就是：動物的運動方式，為有腿機器人的設計者提供了有用參考。有很多地方是人類無法安全抵達的，是有輪子的機器人會卡住的，譬如用來測試武器的軍事目標射程、必須功成身退的廢棄核子反應爐，甚至火星表面。許久以前的地球上的演化找到了大部分的訣竅，使有腳的生物移動得平穩而有效率，而很多機器人工程師，就是從動物的移動獲得線索——畢竟後人沒有理由重複「發明腳」這件事。

步調模式千變萬化

生物體移動時所受的限制是屬於物理學的。如果該生物使用的是肢體，這些肢體必須強壯到可以支撐作用在牠們上面的力量。（我看過不少設計較差的機器人在移動時散掉。）其他形態的移動也一樣，如果是游泳，該動物就要全力對付流體力學的定律。物理定律影響動物的移動是很明顯的，不值得奇怪。顯然，在這個情形當中，數學提供了各式各樣的模式，而被生物學拿來運用。很少不會用到，不管多麼奇特。

物理學的影響還要更深入。單有腿也沒有用，除非你有可以控制腿的神經系統。運動與神經網路是一體的，兩者一定要一起演化，而不是個別的。另外，正如負責感覺的神經網路一定會模擬外在世界的模式，因此負責運動的神經網路，必定會模擬動物身體的機械性模式。

我很懷疑這種共同演化真的有可能或很容易發生，因為下面這個顯著的事實：像肢體這樣的物理系統的自然振盪模式，跟神經網路的振盪模式是一樣的。早在肢體和腦變成完整的生物結構之前，就已經有一種普遍的步調韻律存在了，潛在地將動物的肢體關聯到腦。步調節奏提供了存在於演化相空間中、等待被使用的模式。

這模式的確一直被應用。差不多所有的生物都會移動，甚至連最固定不動的植物也會向光彎曲，最微小的浮游生物也會隨波逐流——但是，獵豹在追逐獵物時，可以跑到每小時一百一十公里，這移動真是快速啊！

生物體的種類這麼多，而移動的方式也是千變萬化。細菌利用會旋轉的微小螺旋槳使自己在水中推進，就像船一樣；像草履蟲（*Paramecium*）這類單細胞生

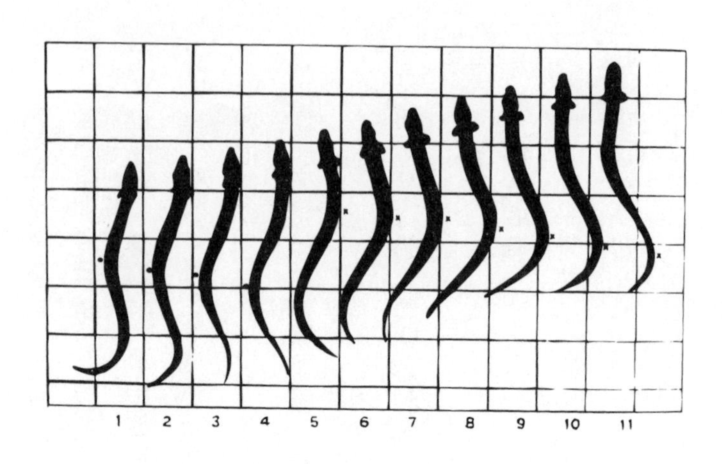

圖七〇　*Centronotus gunnellus*這種鰻魚肌肉收縮的波形。

物，則能藉由揮動鞭毛來選擇運動的方向。

運動的數學模式形形色色，更是令人印象深刻：草履蟲鞭毛的移動有如行進波，就像是玉米田在微風吹拂下產生的浪波；細菌的旋轉螺旋所成幾何圖案之美是無可比擬的；蛇和鰻是靠肌肉收縮做波狀蠕動行進（圖七〇）；響尾蛇在熱燙的沙漠中滾動，像一個捲曲的彈簧；尺蠖走動時是尾巴頂到頭部，整個身子呈∩狀，然後前端再向前行並伸展成一字形。

信天翁滑翔時羽翼僵直不動，偶爾慵懶地鼓翼一下，以有蹼的腳

圖七一　大象的慢步行走。

劃過水面，而後用笨拙卻迷人的方式飛跑而起；大象拖著沉重的腳步，緩慢橫過空曠的熱帶大草原，一次移動一隻腳（圖七一），模式就像那隻在海邊市鎮漫步的拉布拉多獵犬。

駱駝行走的模式又不一樣了：先同時移動兩隻左腿，然後是兩隻右腿〔稱為「溜蹄」（pace）〕，身子左右搖擺有如醉漢一般。松鼠又是另外一種模式：跳一下，停一下，然後再跳一下；如果遇到警訊，就省掉「停」的步驟。*Carparachne aureoflava* 這種車輪蜘蛛會像一個有八個輪輻的輪子般，滾過沙漠[1]。世

界上有一種會跳躍的蛆（較正式的稱呼為*Ceratitis capitata*（地中海果實蠅）的幼蟲），會把自己扭曲成∩形，然後再伸直（圖七二），就像一顆砲彈般跳入空中，形成一個完美的拋物線[2]。

生物移動的數學

生物移動的數學模式多得不勝枚舉，而在過去，遺傳學對於這個領域能告訴我們的似乎是少之又少。真正重要的是移動的力學——若說得更貼切一點，也就是「機電工程」（mechatronics，亦即力學（mechanics）＋電子學（electronics）），這個名詞最先是用在機器人學，用來指人做的機械，但這個術語也抓住了動物移動的本質：神經網路裡用來創造、控制基本韻律的電波活動，而這些基本韻律又結合了肌肉、骨骼和幾丁質（chitin，昆蟲外殼的組成材質），進一步產生實際的運動。

由於本書其餘的部分很有可能都會討論「移動」這個主題，為了讓討論集中，我現在就把重心放在有腳的動物上——不過，沒有腳的八目鰻（lamprey，一種讓自己附著在岩塊上的像鰻魚的生物）也將在本章稍後特別介紹。

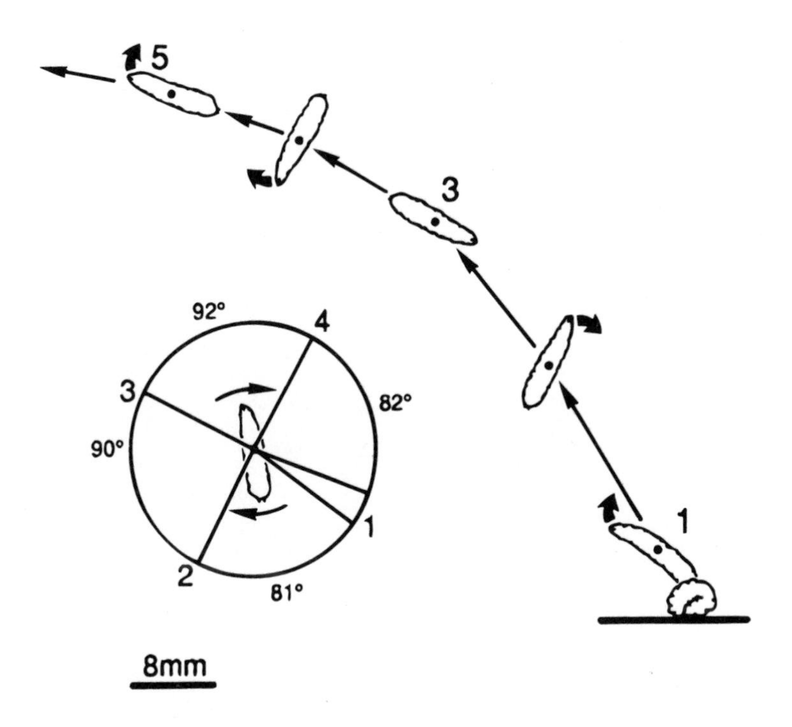

圖七二　會跳躍的蛆。

移動的數學之所以受青睞，是因為大自然使用了許許多多不同的模式[3]；很多動物僅使用一種步調（除了站立、坐，和其他非移動的方式之外），不過也有一些動物可以（也確實）改變步調——就像開車時換檔一樣，這些動物這樣做的原因在於，不同的步調在不同的速度下多少會變得較有效率。譬如馬開始時是用行走（walk），但當這種步調不再有效率時，就換成慢跑（trot），然後在最快的速度時改成飛馳（gallop）。有一些馬也可以奔跑（canter），但不是全部都會；大部分的馬必須經過訓練才能奔跑，就像人類要經過練習才會雙雙跳起華爾滋。

在此要補充說明的是，雖然人類只有兩隻腳，但我們的移動卻有好幾種：我們以普通速度行走，但如果需要快速移動，我們就用跑的；小孩子會蹦蹦跳跳，青少年會發明出他們自己的各式新奇扭動舞步。

移動，就像我前面所說的，需要神經網路和身體各部（諸如四肢、翅膀、肌肉、鰭等等）兩者的交互作用，缺一不可。我們很清楚我們身體肌肉和骨骼的生理機能，但對於控制著移動的神經網路，我們知道的很少，甚至連神經控制線路在哪裡都不知道，儘管在脊椎動物中，有很充足的證據顯示這類線路位於脊柱內，而不是腦。

一般人相信，建立起「自由移動」基本韻律的，是一種被稱為「中央模式產生器」（central pattern generator, CPG）的相當原始的神經網路，但這種說法還未完全證實；此處所謂的自由移動，是指不會受地形變化阻礙的移動，就像那隻走在又長又直的斜坡上的黑獵犬的移動。

問題是，我們至今仍無法剖析複雜的神經系統的特定部分，無法確切瞭解這些部分在做什麼。不過，我們現在可以針對CPG線路長什麼樣子，做一些有足夠根據的猜測。接下來我要告訴你們，這些猜測是什麼，以及引發這些猜測的源頭。數學一直是必需的，當然，實驗生物學也一樣是必需的。

就整體而言，遺傳學僅扮演了次要的角色，這大概是因為幾乎沒有人對移動的遺傳學基礎非常感興趣，不過，我相信這種興趣以後會愈來愈多。

週期性與對稱性

步調的其中一個基本數學特性是週期性（periodicity）：動物多半會一再重複相同節奏的移動，除非牠受到地域變化、其他動物的出現，或其他外來因素的影響，或是牠自己想改變速度。

圖七三　長尾巴的西伯利亞地松鼠（sousilk）的跳躍動作。

另外一個主要的數學特性則是對稱性，在一九六五年，美國動物學家希德布蘭（Milton Hildebrand）特別強調步調裡普遍存在著對稱性[4]。比方說，當動物跳躍前進時，兩隻前腿會一起移動，而兩隻後腿也一起動作（圖七三）。（在很多動作中）這種移動是對稱的。

其他步調的對稱性則較難察覺：例如當駱駝溜蹄時，左半邊運動的方式與右半邊是相同的，但是兩邊有半個週期的異相（out of phase）——也就是說左右半邊的時間差等於步調週期的一半（圖七四）。這是「時空對稱」

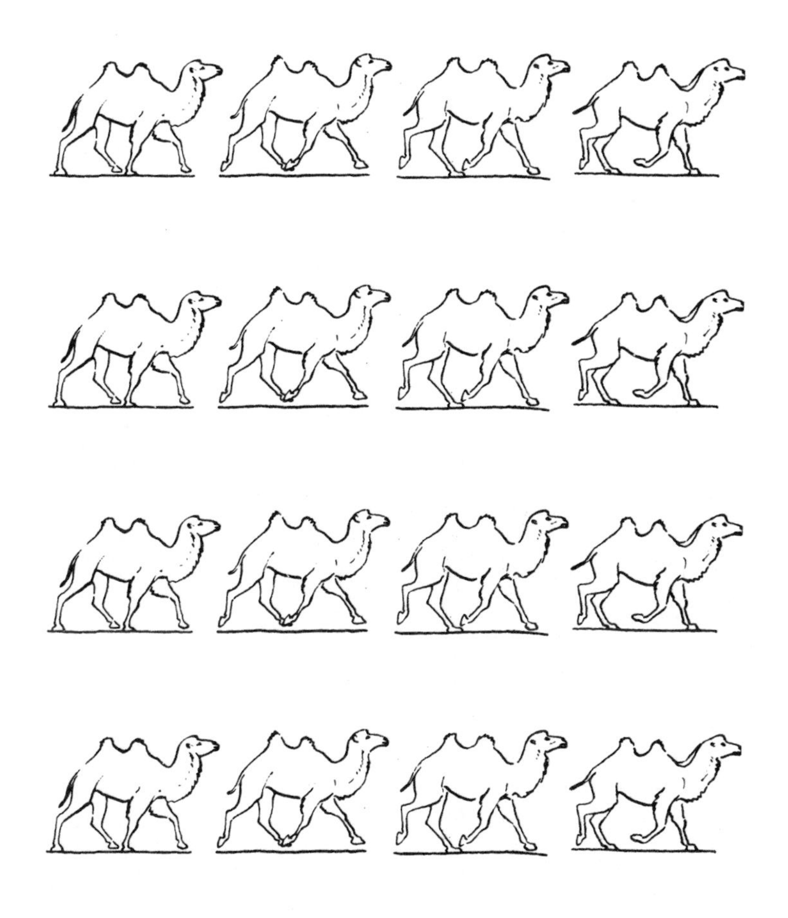

圖七四　駱駝的溜蹄。

(spatiotemporal symmetry)的一個例子,結合了空間與時間兩者的改變。

為什麼步調會有時空模式?答案好像關係到振盪器[5]的數學應用。動物的步調與振盪器網路的週期模式,有很驚人的相似性,這暗示了模式是動物生理學或神經線路的自然結果,而且也為解釋神經控制線路的可能組織方式,提供了不少線索。

是左腳先,還是右腳?

步調的其中一個定性形態,是從腳的所有相對相位(relative phase)得來的。所謂某隻腳的「相對相位」,是對照腳觸地與該特定腳觸地之間步調週期的百分比。例如,人在行走時,右腳觸地比左腳慢了半個週期,所以如果以左腳為對照腳,那麼右腳的相對相位就是〇.五,而對照腳的相對相位總是為〇。

基本的兩足步調有兩種。兩腿可能互相不同相位,而且通常相差半個週期——也就是做同樣的事,但是觸地的時間相差半個步調週期(對人類的例子是行走和跑步);但另一方面,兩腿也可能同相,同時做同樣的事(例如雙腳跳躍)。人類的步調還有其他種類,例如走跳(skip),不過這些是屬於次要的現象。

四腳動物的步調變化就比較多了，其中八個最普遍的步調相位關係整理如圖七五。不同動物偏好不同的步調，大部分的動物行走得很慢，當速度逐漸加快，慢跑就成為大部分的四腳哺乳動物的第二選擇，不過駱駝通常是溜蹄。角馬（wildebeest）直接從行走變化成奔跑。

時空對稱

一九九〇年代初期，熊納（G. N. Schöner）、凱索（Scott Kelso）等人，以及獨自研究的柯林斯（Jim Collins）還有我，觀察到步調可以依據時空對稱來分類[6]。其中，空間（spatial）上的對稱是腿的（概念上的）互換，如「前腿與後腿的互換」，而時間（temporal）上的對稱則是相位的改變。舉例來說，四腳動物的跳躍（bound）具有以下兩種基本對稱：

◇ 交換左腿與右腿，並保持前後腿一樣。

◇ 交換前腿與後腿，同時讓相位相差半個週期。

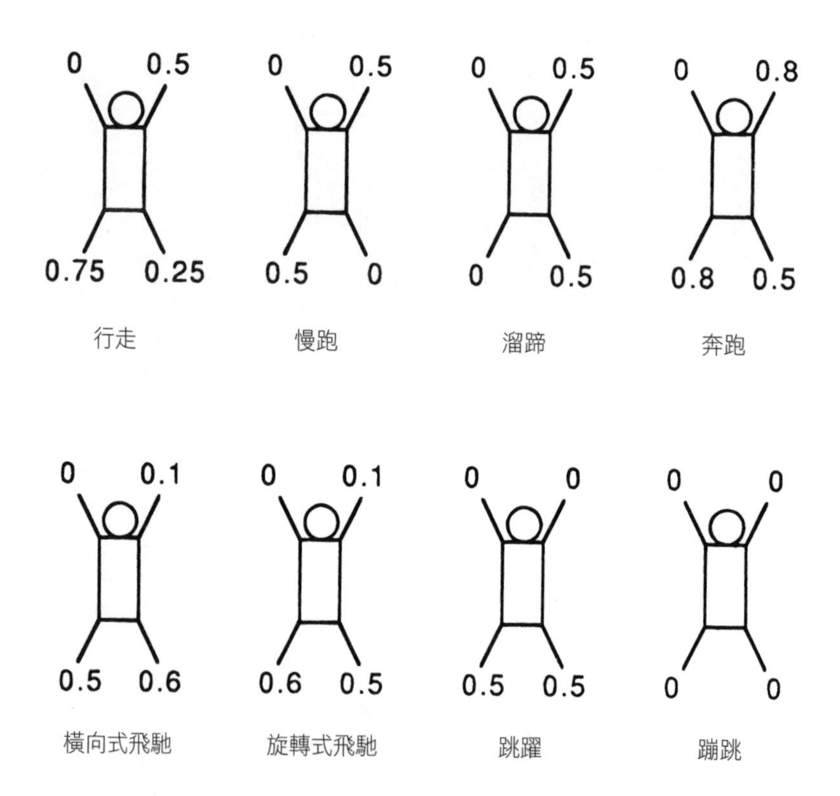

圖七五　四足動物的八個最普遍的步調相位關係：行走、慢跑、溜蹄、奔跑、橫向式飛馳、旋轉式飛馳、跳躍及蹦跳。

溜蹄則稍有不同：

◇ 交換前腿與後腿，並保持左右腿一樣。

◇ 交換左腿與右腿，同時讓相位相差半個週期。

討論這類領域的正式數學名稱為「群論」（group theory），但是我們在這裡並不需為此擔心。我們只要知道存在著某種機制就行了，而這種機制可以將可能的步調對稱性分門別類，並且有助我們分析能夠產生出這些對稱性的動力學。

根據這些觀點，最對稱的步調就是蹦跳（pronk），亦即動物連續跳入空中，四隻腳一起離開地面──儘管我們會質疑純粹蹦跳（也就是全部的腿同步離地）是否真的那麼常見。其次對稱的跳躍、溜蹄和慢跑，再來，對稱性最少的是兩種飛馳和奔跑。這種分級結果最後會與振盪器網路的動態一致。很對稱的步調是「一次型」（primary）對稱，意思是我們可以用單單一次數學轉換來產生這些步調模式。飛馳和奔跑屬於「二次型」（secondary）對稱，需要兩次轉換。就某種意義而言，二次型步調是一次型的組合。

對稱性是從哪裡來的？

動物的腦靠著神經元（neuron）一個接一個地傳送電波訊號，來控制牠們的移動。就如我前面所說的，目前有充分的間接證據證實，動物的基本運動模式的產生者是CPG：一種產生有節奏行為的神經線路（不一定要在腦中）。

節奏，是神經網路的必需品，正如它在電路中扮演的角色一樣；事實上，神經和電路的數學應用非常相像，而且在很多方面，兩者都可用同樣的模型來描述。最基本的電路之一，是每位工程師都知道的——振盪器，這是一種可以產生某種電壓的線路，這種電壓會從正變換到負、然後再變換到正，這樣的變換每秒鐘進行相當多次。有些振盪器可以產生無線電或電視的訊號，有些則可以調整訊號，使一個可辨認的訊號壓縮成波形。

CPG所需的不只是一個振盪器，而是一整個系統的振盪器——最少每隻腿要有一個。此處的想法在於，本是即為振盪器（一種機械式的振盪器，與複雜的單擺差不多）的腿，會依照運動的模式擺動，而由CPG裡的振盪器來協調；CPG輸出哪一種節奏，腿就怎麼動作。CPG裡的個別振盪器一定要連接在一起，形成某種線路，這樣一來每個振盪器就會知道其他的在做什麼。

CPG振盪器一定會比無線電發送機裡的振盪器慢得多，因為腿不會每秒鐘移動個數千次，另外，CPG線路也必須是能多方變通的，因為腿必須能夠做很多不同模式的動作，能夠在給定的速度下選擇最佳步調。

由於想在動物體內找出特定的神經線路，比海底撈針還要困難，所以直接的證據很薄弱（除了一些像八目鰻這類的動物），儘管一般人相信這些CPG的存在。因此，科學家多半是從他們觀察到的步調著手，試圖找出是哪種線路會產生這些步調，再來推斷出CPG線路圖。

然而，有些針對八目鰻游泳動作所做的研究，已經直接從一些與動物神經系統有關的線索，得到了重要的發現，由此推論出八目鰻的運動模式，這部分我將在本章最後予以說明。最有趣的部分或許是：這兩種研究方法的結果似乎趨向相同的線路設計。

兩足動物與四足動物

首先，我舉最簡單有趣的案例：兩足動物。對兩足動物而言，最簡單而貌似合理的網路是，它有兩種完全一樣的組成要素，每條腿一個組成要素。組成要素本身，可能是非常複雜的神經線路，但是我們感興趣的不是線路的內部結構：我們只需知道，對兩條腿來說，線路都是相同的。由於我們不能仔細分析這些線路，所以無法確定情況是否如此，可是因為動物的左右對稱和其他各種不同的理由，這是最佳的假設。

振盪器網路的數學機械裝置功能太強大了，所以我們可以證明這種簡單的假設會推導出下列結果：對於所有的這種CPG，都將有兩種一次型振盪模式：

◇ 同相模式，亦即兩振盪器有相同的波形。
◇ 異相模式，即兩振盪器雖有相同的波形，但是相位相差了半個週期。

這兩類訊號正好產生兩種一次型兩足步調。〔走跳來自於行走，經由一種稱為「週期倍增」（period doubling）的二次型現象所產生的。〕

那麼四足動物呢？最自然的假設是牠們的CPG含有四個振盪器。這是我和柯林斯（一直到一九九〇年代後期）所做的假設，並由此證明四個振盪器組成的不同網路之間，可以複製所有的常見步調，可能除了奔跑之外。不過，這中間卻有一些意想不到的技術上的障礙，而最嚴重的就是：既能產生慢跑也能產生行走的任何一種網路，也可以在與慢跑的相同條件下產生溜蹄——這情形與駱駝只能溜蹄而從不會慢跑，而大部分的馬可以慢跑卻不會溜蹄的事實不大一致[7]。另外還有一個問題：我們的「行走」網路也會產生一些從不會發生在真正的動物身上的奇怪步調。

我們對這些問題不確定該如何自圓其說，甚至不知道問題的後果多嚴重，所以我們還是繼續說明下一個案例：六隻腳的動物——主要是昆蟲。

昆蟲如何行走？

人類對昆蟲的步調發生興趣，已有幾個世紀了，早在十七世紀初，伽利略就已經透過他最新式的顯微鏡發現，這些多足動物可以在反重力的條件下運動。有些昆蟲可以倒掛，然後使用牠們腳上的吸盤或小爪沿著物體表面行走。

稍後，波雷利（Giovanni Borelli）在他的著述《關於動物運動》（*De Motu Animalium*, 1680）當中提出，昆蟲在行走時，每一邊的三隻腳移動的次序一定是後腳、中間的腳、前腳。有趣的是，波雷利的猜測不是根據觀察，而是根據下列這個理論：昆蟲的後腳要比其他的腳先移動，才能驅使身體在其他腳離地之前向前行進。由於情況真的是如此，所以波雷利多多少少是對的，但我們並不清楚為什麼會如此。

最常見的昆蟲步調是三足式（tripod），如圖七六a所示。在這種模式中，昆蟲某一邊的後腳和前腳與另一邊中間的腳同相移動，然後是其餘三隻腳同時移動，而且與第一組的三隻腳的相對相位為半個週期。這兩組三隻腳的組合，形成一個支撐在地上的三角底座——步調的名稱就是這樣來的。這種模式一般用於中速及快速的步調。

速度較慢的時候，昆蟲多半會採取變時性波（metachronal-wave）的步調，如圖七六b所示。在這種模式，腳部移動的波動從後面的腳往前面掃，一邊掃過再換另一邊。同一邊相鄰的腳之間的相對相位是六分之一個週期，而每對前、中、後腳的左右兩隻相對相位為半個週期。

雖然這兩種步調最為常見，但還有很多其他的可能步調。事實上，昆蟲的步調不限於六隻腳。在一九九〇年代中期，加州大學柏克萊分校的福爾（Robert

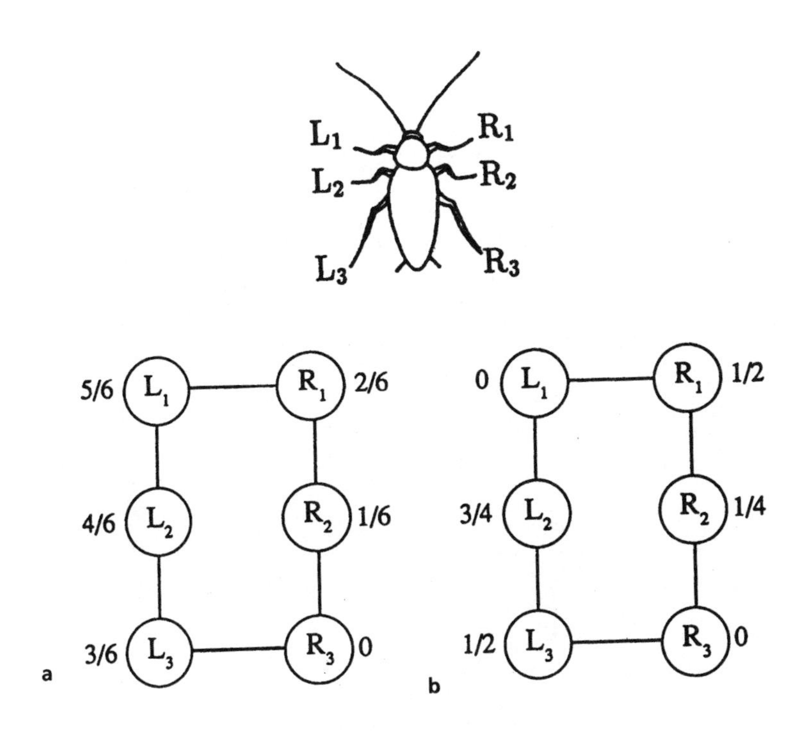

圖七六　昆蟲常見的兩種步調：(a)三足式，(b)變時性波式。

Full）和杜邁可（Michael Tu）發現，美洲蟑螂在需要快跑的時候，會轉換成四足甚至兩足的步調。

我和柯林斯採用我們對四足動物的想法，發現一種簡單的網路可以產生很多傳統的六足步調，這個網路是由六個連成環的相同振盪器所組成[8]。這個結果給了我們很大鼓舞，但是四足動物理論還是有些技術上的問題，其中有一些也會對我們的六足理論造成困難。

方向性網路

一九九六年年底，就在我完成本書的最後階段，我花了一個月在休士頓與格魯畢斯基一起研究，他是位美國數學家，一直是我很好的朋友。他使我相信那些問題相當重要，所以將網路做根本的重新設計是適當的做法。我們花了幾天，尋找可替四足及六足動物（如果有必要，甚至可加上蜈蚣）產生正確模式的通用網路，也就是這個網路必須可以產生所有必需的步調（最好不要產生不想要的），並能讓慢跑與溜蹄保持全然不同。

我們的第一個發現顯然相當負面：對於四足動物，沒有任何一種四個振盪器的網路全部合適。不過，我們很快就明白，大自然不一定只會使振盪器的數目與腿的數目一樣。知道了這個限制之後，我們沒花多久就得到一種相當合適的可能網路，其中的關鍵是：考慮那些振盪器串聯成環所組成的網路。更重要的是，這些應該是方向性網路（directional network），所以環路上的每個振盪器會影響它前面的一個，但不會影響後面的。

我們會提出這種方向性的理由很簡單：動物的前腿與後腿不同，而運動的大多數形態均可看成是由後面向前行進的移動波——幾乎沒有反過來的。過去的研究都運用雙向網路，現在我們明白那可能是錯的。

這種網路產生了一組特有的行進波。為了方便說明，我們來考慮一個六個振盪器的環路（圖七七）。在圖中，圓圈代表振盪器，圓圈之間的線代表振盪器相互間的訊息傳遞方式，而傳遞的方向如箭頭所示。對於一個有六個振盪器的環路，一次型模式有六個。環路上相鄰兩圓圈的相位變動可以為0（也就是同時發生），也可以是$\frac{1}{6}$，$\frac{2}{6}$，$\frac{3}{6}$，$\frac{4}{6}$或$\frac{5}{6}$個週期。產生的模式

模式1：0, 0, 0, 0, 0,0

模式2：0, 1/6, 1/3, 1/2, 2/3, 5/6

模式3：0, 1/3, 2/3, 0, 1/3, 2/3

模式4：0, 1/2, 0, 1/2, 0, 1/2

模式5：0, 2/3, 4/3, 0, 2/3, 4/3

模式6：0, 5/6, 2/3, 1/2, 1/3, 1/6

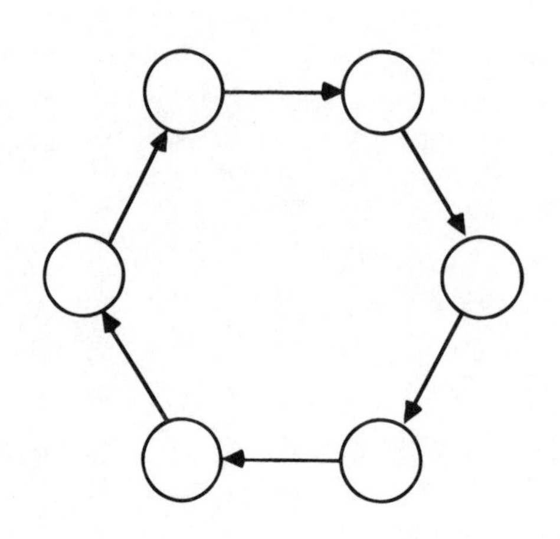

圖七七　六個振盪器的環路：圓圈代表振盪器，箭頭代表圓圈之間的連接。

呈現出非常簡潔的算術結構，如下表所示。

這些模式的呈現方式是先選擇一個相位，比方說$\frac{1}{6}$，然後寫下該相位乘0，1，2，3，4，5之後所得的乘積。要記住，相位1是與0相同。只要對0，$\frac{1}{6}$，$\frac{1}{3}$，$\frac{1}{2}$，$\frac{2}{3}$，$\frac{5}{6}$這所有可能的相位做這種計算，你就會得到整個表。

所有這些模式（除了第一個）都代表行進波。譬如在模式2，整個環的相位為0，$\frac{1}{6}$，$\frac{1}{3}$，$\frac{1}{2}$，$\frac{2}{3}$，$\frac{5}{6}$，所以波是從第一個振盪器開始，然後一個接著一個移至第二、三、四、五、六個。相對的，模式3

的相位為0，$\frac{1}{3}$，$\frac{2}{3}$，0，$\frac{1}{3}$，$\frac{2}{3}$，所以第一和第四個振盪器一起移動，然後是第二和第五個，最後是第三和第六個；依此類推。模式4把腳分成兩組，每組三隻腳，兩組的相位差了半個週期——就如三足式步調。

上述做法令人鼓舞的原因在於，大多數的動物步調是從前面到後面的行進波，但是相位常常是左右相差$\frac{1}{2}$。(如果不是這樣，左邊和右邊通常就會是同相。）這使得我們想到可以使用兩組振盪器環路，一組代表左腳，另一組代表右腳。所以對於四隻腳的動物，最好是用八個振盪器來模擬所觀察到的步調——各是四個振盪器的兩組環路，左右互相連接（圖七八）。

這些振盪器實際上只有四個在操縱著腳，而另外四個則是用來將行進波從前腳傳到後腳，以保持正確的時間性和相位關係。對六隻腳的昆蟲也一樣，你需要十二個振盪器，每組環路各六個；依此類推[9]。

這就是我們所沒有考慮到的：多增加的、隱藏的一組振盪器。現在，一切都應該頓時明朗了起來。圖七九顯示最後產生的四足動物的一次型模式；要產生六足動物的圖，也很容易。我們可以發現，這與觀察到的步調相當接近。

相同的概念也可以延伸到許多隻腳，想要多少隻就多少隻。像蜈蚣、馬陸這

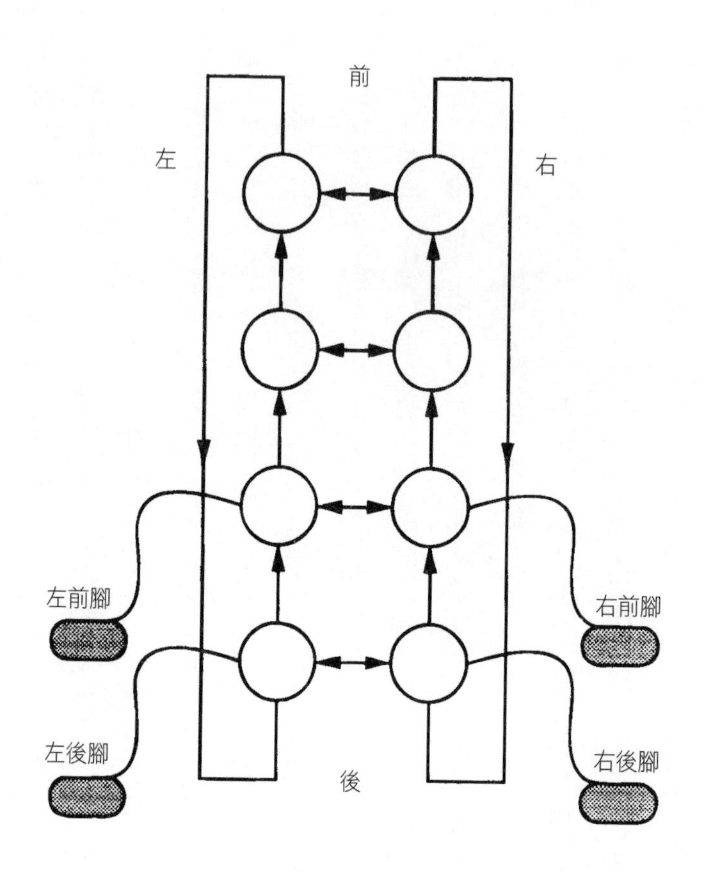

圖七八　利用兩組各有四個振盪器的環路，可以模擬四足動物的步調。一組環路控制左腳，另一組控制右腳。只有四個振盪器直接連接著腳，其餘的則形成一個訊號的迴路。

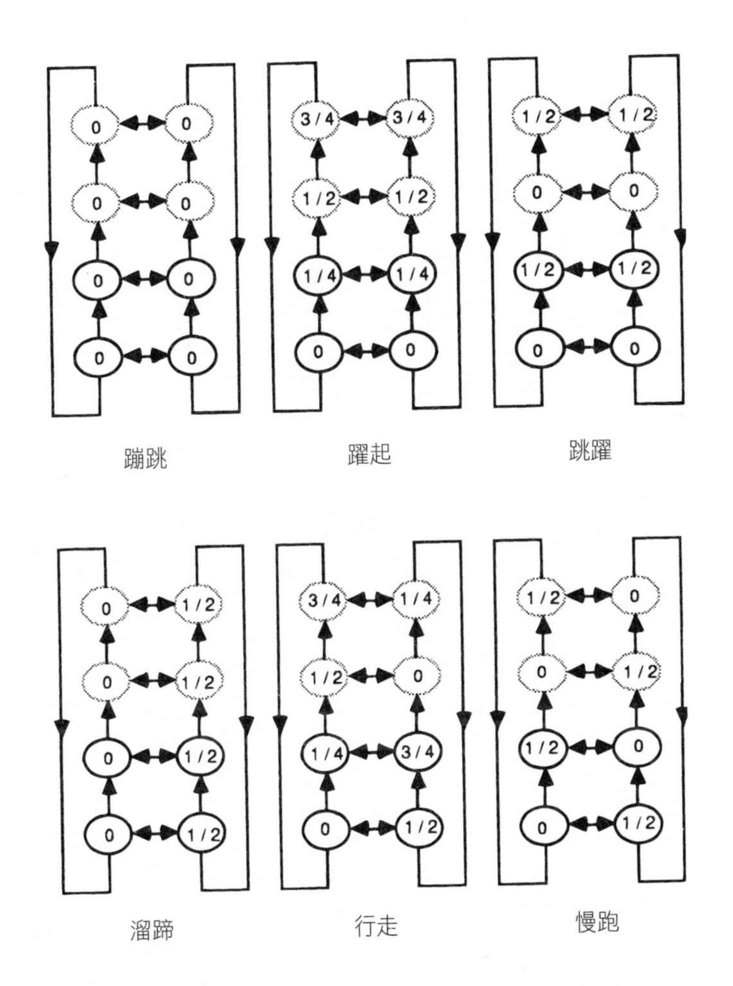

圖七九　為四足動物設計的八個振盪器網路，預測出一次型步調模式，分別注明所對應的動物步調。圖中的數字為相位差。

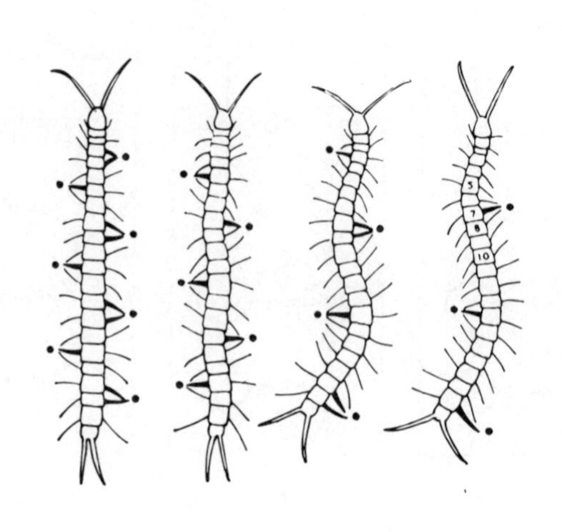

圖八〇　蜈蚣的漣漪波。

些多足類動物（Myriapods）就有更多的腳，這類動物腳步的移動大部分是產生波狀的模式（圖八〇），這些模式也可以用同樣的網路設計來產生，所需振盪器的數目也是腳的數目的兩倍。

還有，那種設計只是概略的：任何一種具有相同對稱性的網路，都會產生相同的步調排列。就在我寫到這個部分的時候，布諾（Luciano Buono）已經發現若加入額外的連結，並做對稱的安排，會更容易產生穩定的步調。

當我們在考慮可能的二次型模式時，我們得到了一個意外的收穫：四足動物的網路也可顯示出模式與兩種飛馳（以及奔跑）相同的運動，這是我們以前一直無法確知的結果。

兩種混合型飛馳

這些步調是以混合形態出現的，也就是合併了兩種不同一次型步調的相位關係。其中，橫向式飛馳（transverse gallop）是慢跑和跳躍的混合體，而旋轉式飛馳（rotary gallop）則為慢跑和溜蹄的混合體，奔跑是行走和躍起（jump）的混合體；躍起是一種新的步調，很像跳躍，但有短暫的停頓——就像慢動作的松鼠一樣。

換句話說，我們已經證明了振盪器網路的數學裡有不少通用模式，也證明了這些模式與我們在動物步調上所發現的模式很接近，所以我們做出下面這個結論似乎是合理的：動物CPG的設計就是利用那些模式。因此我們可以預期，動物CPG的神經線路應該會與我們的概略數學網路一致，特別是應該有相同的對稱性。

這種預期是否是對的？這問題的答案一定得等到與CPG有關的更詳細資料，儘管我們可以期待能藉由進一步的分析，看看步調與步調之間的轉變，來做間接的確認。這種分析應該會產生某些可以拿實際動物來試驗的更進一步預測。順便提一下，我們只需「觀察」動物的移動：不必在牠們身上做任何有害的實驗。

與八目鰻有關的研究

另外，一九九〇年代的類似研究，產生了一些有關生物學的預測，並且已經由實驗證實——這對振盪器—網路模型來說，是一大成就。

這些預測是由波士頓大學數學教授柯蓓爾（Nancy Kopell, 1942-）和匹茲堡大學數學教授鄂曼特勞特（Bard Ermentrout）[10]兩人得到的，與八目鰻的CPG有關。雖然產生的方式十分不同，但也許並非巧合的是，八目鰻的網路與人類的有很多共同特徵。八目鰻沒有腳，牠的移動是靠成對肌肉的收縮波動而產生的，這些成對肌肉的間隔很像蜈蚣腳與腳之間的間隔。

理論上，八目鰻和四足動物是同一類系統，因此可以應用類似的概念。柯蓓爾和鄂曼特勞特所做的研究，與八目鰻的已知生理機能有直接的關聯。

一九八二年，在柯蓓爾和鄂曼特勞特的研究之前，寇恩、霍姆斯和蘭德（Richard Rand）就已經利用一連串的耦合振盪器（coupled oscillators），為八目鰻的脊髓做出模型[11]。柯蓓爾和鄂曼特勞特繼續八目鰻的研究，以突觸耦合（synaptic coupling）為基礎來發展他們自己的模型，突觸耦合裡的兩個振盪器會互相影響，即使兩者的行為一模一樣。

正如前面討論過的四足動物網路的情形，柯蓓爾和鄂曼特勞特的突觸耦合也偏向某個方向，而且網路會產生行進波。他們預測當網路的其中一端受力時（受到輸入的週期脈波），會發生什麼樣的行為，而他們的預測結果，則由兩位生物學家西格瓦特（Karen Sigvardt）和威廉斯（Thelma Williams），用實際八目鰻的脊髓加以驗證。

柯蓓爾和鄂曼特勞特最驚人的預測稍後才出現：他們證明出，為了產生所需的移動波，「從尾到頭」的耦合一定要大過「從頭到尾」的耦合。生物學家就是沒有預料到這個現象，因為在正常的游泳當中，波行進的方向是相反的，是從頭到尾的。不過，實驗證實數學家是對的。

振盪器模型的自然機制

我在這兒要提示的是，振盪器模型的另一項優點在於，這些模型也為不同步調模式之間的轉換產生，提供了一種自然機制。我們一般會假設，每一種動物步調都需要個別的CPG，而根據這種假設，如果蟑螂（比方說）要從三足式步調轉變成變時性波步調，就一定要在兩種不同的CPG網路之間轉換。

失稱分析顯示，若要使步調發生轉變，網路其實不需要變換，反之，可以產生並控制動物使用的所有不同步調的，是硬接線的單一CPG。（在硬接線的CPG當中，網路的線路圖不會改變，但參數會改變，譬如不同振盪器之間的連結強度。）

具有不同對稱性的步調，可以由單獨一個對稱的CPG產生，只要改變內部動力系統或能使CPG振盪的外部訊號中的適當參數。模式的改變，產生自分歧的數學機制，在這機制當中，系統會捨棄那些變得很不穩定的模式，而改用重新穩定的模式。由於參數決定了哪一種模式是穩定或不穩定，所以一改變參數，就改變了穩定的模式——這正是我們可以在自然界直接觀察到的模式。

因此，這種處理方法顯示出一般的振盪模式，以及模式間的轉變，而這些應該是在一個與振盪器固有動力系統無關，或與耦合的性質無關的CPG模型（甚至各類CPG模型）中可以預期到的；結果的一般形態只與網路的對稱性有關。

事實上，這種CPG可以由變換不同步調模式來產生，僅僅改變驅動訊號的性質就可以了，而這個驅動訊號可能是從腦產生出來的。

這種架構不只是比有數個獨立CPG的齒輪箱架構來得簡單，同時也為多種步調的演化提供了更為可信的途徑。新演化出來的初步慢跑CPG，可能提供什麼競爭優勢給已經擁有高度發展的行走CPG的動物呢？此外，齒輪箱設計怎麼可能演化呢？另一方面，如果慢跑與行走是在同一個CPG當中一起自發產生，那麼兩種步調就可以依照完全自然的方式，加上兩者間相互變換的整體系統，然後共同演化出來。

第一個神經網路

所以，那隻黑色拉布拉多獵犬的神經系統的某處，可能有個簡單的神經網路可以產生移動時所採用的基本節奏。牠的四條腿和控制腿的許多神經元，是利用一種與時間本身一樣久遠的模式，這模式可以一直推溯到生物體內演化出的第一個神經網路——振盪器網路的節奏模式。

我們知道，當牠自由自在、狗模狗樣地沿著海邊斜坡走的時候，這樣的網路

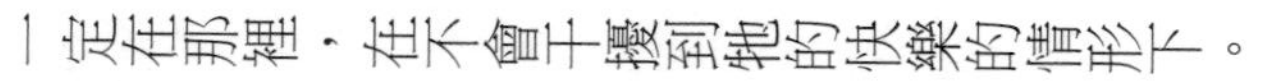
一定在那裡，在不會干擾到牠的快樂的情形下。

【注釋】

1. 詳見John Henschel, “ Spider revolutions,” *Nature History* 3, (1995), 36-39。
2. 詳見David P. Maitland, “ Locomotion by jumping in the Mediterranean fruit fly larva *Ceratitis capitata*,” *Nature* 355 (1992), 159-160。
3. 詳見P. P. Gambaryan, *How Mammals Run*, Wiley, New York (1974)。
4. 詳見M. Hildebrand, “ Symmetrical gaits of horses,” *Science* 150 (1965), 701-708。
5. 名詞注釋：振盪器（oscillator），會週期性改變或進行規律振盪的裝置。
6. 詳見G. Schöener, W. Y. Jiang, and A. S. Kelso, “ A synergetic theory of quadrupedal gaits and gait transitions,” *Journal of Theoretical Biology* 142 (1990), 359-391; J. J. Collins and I. N. Stewart, “ Coupled nonlinear oscillators and the symmetries of animal gaits,” *Journal of Nonlinear Science* 3 (1993), 349-392。
7. 不過，有些馬會溜蹄（pace），卻從不慢跑（trot），特別是美國的品種。
8. 詳見J. J. Collins and I. N. Stewart, “ Hexapodal gaits and coupled nonlinear oscillator models,” *Biological Cybernetics* 68 (1993), 287-298。
9. 詳見M. Golubitsky, I. Stewart, J. J. Collins, and L. Buono, “ A modular network for legged locomotion,”

reprint, Mathematics Department, University of Houston (1997)。

10. 詳見 Allyn Jackson, " Lamprey lingo," *Notices of the American Mathematical Society* 38 (1991), 1236-1239; Sten Grillner, " Neural networks for vertebrate locomotion," *Scientific American* (January 1996), 48-53。

11. 寇恩（Avis Cohen），美國馬里蘭大學生物學教授；霍姆斯（Philip Holmes, 1945- ），普林斯頓大學應用數學、力學教授。相關資料詳見 A. H. Cohen, P. J. Holmes, and R. H. Rand, " The nature of the coupling between segmental oscillators of the lamprey spinal generator for locomotion: a mathematical model," *Journal of Mathematical Biology* 13 (1982), 345-369。

第10章

群鳥之歌

真正的鳥兒並不是這樣做的，
鳥兒不知道自己必須成群結隊。
這種群聚行為產生自個體之間的互動，
並非是預設的一種共同目標。

一群紅鶴，在玫瑰色的胸前和深紅色羽翼的外頭罩了件看不見的衣裳，然後像彩霞般在晨曦或黃昏裡漸漸消失於天際。

——湯普生，《論生長與形態》，第五章

一九九六年一月，我到摩納哥的蒙地卡羅拜訪一位朋友，在那兒，我目擊到一生中最令我難忘的景象。在那個寸土寸金的小公國裡，我站在無數高聳入雲的塔樓的其中一座，朝下眺望海港，港口停滿了豪華遊艇，在夕陽餘暉中閃耀。

就在我下方的這些大樓之中，有棵大樹——樹上不是長滿果實，而是停滿了鳥。一點也不誇張，那兒有成千上萬隻鳥，看起來像椋鳥（starling），但我不太確定，牠們迴旋地飛下停棲過夜。鳥群這麼壯觀，使得那些專門受雇來趕鳥的人，趕忙趁鳥兒剝光所有樹枝之前把牠們趕走。

鳥群這麼密集，著實令人稱奇——但是還不只這樣。當鳥急降然後迴飛向天空時，整個鳥群會慢慢開始呈現某種集體秩序。

首先，鳥群看起來比較像是一群隨機的個體，像天空中一大片模糊不清的黑點，但當太陽愈下沉，整群鳥也慢慢開始像是一個個體——像某種巨大的、輕飄的空中有機體。鳥群形成了明顯的邊緣，一片黑壓壓的、像是有自己群體意志的濃密群集，迴旋著穿過天際，以驚人的速度轉向，帶著令人驚嘆的一致動作，彷彿每一隻鳥都確切知道要怎麼做。偶爾，有一大群會脫隊，以自己獨特的方式飛旋——但是不久之後又重新加入主群，好像被看不見的磁鐵給吸回去一般。幾隻失散的鳥毫無目的地鼓翼而飛，顯然是在想辦法回到主群裡，但無從確定怎麼飛最好；絕大多數的鳥動作如一。接著，像變魔術般，鳥群散開了：舞會結束。

我聽說，這情景在冬天的每個黃昏都會發生。

大群的動物常常會表現出某種十分令人驚嘆的行為——特別是目的的明顯一致。我們想知道這究竟從何而來，想瞭解個體怎麼知道群體應該做什麼，以及個體在群體行為中扮演何種角色。不只是鳥群會展現極為特殊的群體行為模式，熱帶海洋中的魚群也會：牠們創造出光彩奪目的迴旋移動，一會兒游向這邊，然後瞬間停下來，又游向另一邊，但不會離開群體。

大群的角馬（wildebeest）循著有數百萬年之久的古老遷徙足跡，緩慢而艱辛地跋涉數百公里橫過非洲大草原。不算太久之前，同樣大群的北美野牛（bison）也仍在美洲平原上漫步。雨林裡，長長的螞蟻列隊運送食物和築巢材料到蟻穴中。在世界的某些地方，白蟻在地下深處構築了奇特的扇葉，用來做為蟻窩的空調設備。

社會性動物這種很特別的行為究竟是怎麼來的？是什麼東西使這些動物彷彿擁有群體意志，就好像有位樂團指揮在協調牠們的行為？像「直覺」（instinct）這類概括的名稱只是更讓人們困惑，並沒有揭開謎底。直覺又是什麼？為什麼一隻隻小小的白蟻都被賦予這種直覺，使得一整群白蟻都知道如何在蟻穴內安裝空調裝置？

不是直覺，而是規則。

演化偏好規則本身

幾億年來，演化一直在利用群體行為的許多模式，這些模式是從物理學提供的抽象數學規則中自發形成的。演化把這些模式添加進動物的基因及其社會行為中——有些行為也許是經由學習得到，而不是遺傳來的，至少較高等的動物是如此。不過，演化並不直接製造模式，在鳥兒的身上（我極為懷疑）並沒有「聚集成一群」這種遺傳指令。相反的，確實有些遺傳及行為上的、可以讓鳥聚集成群的類似規則存在，此外演化也限制了鳥類的行為範疇，以便符合這類規則。

為什麼我認為演化偏好的是規則本身，而非規則所造成的結果？

我有四個理由。第一個是效率：整體而言，規則要比本身產生的行為來得簡單。只要幾條規則，加上內建的應變方案，就可以產生出足以因應各類環境的各式行為。簡單來說就是，規則所需的資訊較少。

第二個理由是一致性。譬如鳥的行為，如果我們用一長串清單來列出鳥兒在什麼情況下該做些什麼，那麼，遺傳變異很容易就以不同於其他各項的方式改變清單的其中一項。一次不尋常的突變也許仍會使鳥群集，但如果遇到一些情況，譬如碰到一條河流時，候鳥的成群結隊就會斷然被阻斷。所以，為了使鳥的行為在演化過程中維持內部的一致性，藉由修正基本規則來慢慢適應，是最為合適的做法。

第三是適應性。規則上的小改變會造成行為上很大的變化。因此，如果行為被當成規則來儲存，那麼，在保持群體行為的一致性時，行為可能會演化得更快。

第四個理由是，我們很難明白個體對於群體行為的整體特徵會做出什麼樣的察覺與反應。鳥類的基因可不可能包含了像是「當看到掠食者的時候，群體應該群聚得更緊密」的這種指令？我們很難明白其過程。如果情況真的像此處所舉的例子，那麼每一隻鳥多少得知道群體的狀況；還有，如果有同伴看到掠食者，牠總是必須馬上意識到。看起來，個體更有可能是遵循下面這些規則，諸如：「試著盡量靠近你的緊鄰同伴」、「如果你看到掠食者，請更靠近你的同伴」或「如果你的緊鄰同伴比平常更靠近你的時候，就要開始注意掠食者」。這樣的規則不需要對個體產生未必存在的全能作用，卻能產生可觀察到的群體行為——這類規則反而更為合理：是局部性的規則，只牽涉到個體可以合理預期會察覺到的範圍。

這種論點有間接證據可以支持。我們都知道，群眾當中的人類通常不會察覺到群體的整體行為，這是因為群眾有時可能危害到群眾裡的人而不自知。大多數的國家都有發生慘劇的經驗，其中不乏一些牽涉到無知群眾行為的慘劇，然而這些群眾裡的個體卻是明智的。不過，他們只知道緊接著他們周遭的事物，對眼睛無法直接看到的就一無所知了。

另一個例子是很多車子在霧中開快車的情形。我懷疑那是一種集體的瘋狂，而不是個體的：每一位個別的駕駛人都陷在車陣裡，不得不跟隨著車陣走。當然，前面也許有看不見的障礙物，但是在後面不遠處確定已經有一部大卡車以極快的速度開過來。如果你慢下來，你知道那部卡車很容易就撞上你，所以如果你繼續這樣開（在這種天氣狀況下是太快了，但是周圍的車子普遍是這個速度），也許還比較安全。

當我們試著瞭解生物的群體行為時，對數學的需求好像大過一切。為什麼呢？因為群體行為所牽涉到的不只是生物體，還包含了生物體之間的互動，也就是系統的行為。數學可以告訴我們，這樣的行為常常可以是極為違反直覺的——而且為改善過的直覺提供機會。因而，在規則與所產生的行為之間，存在著一片寬廣的理智空間供數學家發揮。

當然，我們幾乎就和動物自己一樣，不瞭解動物社會裡的行為模式，不過我們已經慢慢開始知道，很多動物行為是有數學根基的，而且其中大部分的行為都不如外觀所顯現的那麼不可思議；我們也漸漸明瞭，在動物的神經系統中有一組數學規則（可能是採硬接線或其他方式寫成的），可以產生遠比我們所預期的還要巧妙的行為。

所以，本章的主題就是——規則。

在（唯命是從而且照字面意義）服從某些規則的情形下，會表現出哪種行為？生物的社會行為又有多少可以用這種方式解釋？

太陽能機器人

自稱為「機器人生物學家」的第典（Mark Tilden）製造了許多機器人，他在新墨西哥州羅沙拉摩斯（Los Alamos）的實驗室擁有一座「機器人侏羅紀公園」——裡面約有兩百個小型的太陽能機器人。他已經設計出一個會跟隨室內太陽光線的太陽能機器人，只要一站在地板上受陽光照射的區塊裡，這個機器人就像要睡覺，而當這片陽光區移開時，它就會醒來，四處搜索個幾秒鐘，然後跟隨這片陽光移動，一等安然回到日光區，就又睡著了。

這個機器人並不大，但是它追隨光線的技巧，連貓也會歆羨。觀察它的一舉一動時，你可能會猜測它是靠某種相當精巧的電子學和程式設計，來使自己跟著太陽光起舞：它一定要能夠辨認太陽光的邊界，要能夠計算如何移動以便剛好走進邊界裡，並且在太陽於天空中移動而陰影也隨之移動時追蹤邊界。事實並非如此。這個機器人其實是笨到極點，它甚至不知道陽光是什麼；它唯一要做的事，就是掃描從太陽光器列（Solar array）輸入的電子訊號，然後依照下列三項規則：

1. 如果你的太陽能電池產生的電力沒超過臨限值，就隨機旋轉並向前移動十公分的距離。
2. 如果產生的電力超過臨限值五秒鐘以內，就以定速向前直行。
3. 如果產生的電力超過臨限值五秒鐘以上，就停下來。

就這樣。

在找到陽光之前，這個機器人會按照規則1，旋轉，移動，再旋轉，然後再移動，在地板上隨意進行Z字形的行走。等到它終於碰到陽光時，規則2就開始作用，於是就朝一定方向前進，如果幾秒鐘之後仍然待在陽光下，那麼規則3就發生作用，機器人就開始睡覺。一旦太陽光移走，機器人的隨意Z字形行走又會重新開始——如果機器人不巧跑到陰影處，也會開始這種隨意行走。

這個機器人看起來好像具有一種富智慧而適應性強大的能力，可以隨陽光而行動，但事實上，它所做的只是遵照上述這三條規則而已。有不少單細胞生物會對陽光做出反應，這些生物可能也是一樣遵從一套相似的規則；而其他的單細胞生物則依循化學梯度，朝濃度較高的區域移動，就像狗會朝特別刺激的氣味走去一樣。

以上顯示的意義就是：不要低估了規則的效用。下面我要舉的例子會更接近真實生物體，那就是：動物學家佛拉詩（Fritz Vollrath）所獨創的觀念[1]。這個觀念討論的對象不是許多種動物，而是一種：蜘蛛。不過，這個觀念再次提出下列兩者之間的關係，即行為的一般規則，與這些規則應用在某些特殊環境時所出現的特定行為。

蜘蛛網之美

蜘蛛在灌木叢的樹枝間或草莖之間，拉出一條又一條細膩的絲線，編織成精巧的網，用來誘捕毫無戒備的飛蟲——大多數人一生當中都曾經對蜘蛛的聰明留下深刻的印象。佛拉詩認為他知道蜘蛛是如何辦到的。

在他的學生克林克（Thiemo Krink）的協助下，佛拉詩創造了一種數學「電腦蜘蛛」（cyberspider），可以遵照一些規則進而能構築出逼真的蜘蛛網。這種蜘蛛並不是真正的機械體，而是電腦模擬物，但是只要有正確的設計，就可以製造出一隻機器蜘蛛，並將它設計成能夠捕捉機器飛蟲——不過得先假定你可以使微小的機器飛蟲飛起來，這個技術目前還辦不到。經由電腦實驗和觀察真正的蜘蛛，佛拉詩推導出電腦蜘蛛系統的規則。

蜘蛛的多才多藝令人嘆為觀止，所設計出來的蜘蛛網變化萬千，比包羅萬象的郵購目錄還要精采。有專門定製的蜘蛛網、現成的蜘蛛網，以及小心依照環境而築成的蜘蛛網，而那種看起來有點像標靶上的線條的傳統蜘蛛網，是由一些像是*Nephila clavipes*的金蛛所編織出來的。

此外還有很多其他的蜘蛛網圖樣（圖八一）。有些看起來簡單得有點可憐：如夜蛛屬（學名為*Miagrammopes*），是用單獨一條蜘蛛絲來釣捕飛蟲。扇網蛛屬（*Hyptiotes*）是極簡派的狂熱信徒，結的網呈三角形；而梯狀網蜘蛛（*Scoloderus*）則是一個有造詣的藝術工匠，顧名思義，牠所編織的網像一個梯子。

鬼面蛛（*Deinopis*）頭垂吊在下面，而前腳則抓著小小的網，然後襲擊飛到近旁的飛蟲，像一個站在海邊、手裡拿著捕魚網的小孩。鏈球蛛（*Mastophora*）揮

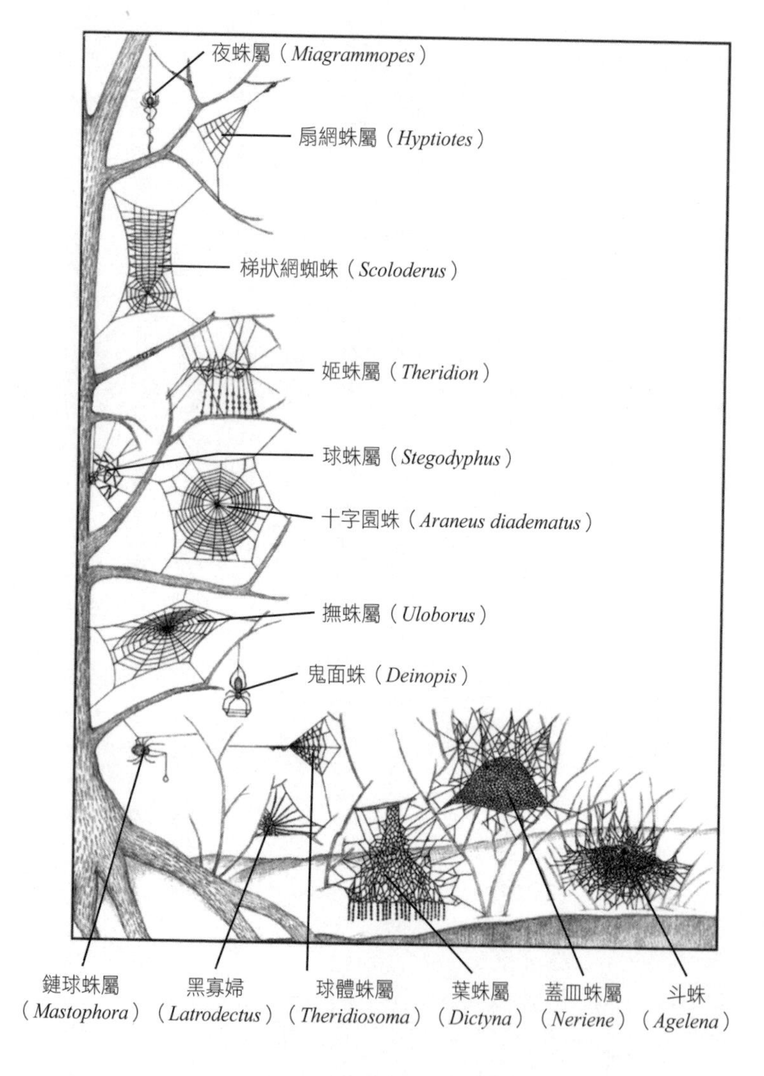

圖八一　各式各樣的蜘蛛網設計。

動著一條末端有一重物的絲線，就像祕魯平原上的高楚人（gaucho，南美地區的牛仔）。惡名昭彰的黑寡婦（*Latrodectus*）所結的網上窄下寬，一直伸展到地面。斗蛛（*Agelena*）編織出漏斗狀的網，等待獵物掉進漏斗內。

八紡蛛（*Liphistius*）用絲線織成一個深洞，洞口再蓋上活板門，然後把具有黏性的絆線拉出洞外到近旁的地帶做為預警系統。這種蜘蛛是一個活化石：牠的祖先在三億八千萬年前也結過類似的網。據說現代所有的蜘蛛，都是那些會編織這類網的蜘蛛的後代。

蜘蛛是勤奮不倦的勞動者：大部分的蜘蛛每天都會結一個新網。牠們通常必須這樣做，因為飛蟲會掙扎，這會對精心製作的蜘蛛網造成極大損壞。以常見的十字園蛛（*Araneus diadematus*）為例，牠在短短一生當中就結了兩百個左右的網。同一隻蜘蛛所結的每個網都與其他的網稍微不同，得視結網的環境而定。這些變異，顯示蜘蛛的結網系統擁有極大的彈性：大到不是蜘蛛基因所記載的簡單行為所能達到。

不過，規則完全是另外一回事。蜘蛛的規則可以從蜘蛛網的形狀獲得線索。以下是佛拉詩認為蜘蛛是這樣子做的。我在這裡敘述傳統標靶網的規則，至於其他的網，則有相似的規則來規範。

蜘蛛首先會拖著絲線，四處勘查結網的地點。當牠發現合適的位置之後（很容易就找到），就會在兩枝椏或樹枝間拉線，然後沿著線爬到中間，之後再下到地面，這樣就形成了一個Y字形。Y字中間的交點最後會變成整個蜘蛛網的中心，而兩臂和剩下的那條垂直線就是最先形成的放射輻線。接著，蜘蛛爬回中心開始環繞著走，織出一條緊拉著的螺線，並添加輻線，於是就形成了一個間隔很大的暫時螺線，做為最後成網的鷹架，而等到蜘蛛網快完成時，這個臨時螺線就會被拆掉。

至此為止，蜘蛛所使用的是沒有黏性的絲線——這樣牠才能在網未完成前自由移動。不過，沒有黏性的網幾乎不能捕捉飛蟲，所以蜘蛛現在要改用有黏性的絲，這種上了膠的絲會吸收空氣中的水分，而變得既黏又有彈性。現在，牠開始用具黏性的絲來造一張捕捉用的螺線網。牠從網的外緣開始，通常是從靠近底部開始，呈Z字形來回慢慢向中心築進去，同時利用先前的臨時螺線做為指引及支撐，等不再用到時就把它拆掉。當更靠近中心時，蜘蛛開始以圓圈的方式移動，並在最後稍稍調整網的中樞地帶，藉此來穩固蜘蛛網的張力。當一切就緒之後，牠就可以靜靜等著獵物上門。

這就是蜘蛛結網的概略方法。

若要更仔細地探討，我們一定要問蜘蛛是怎麼樣計劃牠的蜘蛛網，是什麼規則在約束輻線的數目，以及絲線之間的間隔如何決定；對於這些，佛拉詩也找出不少有效的規則。舉例來說，在蜘蛛決定要構築多少輻線這個問題上，佛拉詩發現，蜘蛛似乎不喜歡看到相鄰兩輻線的間隔角度太大，所以牠們就會添加新的輻線，直到所有角度都可以接受為止。蜘蛛利用兩隻前腳來量測這些間隔——就好像裁縫師量布一樣。

蜘蛛的基因很容易使蜘蛛擁有行為的規則——比方說，基因可以為蜘蛛的神經系統架構設計程式，來使蜘蛛擁有這些規則。至於哪個基因負責做什麼，則是遺傳學的問題；但是這些基因對行為的影響，仍舊牽涉到規則與其結果之間的關聯，而要瞭解這個關聯，就需要數學：正如我一直強調的，兩者形成了一份合作關係。佛拉詩的想法告訴我們，基因應該把哪幾種規則轉成密碼。

遺傳演算法

儲存在基因密碼中的規則是會演化的——所以我們又一次需要數學，來幫助瞭解所產生的模式。事實上，佛拉詩利用所謂「遺傳演算法」（genetic algorithm）[2]的數學技巧，來研究蜘蛛規則系統在開頭是如何演化的。其中的「遺傳」二字，表示數學從遺傳學借用了一個有用的技巧，而不是表示這種演算法直接用蜘蛛的基因來進行。

所謂的「演算法」，是一種用電腦來解決問題的方法——會列出所需的精確步驟，以便得到想要的運算結果，而且所列的步驟必須能保證運算會停止，答案也正確。大部分的問題都可以用許多不同的方法求解，因此很多電腦程式設計的目的，就是要找出最有效的演算法，也就是問題能解得最快、利用的記憶體最少，或能滿足某些相似的條件。

其中一個典型的問題是解「旅行推銷員問題」。推銷員必須拜訪某張清單上的每個城鎮，但是拜訪的次序由他自己決定，那麼，拜訪到每個城鎮的最短路線是什麼樣子？如果城鎮的數目非常大，我們很難直接列出所有可能的路線，然後再判斷哪條路線是最短的，因為可能的路線實在多到數不清。因此，我們必須運用一些其他策略，來解決這個問題——就算解決不了，至少也要獲得較接近的答案，因為就實際的角度來看，盡快找出一條相當短的路線比較重要，而不是浪費無限長的時間去找到絕對最短的那一條。

遺傳演算法是以一些隨機選擇的路線開始。先隨機選取兩條，看看是否可能合併這兩路線的最佳特點來獲得更好的路線。要到科羅拉多州的城鎮，也許其中一條比另一條短得多，但是要到猶他州的城鎮卻遠得多；那麼若把這兩條路線混合，也許就可以找出到達兩州的較好路線。實際上，這種方法是將兩路線「雜交繁殖」，看看所產生的是否比較好，如果產生的路線較短，就保留下來，否則就放棄——不列入考慮。

這種演算法與達爾文的天擇概念有異曲同工之妙，效用也是相同的。重複以上過程很多次之後，許多極為有效的演算法就可以「演化」出來了。

相反的，如果可選擇的範圍太廣，要從一開始就設計出很好的演算法往往十分困難，但是也只有在這些情形下，遺傳演算法才真正發揮效用。遺傳演算法具有許多實際用途：例如金融市場上有許多公司就常常用這種演算法，因為此演算法會使貨幣業者得以發展出買賣的有效策略，盡可能獲得最大的利潤。

佛拉詩把遺傳演算法應用到他的電腦蜘蛛上，以便瞭解一個以規則為基礎的結網系統究竟多快就能逐步築造出有效的蜘蛛網。他先後和哥茨（Nick Gotts）及傅克斯（Peter Fuchs）合作，使他的電腦蜘蛛帶有它們自己的「基因」——也就是代表它們的結網規則的電腦碼。然後他讓基因雜交，將兩個不同親代的電腦碼位元混在一起，並加進一種天擇條件：能夠結出較為有效的網（也就是能有效捕捉到電腦飛蟲）的就留存下來，並把基因傳給後代，而那些結出很糟糕的網的則否。

利用這種遺傳演算法，佛拉詩發現，不用超過五十代就可以繁殖出高效率的電腦蜘蛛。不過我推測，金融市場比較不那麼容易獲得他們所需的祕訣。

瞭解動物行為的微積分

這裡透露的訊息在數學上很令人興奮，但在生物學上卻使人不得不冷靜思考。表面上複雜多變的動物行為模式，可以由相較之下簡單而死板得多的規則而產生。演化的選擇是根據蜘蛛網的有效性——但是，選擇的發生，則是藉由淘汰那些結網規則會產生較沒有效用的蜘蛛網的蜘蛛。

促使蜘蛛演化的是規則，不是蜘蛛網——對於大多數的動物行為，不管是個體的或是群體的，情形可能也是這樣。這個訊息既令人興奮，也令人頓挫。令人興奮的原因在於，這表示我們可以用數學語言來解釋複雜的行為。牛頓發現，微積分這門特別的數學可以解釋行星運動的每一種複雜細節，但這種運動在以前被認為是無規則的。所以，或許也有一門行為的微積分。

令人頓挫的訊息則是，大自然也許並不像看起來那麼不可思議——大自然確實是相當神奇，揭開了幾個行為模式的真相，只不過是減損大自然中值得稱讚的微妙美名的千萬分之一罷了。

這裡也對生物研究傳達了一個訊息。如果生物體的行為真的用規則來代表，而非這些規則的影響（似乎是這個樣子），那麼，瞭解了生物體的DNA，就只是瞭解生物行為的一小步而已。DNA或許可以「決定」規則，但是由規則所產生的行為充其量只是隱含在DNA密碼中。若要使行為清楚表現出來，則需要瞭解行為的微積分——不管這會是什麼。由規則導出行為（幾乎是從定義上推導），是一種數學的問題。也許所需的數學目前還不存在，但是單靠DNA序列、尋找蛋白質或是只求助於分子機制，你將永遠無法解答動物行為的難題。

當我們想去瞭解動物族群及聚落時，以規則為基礎的系統就會顯現出效果。我們已經在一種相當簡單的有機體身上發現一個活生生的例子，這個有機體就是黏菌，它們會遵循著簡潔的數學途徑來建立適宜的生殖環境。我接下來要舉的是比黏菌更複雜的生物體——螞蟻，最後再推到我們人類眼中（當然是以客觀和公平的角度）所認為的、地球上最最複雜的生物：我們自己。

螞蟻窩裡的振盪

螞蟻是值得探討的，因為牠們是社會性動物，能形成有組織的龐大聚落。昆蟲聚落的組織程度常常看起來遠超過該生物的能力——例如白蟻和牠們所造的空調設備。一九八七年，霍夫史達特（Douglas Hofstadter）[3]提出「螞蟻聚落的神祕群體行為」的想法，他指出，即使一隻螞蟻腦中的十萬多個神經元可能根本就沒有攜帶蟻穴結構的任何資訊，螞蟻還是可以構築出巨大而複雜的窩穴。

那麼，這些蟻穴是怎麼出現的？築穴的資訊存放在哪裡呢？霍夫史達特認為，這種訊息一定是以某種方式散播到整個聚落，散播到各個層級和個別螞蟻的體內。我想知道把「資訊」的概念用在這裡是否恰當：也許表面上缺少的東西多半由螞蟻行為的內建規則來處理，而這些規則，則是利用數學所提供的可用模式。

一九九三年，古德溫、蘇雷（Ricard Solé）和米拉蒙提（Octavio Miramontes）[4]開始利用電腦來為螞蟻族群的群體行為建立模型，電腦裡的程式是設計成一些提供給個別的螞蟻和相互間互動關係的數學規則。

從他們的電腦模擬顯現出的最驚人特點，是一種蟻穴內活動的一致振盪。最先，活動在低潮期——沒有很多螞蟻走動，而那些正在走動的螞蟻只是在近距離內緩慢移動。活動慢慢開始之後，就有比較多的螞蟻在螞蟻窩內疾走，然後活動的程度會增加得更多，直到整個螞蟻窩內都是匆匆走動的螞蟻為止。經過一段時間之後，活動的程度開始下降，直到螞蟻窩又恢復到相當平靜的狀態。

這種活動程度的振盪很接近週期性：活動的圖形會依照近乎規律的間隔，一遍又一遍重複著幾乎相同的變化。螞蟻數目愈多，這個現象就愈明顯（圖八二）。

這種振盪行為實在非常奇特，因為對於這種振盪從何而來，我們全然不清楚。開頭的時候，在規則本身或其即時的影響中看不到任何週期性，再者，根本沒有哪隻個別的螞蟻會遵照一種活動的循環週期。各位不妨把這種情形拿來和大都市裡上下班尖峰時刻的交通狀況做比較。天剛破曉之前，交通流量（活動）甚

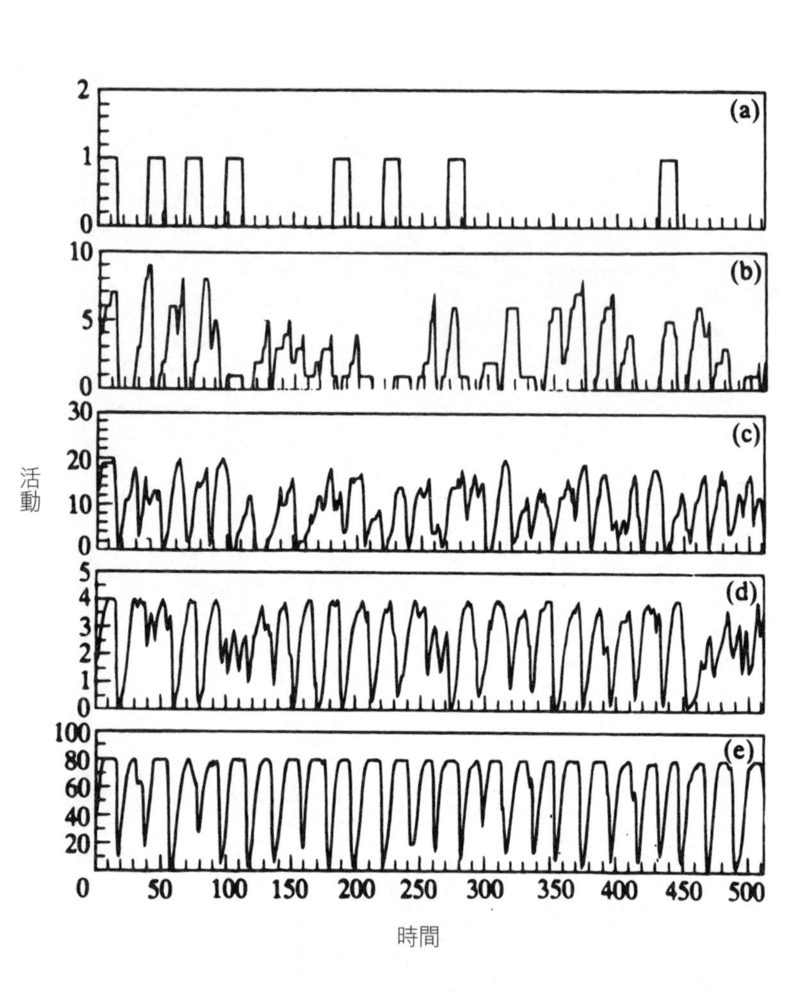

圖八二　螞蟻聚落模型的自發振盪。

小。稍後就開始有一些上班的車輛出現在路上。不久之後，到處擁擠，頓時交通堵塞。差不多過了九點以後，活動開始趨緩下來，然後維持在適中的程度，等到午後稍晚，又再呈一波高峰，然後又慢慢減少。午夜過後，活動就近乎停止。然後，第二天又重複同樣的情形。

初看起來，這種模式似乎很像我們對螞蟻窩的敘述，但是城市的交通與螞蟻窩有兩項極重要的不同：第一，主控車輛行為的規則有每天屬於自己的週期性——每個人都開車去上班，而且每個人每天差不多都工作同樣的時間；第二，每輛車子的活動是週期性的——同一輛車子每天差不多在同樣的時間開去上班。所以，都市交通活動的循環週期直接來自基本的規則，而且可以分別從每一輛車看出來。

螞蟻窩的情形就十分不同了。規則當中並沒有特別規範出明顯的時間週期；沒有哪隻螞蟻有週期性的行為。螞蟻的活動是突現（在規則中見不到）而群體性的（螞蟻窩整體的一種性質，而不是特定個體的性質）。

同樣難以理解的是螞蟻活動的振盪，這些振盪可以在真實螞蟻所築起的實驗蟻穴中見到。例如，法蘭克斯（N. R. Franks）和布萊恩（S. Bryant）觀察到

Leptothorax acervorum 這類螞蟻的蟻穴內有大規模的振盪，而另一方面，寇爾（B. J. Cole）則利用數位相機來觀察 *Leptothorax allardycei* 這種螞蟻，發現整個聚落的活動從低潮變化到高潮的一個循環約為十五到三十七分鐘。

由於個別的螞蟻也一樣沒有行為上的週期性，所以在這裡，振盪活動也是突現且屬於群體的。此種振盪活動不只沒有建立在個別螞蟻的DNA當中，甚至也沒有包含於個別螞蟻的行為裡。遺傳學會把規則建立在個別螞蟻的身上，而振盪就是這些規則的一種性質，不過，規則並沒有告訴螞蟻要遵照一種循環的活動週期——又因為規則所規範的對象是單一螞蟻而不是整個聚落的行為，所以規則也沒有指示聚落去遵照一種循環的活動週期。

在此，群體模式又再次是突現而來的：是一種由規則產生的結果，其間的因果關係相當複雜，人類大腦還無法巨細靡遺地瞭解清楚。

對突現性質的驗證

我認為鳥類的群體行為也必定一樣是突現的。一九八七年，電腦科學家雷諾斯（Craig Reynolds）[5]開始思考為什麼鳥會成群飛行。鳥類之所以成群，是因為這種行為已在牠們的DNA中程式化了？或因為演化的理由（例如：「這樣比較安全」）？群聚是鳥類行為簡單規則的一種突現性質？還是另有原因？雷諾斯設計出一種電腦模擬，其中的虛擬生物稱為「柏茲」（boids），在他所設計的虛擬環境中飛翔。電腦指示柏茲要權衡衝突：避免與鄰近的鳥相撞，盡量與鄰鳥靠近，並且要向鳥群的中心移動。雷諾斯從電腦模擬中得到極為逼真的柏茲群集行為動畫，包括避免撞到障礙物的特殊行為。

荷金斯（Jessica Hodgins）和布羅根（David Brogan）[6]根據雷諾斯的研究結果，找出許多方法來再現成群結隊的鳥、魚和其他社會性動物的優美移動。他們模擬一批機器彈簧單高蹺（如果只有一隻腳，腳部的運動通常就比較容易控制），並賦予它們須保持成群的規則。他們的這批機器彈簧單高蹺順利地保持靜止、加速、轉彎，以及通過障礙物，「只有很少數的相撞情形發生」。

荷金斯和布羅根的主要目的，就是要看看如何為這種成群行為製作控制演算法。不過他們所得到的結果，卻再次顯示了成群行為是一種突現，產生自規則，但不是明確注記在那些規則裡。

稍早，我曾引用我們自己的群眾（人群）移動的經驗，做為群體行為是起源於個體規則的證據，而這個證據，也證明了個體本身不會、也不能操控群體的行為。這種觀點給了我們全新的能力，讓我們不只能夠瞭解群眾的流動，也可以預測。群眾的移動對公共建築物的設計者來說，是一項重要而實際的問題。

一九八九年四月發生在英國的希爾斯波羅（Hillsborough）慘案當中，有九十六人在一場足球賽中被推擠到欄杆而喪生，這些欄杆原是為保護觀眾而設計的。做為群眾流動的有效模型，應該要能測試出幾種替代的欄杆，刪除掉有危險者，預想可能產生的問題，並研究出可靠的方法來解決問題。

描述群眾移動

現在輪到「軍團」（Legion）登場了，這是史迪爾（G. Keith Still）的創意結晶[7]。史迪爾在網際網路上往往以「謝頓」（Hari Seldon）這個化名為人所熟悉，而謝頓，原為艾西莫夫[8]的系列科幻小說《基地》（*Foundation*）裡的要角，是位支持「歷史心理學」（psychohistory，一種可供預測一大群人行為的數學體系）的天才。「軍團」就是在處理這件事，而且只在一個特殊的情形下：它是一種用來預測群眾流動模式的數學規則系統[9]。

「軍團」的故事是從一九九二年一場搖滾演唱會開始的。那天，史迪爾陷在同一群人中動彈不得四個小時，在溫布里體育館（Wembley Stadium）C 門入口處，毫不死心地等著進入已經爆滿的會場。溫布里體育館是英國最主要的運動場所，最有名的活動是每年的足總盃（Football Association Cup）決賽，但這次舉辦的是一場防制愛滋演唱會。參加的總共有七萬人，群眾的流動並不很順暢——但史迪爾認為其實不是這樣，只有他所站的地方才如此。

回家後，他從頭開始想這件事情，重新思考群眾移動的模型問題。他瞭解到，群眾是一個複雜的系統，個體所遵從的簡單規則會產生出大規模的模式。我們也許找不出這是如何發生的，但是我們可以利用電腦來執行這些低階的規則，然後我們就可以用自己的大腦從產生的大量數據中尋找有趣的大型規律。這就是史迪爾用來解決、而且最後也解決了群眾行為問題的方法。

首先，他嘗試在虛擬實境中做群眾模型——但當時可獲得的演算法只能處理兩、三百人，無法應付實際這麼多人數的群眾，因此他面對了一個眾所周知的電腦程式設計問題：很難處理。當虛擬實境系統讓物體四處移動時，系統也必須使這些物體不互相穿越，而它的做法就是：每移動一步就要檢查每一物體相對於所有其他物體的位置。所以每當要更新螢幕顯示時，系統就會檢視所有可能的物體配對。物體的數目增加時，配對的數目增加得更快，例如十個物體就有四十五對，但是一百個物體就增加到差不多五千對。

許多這類的問題是NP-complete的，意思就是每個人都相信此等問題是無法解決的，但是難以證明為什麼[10]。所幸，還有一線生機：在他們移動之前都先不去管同一建築物中的其他東西——人們只對親眼所見的事物做出反應。而他們所找的大部分是開放的空間：他們檢視著不存在的東西。所以，若想在虛擬實境中有效移動物體，他們就不該互相探問，而是該探問鄰近的開放空間。

模式呈現了某種次序

另外一個大的癥結是，大家幾乎都不瞭解在群眾中個體移動的規則，像是下一步要決定走向哪兒。史迪爾必須從群眾的流動倒推研究出他的方法，然後找出隱藏其中的基本規則。他從閉路電視攝影機的黑白連續鏡頭開始著手，在他自己腦海裡做縮時攝影。過程中每個人就好像留下了某種痕跡，可以供人追蹤。

結果顯現了某種次序：許多模式分解再組合、分解再組合……有時候，兩群朝相反方向行進的人可能會面對面相撞。經過幾秒鐘明顯的隨意微動，他們決定要成平行列相互穿插而過，就像兩手手指交叉然後互握一樣。再不然就是，兩群人僵在那兒，就像擠在欄杆邊那樣定住不動，只有當群眾裡的人找到使自己脫離阻礙物的路時，才能從邊緣尋找空隙鑽出去。

從數學的角度來看，這與傳統的任何流動問題不同，不管是流體還是穿過網路的單元。這個現象是局部性及全盤性特點的奇特綜合體；此外，有一些組成要素，例如人群裡的人，是離散而不連續的單元，但也有一些是連續的，比如人們所朝的方向。這是一種混合系統，不能倚賴任何有用的已知理論。

不過卻有一項事實凸顯出來：不管是什麼場合，相同的模式會在同一個地方出現。群眾動態的關鍵不在於人類心理學的錯綜複雜，而是許多移動的個體與某種環繞其周遭的幾何當中的其他個體互動，所形成的許多普適的數學模式。

蘭花碎形的啟示

事實上，幾何是最重要的特徵。

一九九四年三月，史迪爾學到了「扭對稱幾何」（symplectic geometry），這是一種抽象但很重要的觀念：是用來描述「移動」的自然幾何學。他從扭對稱幾何輸入一些公式的範例到電腦中，試著做群眾中個體的移動模型。他並沒有看到逼真的群眾，卻看到某種本身就十分值得注意的事。突然間，在他眼前的螢幕上出現了他從未見過的美麗影像，這些影像顏色生動鮮明、相當醒目而富神祕感（彩圖十一）。螢幕上出現的是碎形，是各種大小結構的幾何形狀，其中一種很像蘭花——所以他替這些影像取名為「蘭花碎形」（orchid fractal）。

蘭花碎形並沒有解決實際群眾的問題，因為這種碎形的規則太缺乏彈性，不過卻證明了這些讓人聯想到群眾模式的圖案，是能夠產生自簡單規則的。特別是，蘭花碎形告訴他如何有效寫出群眾幾何的程式。蘭花碎形是一種自行排列的系統——就像自行組織成群的柏茲，會在自成體系的電腦世界裡，威嚴地飛繞過虛擬障礙物，先分開，然後再重新組合……。

不過，在蘭花碎形、群眾與柏茲之間，還是有某種不太相似之處。規則不同——不只是細節上的，就連在本質上也不同。若精確一點來說，柏茲移動的規則在數學的包裝之下，所包含的是「成群結隊」的指令。真正的鳥兒並不是這樣做的，鳥兒不知道自己必須成群結隊。這種群聚行為產生自個體之間的互動，並非是預設的一種共同目標。群眾移動的模式也一樣，群眾並不知道他們整體的移動。

在群眾當中，所有的個體都有某種目標，例如「盡可能靠近舞台」或「到吧檯去」。群眾擁有形式：也就是大小和形狀。群眾有內部的變數，諸如最大和最小的速度——年紀大的人無法和青少年移動得一樣快。群眾會遵循互動的規則——與其他人保持著適度的距離，同時試著往大致正確的方向跨步。最後也是至關重要的，群眾會在一個環境（也就是周遭建築物的幾何結構）內行動。群眾移動的動態模式就是遵循這個結構。

解開群體行為的新方向

在幾星期內，史迪爾把他的想法編寫成一套軟體——軍團。軍團可以處理二十五萬個個體的群眾。群眾裡的人和他們的周圍環境都儲存在電腦記憶體中，每個人都會探問周遭的資訊空間，先判斷出那個空間是另一個人、一面牆，或真的就是開放的空間，然後根據情形來做反應。移動的確切規則仍是某種商業機密，是觀察真正的群眾數千小時之後而獲得的。軍團更證實了下面這個事實：雖然在真正的群眾中，任何個體的移動都是不規則且不能預期的，但流動的模式很容易受個體行為的變化所影響。

不管是為了要發現最佳移動步驟而深思熟慮得到的策略，還是隨意採取的策略，都會產生幾乎相同的流動模式，即使個體在兩種情形下所依據的移動規則非常不一樣。最主要的決定因素是：建築物的幾何結構。

許多建築師已經親身經歷過虛擬實境的新建築物模型，而這些模型只存在於他們的電腦裡。現在，他們可以與虛擬同伴的真實軍團一起來走這趟旅程，他們也將在創作的模型著火時，或者柵欄因負載過多人數（例如在機場迎接偶像的瘋狂歌迷）而坍塌時，能夠確實經歷到實際發生的狀況。

一些像軍團這樣的系統，正開始打開科學的新境界——大群生物體的突現群體行為。各種不同的軍團變體，可以為成群的動物、鳥群及魚群做出模型。軍團可以為錯綜複雜的生態系建立出理想的模型，而再一次，生態系整體的群體行為必須是無數個別生物體的規則系統的結果。

軍團使謝頓在《基地前奏》（*Prelude to Foundation*）中表露的其中一個夢想成真：「它是一項可用來鑑定對人類什麼是好、什麼是不好的工具。有了這個工具，我們所做的決策將不像以往那麼盲目。」

【注釋】

1. 詳見Fritz Vollrath, " Spider webs and silks," *Scientific American* (March 1992), 52-58; Kate Douglas, " Arachnophilia,"《新科學人》(*New Scientist*)(August 10, 1996), 24-28。
2. 詳見John H. Holland, " Genetic algorithms," *Scientific American* (July 1992), 44-50。
3. 參閱Douglas R. Hofstadter, *Gödel, Escher, Bach: An Eternal Golden Braid*, Penguin Books, Harmondsworth, England (1980)。
4. 詳見R. V. Solé, O. Miramontes, and B. C. Goodwin, " Emergent behaviour in insect societies: Global oscillations, chaos and computation," in *Interdisciplinary Approaches to Nonlinear Complex Systems* (edited by H. Haken and A. Mikhailov), Springer series in Synergetics 62, Springer-Verlag, Berlin (1993), 77-88; Ricard V. Solé, Octavio Miramontes, and Brian C. Goodwin, " Oscillations and chaos in ant societies," *Journal of Theoretical Biology* 161 (1993); Octavio Miramontes, Ricard V. Solé, and Brian C. Goodwin, " Collective behaviour of random-activated mobile cellular automata," *Physica* D 63 (1993), 145-160。
5. 詳見C. W. Reynolds, " Flocks, herds, and schools: A distributed behavioral model," *Computer Graphics* 21 (part 4) (1987), 25-34。boid這個字，是紐約布朗克斯區（Bronx）發bird（鳥）這個字的口音，下面

這兩首作者不詳的紐約詩，用到了這個字：

（一）

Toity poiple boids

Sitt'n on der coib

A' choipm' an' a' boipin'

An' eat'n doity woims.

（二）

Der spring is sprung

Der grass is riz

I wonder where dem boidies is?

Der little boids is on der wing.

Ain't dat absoid?

Der little wings is on der boid.

6. 詳見Jessica K. Hodgins and David C. Brogan, "Robot herds: group behaviors for systems with significant dynamics," in *Artificial Life* IV, MIT Press, Cambridge, Mass. (1994), 319-324。

7. 詳見Sean Blair, "The secret of crowds," *Focus* (June 1996), 26-29。

8. 艾西莫夫（Isaac Asimov, 1920-1992，美國著名科幻小說家）的「基地」經典三部曲是《基地》（*Foundation*）、《基地與帝國》（*Foundation and Empire*）以及《第二基地》（*Second Foundation*），

分別於一九四二至一九四四年、一九四五年，以及一九四八至一九五〇年首刊於*Astounding Science Fiction*雜誌中。這三本小說以書本的形式出版則分別在一九五一、一九五二及一九五三年，而且目前仍然有幾家出版社印行。接下來比較近代的續篇則為《基地邊緣》（*Foundation's Edge*, Doubleday, 1981）、《基地與地球》（*Foundation and Earth*, Doubleday, 1985）、《基地前奏》（*Prelude to Foundation*, Doubleday, 1987）和《邁向基地》（*Forward the Foundation*, Doubleday, 1993）。

9. 軍團（Legion）這個名字出自《聖經》：My name is Legion, for we are many.（我的名字是軍團，因為我們人數眾多。）——但是史迪爾是從一個較為世俗的出處，也就是英國熱門科幻電視喜劇《紅侏儒》（*Red Dwarf*）。欲知《紅侏儒》的魅力，可參閱Grant Naylor, *Primordial Soup: Red Dwarf, the Least Worst Scripts*, Penguin Books, Harmondsworth, England (1993)。

10. 在一九九六年，達科士達（Newton Da Costa）和多里亞（C. Doria）發表了一個證明，內容是說P≠NP這個著名的重要數學難題是不能論證的（undecidable）。相關證明至本書撰寫時還未出現。編注：所謂的NP-complete，是指「目前已知在最不理想的條件限制下，並沒有時間複雜度（time complexity）為線性多項式（linear polynomial）的演算法來驗證的問題」。

第11章

珊瑚礁爭奪戰——生態系數學模型

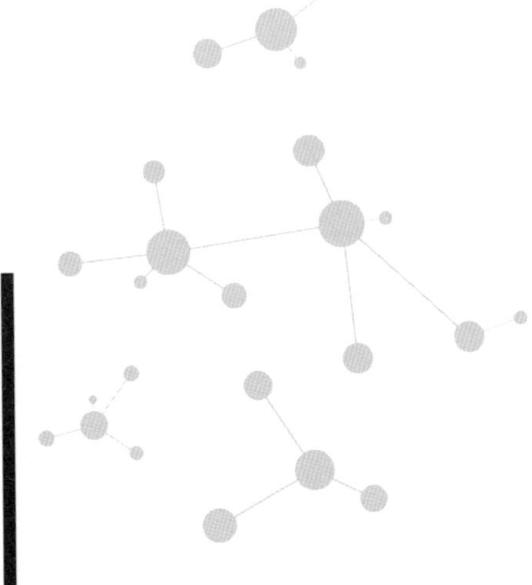

我們必須確實瞭解生態系，
而不只是誇大的尊敬生態系。
在瞭解的同時，也必須發展出
一整套新穎的、經常是非正統的數學工具。

橡樹上長了一個真菌植物——一夜間散播的孢子，遠比橡樹一百年間掉落的橡實還要多。某種芽孢桿菌每兩小時多出一倍；要是它的所有後代都能存活的話，數量一天就能多達四千個，而人類也許要花上三百年才那麼多。一隻鱈魚一次要產超過一百萬個卵——只是希望有一對能生存下來，承繼親代。

——湯普生，《論生長與形態》，第三章

太平洋海底有塊熱點（hot spot），在那兒地球內部的熔融岩漿異常接近地表，熱點上方則有許多火山島穿出海底板塊攀升而上。太平洋大陸板塊漂移時，熱點會在新的地方噴發：大約每二十萬年就產生一座新島嶼。

就在最近這幾年，有八個島嶼加入夏威夷群島的行列，原先的夏威夷火山列島由一百三十個火山島組成，自庫雷（Kure）島延伸到中途島，全長超過兩千公里。列島在火、火山灰和熔岩的大爆發中誕生，在地質年代上只是一剎那而已；而列島的死亡則悠然得多，經過風、海浪和雨水的侵蝕，列島逐漸重回海面，甚至沒入海面下。列島中最新的島嶼也是最高的，許多年代較久的火山島，現在都已完全沒入海中。

夏威夷群島的第二新島為茂伊（Maui）島，這個島事實上是第二座新島與鄰近的「前任」火山島的結合體，因為茂伊島是由普庫基（Pu'u Kukui）和哈里亞卡拉（Haleakala）這兩座火山島結合形成的。兩座火山島以前是分開的，現在則由侵蝕下來的碎石所形成的狹長沙嘴（spit）連結起來。

沿著哈里亞卡拉火山島的斜坡而下，有一連串的小火山、側火山頸（vent）和安全的裂瓣（valve）延伸至海中。沒入海中的莫洛基尼（Molokini）火山位於海岸外三公里處，在開亞來卡希基海峽（Kealaikahiki Channel）冒泡水域中，噴發出比建築物稍高的新月形熔岩。在附近的馬里亞灣（Maalaea Bay），座頭鯨前來繁殖和嬉戲。

海平面上，莫洛基尼只不過是一座布滿熔岩、雜草和矮樹叢的火山島；是海鳥的樂園、其他小型野生生物的避難所；是臨時訪客的禁地。不過在海浪底下的莫洛基尼卻是五彩繽紛，長滿了奇形怪狀的扇狀纖弱珊瑚。海鰻和章魚潛伏在珊瑚縫隙之間，多刺的海膽點綴了海底景觀，以貪婪的小嘴不停地覓食。亮麗多彩的魚群穿梭岩間——帶著彩虹色彩的鸚鵡魚、有條紋的神仙魚、帶斑點的魚、像壓扁的檸檬的黃色的魚……深藍色的魚莊嚴地巡邏，彷彿是珊瑚礁區的警察。細長的灰色喇叭魚吞下短胖、色彩明亮的魚——接下來好幾天牠的肚子鼓脹起來，頗像一隻吞下老鼠的蟒蛇。

珊瑚礁是活生生、不斷蓬勃生長的，但也是即將死亡毀滅的。首先，珊瑚礁是一個戰場。不同種類的珊瑚，在一個不到手掌寬的無人島上直接交手對抗，領土爭奪戰猛烈進行了幾百萬年，更確切的說，這是一場「胃對胃」的戰爭，因為珊瑚已經演化出一招對抗敵人的手段，也就是把消化系統外翻出來，並像魚叉般對外敵發射。珊瑚還有另外兩種武器：一是化學戰，一是侵占。

歡迎來到珊瑚礁爭奪戰。

珊瑚礁（不是指這個被保護的珊瑚礁，而是指散布在世界各地、但主要在太平洋和印度洋上的大部分珊瑚礁）還得加入另一種戰爭：與人類交戰。人類由陸地或船上汙染珊瑚礁，蓄意破壞，以便建造遊艇停泊碼頭。此外也有鋌而走險的討海者，為了震昏魚群或其他生物，而用炸藥炸珊瑚，附帶地造成了破壞。

珊瑚礁並不簡單，而是一個複雜的生態系，一個由許多生物體組成的互動網。生態學（ecology）是生物學的一支，主要在研究許多不同的生物體如何在自然環境下互動，可算是科學殿堂中頗新的學門。ecology 這個字，也常用來敘述一個由生物體在所處環境中形成的系統，但是如果我們把後者稱做 ecosystem（生態系），而不是 ecology（生態），就比較不容易混淆了。

珊瑚礁生態系是行得通的：數億年來，珊瑚成功築造了珊瑚礁。因此，這種生態系一定是一個在某種程度上可承受不時被破壞的體系。生態網是堅固的，不是脆弱的，所以在暫時遭受損失一部分之後，往往可以繼續生存下去。不過，若遭受大規模的猛烈侵害，珊瑚礁還能不能繼續存活？

今天，那些很容易受人類干預所影響的生態系，將無法再靠自己的力量生存。但很諷刺的是，唯一能使這些生態系存活的可能方法，竟然是人類更多的干預。拯救生態系免於受到破壞的方法，就是去管理生態系。

為什麼不乾脆由它去？如果真的能採取順應自然的解決之道，禁止人類的一切行動，回到從前的時光，讓大自然為自己說話，這當然是再好不過了，然而，大自然再也恢復不了原來的樣貌——事情當然沒那麼容易。山腰上的林木被砍伐成光禿禿的一片，表層土流失，很不容易再長成森林。無論如何，不能再姑息人

類，而應該要禁止人類再在這擁擠的行星上榨取大片生態豐富的區域。

不管我們同不同意，保留大自然遺產最好的方法，就是去管理這份遺產，設法補償過去和現在的人類所做的干預，對於已加諸的破壞予以復原。

從瞭解著手

然而，現在我們卻面臨到一個嚴重的問題。就如同人們所說的，通往地獄之路已經鋪好了，而且是出自善意。要幫助生態系生存下來，是件極其容易的事——結果卻是無意的破壞。有無數的例子說明，人們為了有益的目的而引入的生物，已經破壞了原有的天然生態：例如澳洲的兔子和蔗田蟾蜍（cane toad），紐西蘭的荊豆灌木（gorse bush）、鹿和負鼠，南美洲具攻擊性的非洲蜂等等，後者與當地的品種雜交出殺人蜂，近年來正侵襲美國南部。

為了管理生態系，我們必須先瞭解生態系——不只要知道生態系正在做什麼，也要知道如果我們加以干涉的話，生態系會做出怎樣的回應。簡言之，我們需要一套方法，來繪製出生態相空間的地形圖。生態系是非線性的，常常與我們天真的線性直覺背道而馳。例如我們所宣稱的安全捕魚限量，其實有可能破壞產卵地，使魚種瀕臨（或已經）滅絕。因此我們必須製作出一些新的工具，協助我們得到全新的瞭解；虔誠地大力疾呼生態環境的神聖是不夠的：我們需要知道生態環境是如何運作，需知道如果我們干擾它的話，生態環境會變成怎樣。

那些工具現在還沒準備就緒。我們沒有像牛頓運動定律那樣精準的生態定律——我也懷疑將來會有，因為那並不是我們努力的方向。生態系的許多重要模式都是定性的，因此「讓計算結果精確到小數點後十位」並不是我們應該瞄準的目標。我們要做的是：發展新的工具並修飾舊的，這樣一來，我們就能慢慢掌握住生態系的真實情況。漸漸的，潛藏在生態動態裡的模式就會在曙光中浮現。

在這些工具當中，有一些是古典的，譬如統計學或微分方程；有些則是新的，其中最成功的工具之一就是橫跨了數學和電腦的遊戲，也就是第五章介紹過的「格狀自動機」。在這種混合體中，我們現在是要拿一種珊瑚品種與另一品種對抗，或者是兩種海膽間的對抗，而不是像青少年所玩的、制伏外星人來累積高分的遊戲——競賽所得的分數，可以透露出基本的動態模式。有了這項瞭解，我們就可以建議政府如何去管理那些易受傷害的生態系。

舉例來說，在一九九一年一月波灣戰爭期間，伊拉克軍隊蓄意傾倒大量石油到波斯灣中。這個舉動破壞了生態系，但情況究竟有多嚴重？海灣生態環境的主要角色是大褐藻（kelp）、海膽和龍蝦，龍蝦棲息於大褐藻叢中，以海膽為食，海膽則吃大褐藻。如果海膽過多，大褐藻就會大量減少而使岩石裸露；在相當有限的時間內，如果龍蝦和海膽沒有東西吃，這兩種生物就會死掉。偶爾，某種海中的病毒會侵襲海膽，殺死全部的海膽，但是新的海膽會由外面再度進到這塊領域。為了找出傷害有多大，我們必須解開這種互動網。

我們稍後就會看到，新的數學工具可以提供簡單而直接的方法，來描述這個簡化海灣生態系的模型，並正確指出這種干擾造成的危險——或者沒有。當然，由於海灣的整個生態環境牽涉到很多其他的生物體，所以，由簡化模型得到的結果必須小心處理，但如果我們付出更多努力，同樣的方法也可以處理較之更複雜的模型。儘管是簡化的，這種特殊的模型仍然提出了一種相當令人感到興奮的可能性：用衛星來監視海灣的生態系，後面將再詳述。

格狀自動機創造於一九五三年，當時，大數學家馮紐曼（John von Neumann, 1903-1957）正要開始去探索生命的奧祕（至少是其中一項奧祕）：生命的繁殖能力。他想證明這種能力不是某種生命原則神祕而無法言喻的一面，而是相當直接且普遍的一般物質的特徵。不過，這種物質是以很特殊的方法組織起來的。他希望他的想法可以繼續延伸，終至發現地球上的生命形態用來繁殖的機制。

馮紐曼的想法雖在克里克和華生之前，可惜他發表得太慢，以至於無法為生物學家所用——克里克和華生倒是先做到了。

克里克和華生研究出DNA的外觀，以及DNA大致是如何複製的。馮紐曼則從另一面著手，提出「原則上有沒有可能建造出一個可自行複製的機器」的疑問，藉此把生殖的一般問題抽絲剝繭成許多要素。馮紐曼想創造出一種能描述複製的一般數學理論，而他的答案[1]也證明了可複製的機器真的有可能製造出來，甚至還使他得到（至少是地球上的）生物體所實際使用的相同抽象架構：該架構可以使生物自己的體內容納一套程序密碼，而生物本身就是靠這套程序誕生出來的。

克里克和華生的研究，導致DNA運作方式的發現；在分子裡明白展露的，則是馮紐曼提出的機制。不過正如我前面所說的，克里克、華生及那些後續的繼承者，並不需要馮紐曼的完善見解來獲得那個結論。

馮紐曼機器的誕生

為了使他提出的問題能引起注意，馮紐曼必須區別出真正的複製和無價值的複製。每個複製系統都是在某種環境下運作，如果環境太繁複，該系統就很容易混淆視聽。例如，在有人員和影印機的環境中，一封書信會是一個可自行複製的機器。

為了避免這類問題，我們必須找出某種能夠穩定而精確地自身複製的系統，而且是在只能使用所處環境裡的低階材料：例如某種機器人，它可以挖掘出礦石，然後冶煉成金屬，它也可以挖沙並生長出矽晶體，然後蝕刻成晶片，湊成電路和零件，最後做成跟自己相像的另一個機器人。

這種「馮紐曼機器」將會是一個相當複雜的東西——除非我們利用遠比我的敘述聰明得多的方法來設計。一種可能解釋的途徑是使用毫微科技（nanotechnology），在超小型的環境中利用微型化的機器。把生命做十的數個乘方的縮小，就是到分子的大小。馮紐曼朝向心靈的抽象領域邁進，而得到複製的數學體系，在此同時，他也創造出一種新的數學概念。

馮紐曼的機器有兩個主要部分：其中之一是製造單元——在給定合適的指令和足夠原料的條件下，可以製造出任何東西；另外一個部分，則是在建造出機器本身時所需的指令清單。

初看之下，這些需求是自相矛盾的，理由是：如果指令敘述了完整的馮紐曼機器，那麼在此機器的某個地方，我們必定可以找到該機器的指令，所以，在機器的指令裡面，一定還有對於那些指令的敘述——也就是說，在這個敘述裡面，另有描述那些指令的敘述……這樣下去顯然是永無止境的。

不過，馮紐曼認為這種重複性是不必要的。既然已經有完整的指令，為什麼指令還要包含描述自己的敘述？所以，他加進了第三個部分——指令複印機。這個東西既不知道指令裡寫些什麼，也不去解釋或遵從指令，它只負責複印指令。

現在，我們就從這個由製造機、指令清單和複印機組成的機器開始談起。製造機接下指令清單之後，就製造一個新的製造機和新的複印機，並把這兩樣東西拴在一起。然後，製造機再把指令清單放到複印機上，做出一份相同的指令清單。最後，再把指令清單放到新機器中的適當位置，整個過程仍然遵循著指令。

避免無限制循環下去的訣竅雖然簡單，卻也很巧妙：它是在把指令清單上的資訊，在複製過程的兩階段中以兩種不同的方法處理。首先，資訊會被解釋並執行——在此階段，寫在清單上的內容極為重要：錯誤不只會被複製，還會使製造機出錯。在第二階段，資訊則被複印——此時，清單的意義就無關緊要了[2]。錯誤不會影響複印過程本身，不過，錯誤的確處於靜候狀態，等新的機器一開始建造本身的複製品時，就會一舉製造出許多混亂。基因組的特性就是如此：在生物體的發育過程中，基因組會被解釋，而在細胞複製時，基因組就被複印了。

馮紐曼在獲得上述架構之後，本來是可以就此打住的，但他又面臨到一個後續問題：「數學系統真的能做到這些嗎？」在獲得另一位數學家烏蘭（Stanislaw Ulam, 1909-1986）的意見之後，馮紐曼想出了前面談到的格狀自動機的概念。最簡單的一種格狀自動機，包含了一排正方格，稱為「格子」。此外，也有可能是像巨大西洋棋盤的二維格子排列；事實上，馮紐曼的機器就是二維的。如果需要，你甚至可用三維的。

不管格子的幾何形狀為何，每一個格子只能容許有限多個狀態，為了方便起見，這些狀態都用顏色來表示。在假想時鐘的每分每秒，某個格子的狀態會隨著它與相鄰格子之間對應的不同規則而改變。例如，其中一種規則可能是「坐落在黃色格子與藍色格子之間的粉紅色格子一定要變成綠色的」。這種系統也許看起來很簡單，然而格狀自動機卻能做任何電腦可以做的事，兩者的差別不在於能力的多寡，而是在執行時要花多少時間。

馮紐曼在二維網格上創造了一個格狀自動機，涵蓋二十九個狀態，並賦予了一個包含差不多二十萬個格子的初始模式。其中一片格子區域是製造機連同複印機，其餘的區域則是指令清單。製造機連同複印機的這塊區域，會遵循自動機的規則，朝開放空間延伸出長長的觸手（見圖八三）。接著，該區域就按照指令來建造複製品，然後再複印指令，並且把複印的指令加到新區域中，最後再抽回它的觸手。

那麼格狀自動機究竟可以做什麼？一九八四年，普林斯頓高研院的研究員沃富仁（Stephen Wolfram，也因為開發出Mathematica™套裝軟體而出名）觀察到，以單排格子的形式來運作的格狀自動機會產生四種不同的行為，而且顯然就只有這四種[3]：

◇ 第一類：幾乎所有的初始組態最後都會成為一個穩定的狀態，也就是

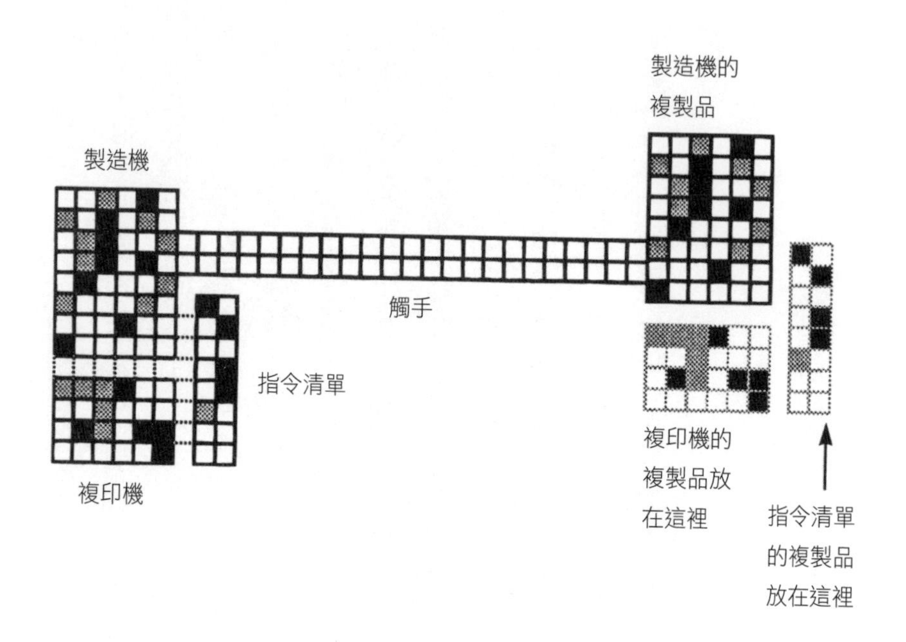

圖八三　馮紐曼自身複製的自動機延伸它的觸手。

所有的格子會永遠處在同樣的狀態，而這個狀態與初始組態無關（如圖八四 a 所示）。

◇ 第二類：幾乎所有的初始組態最後都會成為一個穩態，或出現某種循環週期，但相關狀態取決於初始組態（如圖八四 b 所示）。

◇ 第三類：幾乎所有的初始組態最後都會成為一種混沌狀態，即使是遵循著規則產生的，也顯然無法預測（如圖八四 c 所示）。

◇ 第四類：有些初始組態會產生複雜的局部化結構；自動機似乎是在執行某種運算（如圖八四 d 所示）。

第四類的自動機特別有趣：這類型的自動機可以執行那種實現馮紐曼複製體系所需的運算。我們幾乎不清楚二維格子排列的格狀自動機所表現的一般行為類型，對於三維排列則知道得更少──但如果已知一維格狀自動機具有豐富度，那麼我們也可以順理成章地預估，這些更為複雜的格狀自動機可能會是多變的。

生物學刺激了格狀自動機的發展，使格狀自動機成為數學的新領域。數學家之所以對格狀自動機感興趣，是因為這些自動機為許多兼具空間和時間結構的複

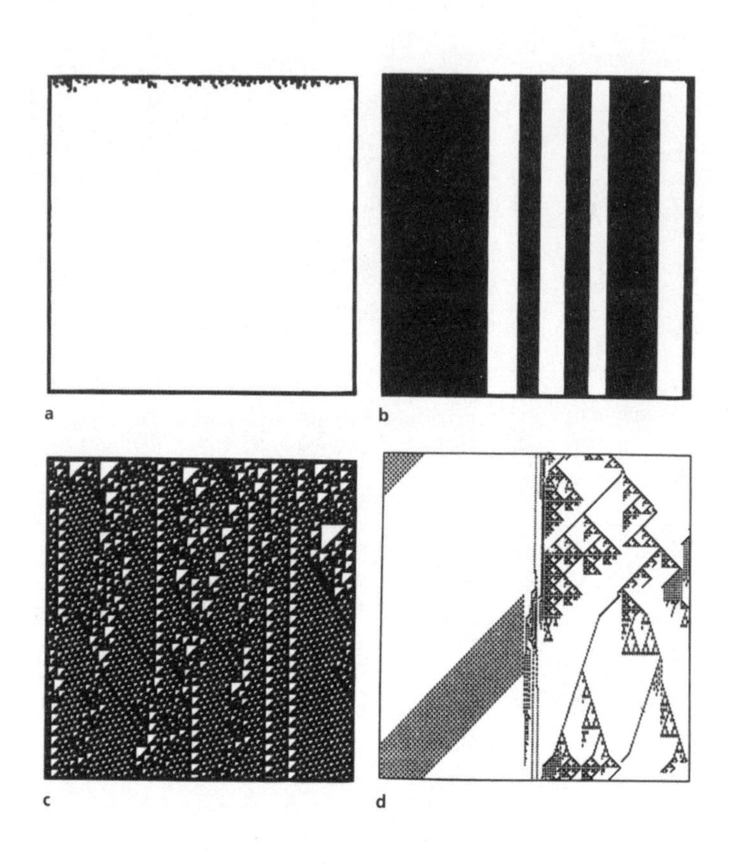

圖八四　一維格狀自動機的四種類型。

雜系統，提供了簡單而清楚的範例（同時也容易在電腦上進行模擬）。

此外，格狀自動機也為霍普菲德稱為「突現運算」（在這種運算當中，以規則為根據的簡單系統，會顯現出一部程式化電腦的運算能力）的現象，提供大量新的線索。但是我們不準備討論這個部分，而是要來看如何使用格狀自動機，來為已破壞的波斯灣生態系做出模型。

格狀自動機的實戰演練

一九九三年，麥克格雷（Jacqueline McGlade）和普萊斯（A. R. G. Price）[4]開始搜尋可用的方法，來評估一九九〇至九一年間波灣戰爭對生態的衝擊，特別是大量傾倒石油的影響。他們提出的其中一種方法，是利用格狀自動機來做模型。

為了說明這種方法，他們選擇了一個包含三種主要生物的簡化生態系來討論，這三種生物分別為大褐藻、海膽，以及龍蝦。他們把這些生物安裝在一個特別定製的二維格狀自動機內，整個網格就是波斯灣一部分地形的粗略模型，包括海岸線、海灣、一些陸地，和一部分海洋。上面每個格子的可能狀態則包括大褐藻的狀態、海膽的狀態，以及龍蝦的狀態；例如，如果某個格子是在龍蝦狀態，意思就是由該格子所定義的位置上有一隻龍蝦。

電腦遊戲的運作過程是這樣的：對程式設計者來說，螢幕上的每個像素都有一個狀態，程式則依照遊戲規則來操縱這些狀態。對玩遊戲的人而言，像素的狀態就是視覺上看到的顏色，而相關的像素組，就會創造出「超級瑪莉」和其他眾所喜愛的電玩角色，這些主角又會參與程式設計者的規則所設計出來的遊戲。麥克格雷和普萊斯就是使用這相同的技巧：所有的生態規則可以涵蓋在格狀自動機內所訂的規則中。

他們隨機指定自動機的網格給大褐藻，然後賦予電腦規則，告訴大褐藻如何依照生物生長的標準定律去繁殖。他們建立的規則，是要使龍蝦棲息於大褐藻叢中並捕食海膽，而海膽要吃大褐藻。至於其他規則，則確保如果某地區有太多格子是在海膽狀態，那麼所有處於大褐藻狀態的鄰近格子就必須變成裸岩狀態，依此類推。

彩圖十二顯示了格狀自動機狀態的一個例子，可以解讀成一個有顏色標記的地圖，也就是部分海灣的鳥瞰圖，圖上以適當的顏色方塊標示出不同的生物和裸岩。我們看到了一塊塊的大褐藻和龍蝦，邊緣則圍著海膽區塊。隨著模擬時間一分一秒地過去，這個生態系的模型也按照實際生態系的相同方式改變著，也就是假設它遵循內建於模型中的規則，而不去管大褐藻、海膽和龍蝦以外的任何生物。

藉由讓電腦來執行這個模型（也就是讓電腦遊戲順其自然），麥克格雷和普萊斯證明了，海灣生態系的模式本身會變成「獵物─資源」的配對。在有些地方，龍蝦和海膽配成一對；而在其他區域，海膽是配大褐藻。在這些片塊中，生態系的動態簡化成包含兩種生物的生態系，結果會使族群的動態變得較為簡單。這種片塊的結構，有助於阻止其他物種侵入該生態系，即使在入侵者很占優勢的條件下也一樣。

其中一個特別重要的發現是，大褐藻、海膽和龍蝦這三種生物的動態，可以從只觀察一種生物就推演出來，例如大褐藻。理由在於，格狀自動機的規則會把大褐藻族群，與另外兩種（以某種方式）相連結，所以知道了一個族群，就可以精確找出其他兩種。雖然如此，我們還是不能輕易獲得答案：你必須執行格狀自動機，觀察其動態，才能找出不同生物族群的關聯性。

此外還有一個重要發現就是，我們可以利用人造衛星圖片，先觀察大褐藻族群，再藉此監控整個生態系。縱使衛星觀測不到龍蝦和海膽，牠們的數量還是可以從大褐藻的數量來推測，所以，這份特殊的數學見解可以導出一種嶄新、實用卻非直覺的方法，來管理海灣生態系。用不著擔心龍蝦和海膽——管理大褐藻就行了。

由於格狀自動機能讓我們從大褐藻的動態，推導出這三種生物的整個動態，所以我們也就可以使用數學，研究出合理的大褐藻管理策略，而使整個海灣生態系回到原來的狀態。此外，你也可以透過衛星遠距監控大褐藻，而不必花費鉅資，調派田野調查小組實地研究。

數學能處理真實生態嗎？

波灣戰爭的破壞，只不過是人類的愚蠢和無知危害到地球的其中一個例子。對人類極為重要的要務則是，我們應該學會瞭解生態系。我們種植樹木是為了造紙，我們由海洋中捕魚，我們帶旅行團到珊瑚礁的水域潛水，我們抽取沼澤的水供農業用，建造水壩來確保水源……這樣的事，數也數不完，而其中的每一項都干擾了自然生態。

還有，由於我們對生態系根本就不甚瞭解，所以常常犯錯。我們砍伐山坡上的樹，結果每當下雨時，就面露驚恐地看著表層土被沖刷掉。我們的麥田變成沙坑。我們從海裡捕了太多魚，破壞了整個繁殖循環，總有一天會突然之間不再有魚可捕。

生命是一個環環相扣的系統，但這些環扣如何作用，我們所知道的遠比我們所想的還要少。我們很希望能有一種結合了數學和田野觀察的混合體，前者可以推導出這些環扣產生的結果，後者可以告訴我們生物體的行為模式和互動關係。

數學真的可以處理像生態系這般複雜的體系嗎？如果答案是「否」，那問題就大了。我不曉得有哪個神奇的方法比數學更加優越，可以用來掌握一個交互系統的複雜性，不過我卻能想到一些更差的。動物學可以告訴我們很多生態系的表現情形，這是在我們放任此生態系不管的條件下，但是對於改變後的結果，我們知道的就不多了。遺傳學可以探知基因的流向，但對於動物的運動就無能為力了。經濟學可以告訴我們犯錯的代價，但不能告訴我們如何避免犯錯。

電腦模擬是一種比較有吸引力的可能方法，但是又極度仰賴數學：你覺得 computer 這個字裡的 compute 是從哪兒來的？如果不是存在了某種一般性的數學理論，而電腦模擬能夠符合它，就是這理論不存在但仍應該要有這種理論，而電腦模擬，就是要找出這理論是什麼的步驟之一。所以對我來說，電腦模擬要不是算做數學，就是算做初期數學；電腦模擬只是我們拿來幫助思考數學構想的許多技巧中的一個。我知道這種觀點並不普遍被接受，但我相信這觀點可以被成功辯護。

就算我是對的，許多人仍然會問下面這個問題：數學可以告訴我們任何關於真實生態系的事嗎？的確可以，但是你還是一樣要記住，所有的科學都有極限。如果真的找到一種簡單的數學，可以涵蓋所有（譬如說）在珊瑚礁上的生命的錯綜複雜，我反而會覺得大吃一驚，所以就這層意義來說，珊瑚礁現在不是、未來也不會是數學的一部分；我們也都同意——但是這阻止不了數學成為瞭解生命某個層面的有用工具。

找出簡單的模型

就像我前面說過的，如果可以找到一種簡單的數學，涵蓋所有太陽系中星體運動的錯綜複雜，我也會感到訝異。如果想考慮整個太陽系，你就必須把其中的每個星體都列在裡頭，並包括這些星體的所有相關特性，諸如位置、速度、形狀、物質的分布……，這工作對有限生命的人類實在太艱巨了。

儘管有這些限制，數學仍舊是研究太陽系運動的極重要工具，方法在於，我們要把數學用到簡單的模型上，而不是用到真正的事物。如果我們能適當選擇模型，那麼這些模型就可以掌握到真正事物的主要特性，而數學，正可以讓我們萃取這些主要特性的結果。

對於生態系也會（或應該）如此。最重要的是要找出一些能結合部分地球生態系重要特性的簡單模型，並利用數學去導出那些特性所隱含的結論。不過，如果你是因為在生態系中找到某些東西與數學模型不符，就摒棄上述這些結論，那麼你就不是真的瞭解該如何使用數學。目標並不在追求完美，而是瞭解——不是要獲得精確的描述，而是要有具洞察力的模型。

最早吸引到數學模型家注意的生態系層面之一，是植物和動物族群的生長以及減少。湯普生的大作《論生長與形態》書名當中的頭三字「論生長」，就清楚說明了這點。湯普生在這部書裡探討了關於生長的許多細節。

今日，當許多物種的數量一直減少，有些甚至瀕臨絕種的同時，這個生態學領域就有了全新的意義。該領域所關切的不只是稀有物種：現在面臨的其中一項大問題是鱈魚族群因為過度捕撈而突然減少。要解決這個問題，一方面也就是要瞭解鱈魚被捕撈的速率變化與鱈魚族群之間的相互關係；這至少能告訴我們多少的捕獲量是可行的。

科學只是問題的一端，政治也是擋在前頭的大問題。不過，如果我們錯用了科學的方法，那麼政治就只會把事情愈弄愈糟糕。

費布納西模型

我所知道最早的數學族群模型，是產出費布納西數的模型。各位如果還記得的話，比薩的雷奧納多——那位人稱「費布納西」的數學家，提出並解答了一個有關兔子後代的奇怪謎題。我們沒有理由相信，費布納西只是把這個問題當做有趣的數學遊戲，不過即使如此，他的謎題還是包含了一個嚴肅的訊息。

早先，我們利用林登梅爾的樹狀分枝法典（參考第六章），解開了那個謎題。另外還有一種方法，是用到代數；藉由代數的幫助，我們可以很快發現謎題的解答就是費布納西數列，甚至我們可以應用產生此數列的規則（亦即：每個數都是它前面兩個數的和），來找出費布納西數的公式。這個公式最後又牽扯到黃金數[5]，這個結果似乎不足為奇，因為大家都知道費布納西數和黃金數關係密切。

費布納西模型的最終結局是兔子族群增加，而且差不多每季增長一・六倍。如果這一季有兔子一百隻，那麼下一季就會有大約一百六十隻，依此類推。一・六這個數稱為「生長速率」。因為生長速率大於一，所以數量會增加；又因為在第n代的族群大小與生長速率的n次方成比例，所以數量會呈指數增加。

呈指數增加，是非常快速的。如果沒有任何意外去阻止增加的話，那麼在一百二十代之後，兔子的總數會超過已知宇宙中的兔子總數。這就是費布納西小妙文所隱藏的訊息：在資源和棲息地沒有限制的狀況下，如果生長速率大於平衡點，動物族群就會呈指數暴增。按照類似的分析，如果生長速率小於平衡點，族群就會呈指數減少。等於平衡點時（我的意思是就長時間而言），這一代的一對成年生物所產生的下一代成年生物也是一對，數量則保持一定。不過，在像費布納西模型這樣的簡單模型當中，這個平衡點是極度不穩定的。

當然，族群大小總會受到資源和棲息地的限制；但是如果你為了這點小毛病而不考慮此模型，那麼你將一無所獲。這個模型會在上述限制條件發揮影響力之前，預測出指數增長，而這個指數成長，又可以解釋很多事情。例如，它解釋了為什麼細菌感染會擴散得很快，以及害蟲（如蟑螂）的數量為什麼會在我們短時間沒加以控制，或在牠們產生某種抗體之後，很快就又恢復增加；這個指數成長也能澄清，不管是哪一種數量膨脹的動物族群，都將在面臨資源短缺的問題時發生困難。

處理族群生長的第一個半實際（semirealistic）方程式稱為「魏豪斯模型」（Verhulst model），是以最簡單的可能方式導出生長的上限。這個方程式假設，未受抑制的族群生長會導致指數增長，但它也假設這種增長會因資源的缺乏而緩和，族群大小會平穩下來而趨近一最大的穩定值。這類增長就稱為「推理曲線」（logistic curve），是湯普生的重要發現之一，占了他巨著第一冊的大半篇幅。雖然推理曲線是古典的，直到今天仍然受到重視，甚至還屬於科學研究的新領域。比方說，這些曲線好像與大滅絕有關。

推理曲線與大滅絕

各位可以回想一下，大滅絕就是（由化石紀錄所顯示的）各式各樣的生物體經歷了一次突然減少的時期：很多物種消失了。接著，由於少了那些已滅絕的物種而刺激其他物種的發展，所以許多更新的物種很容易在剎那間出現。

最有名的一次大滅絕，是發生在距今差不多六千五百萬年前的恐龍的滅亡，哺乳動物就是在這之後出現的。不過，最少還有其他兩次大滅絕發生在更早的時候：一次是在兩億四千萬年前的二疊紀末尾，另一次是在兩億年前的三疊紀末尾。可能還有其他，不過影響比較小——當然，大滅絕的整個觀念是備受爭論的，因為化石紀錄並不完整，特別是我們還不太清楚，這樣的滅絕到底發生得多突然或分布有多廣。

除了說「許多物種差不多在同一時期徹底消失」之外，如果我們能說出其他更精確的敘述就更好了。為了用有意義的方法，把觀察到的物種數量套進定量的模型，建立出良好的古代物種資料庫（記錄這些物種在何時生存、在何時消失）就顯得很重要。

在一九九〇年代中期以前，標準的資料庫還是一九七〇年代末的塞布科斯基（J. John Sepkoski Jr.）所蒐集彙編的。這位羅徹斯特大學的古生物學家利用推理曲線，為物種多樣性（diversity，指許多不同物種）上的變化建立模型，發現擬合得相當好。不過，在一九九五年，他的結論受到本頓（M. J. Benton）的挑戰，本頓收編了新的數據，（據他所說）指出物種並不是呈推理曲線增長，而是呈指數增長。他的數據記錄的不是物種數量，而是海洋生物族群的數量。

一九九六年，寇第洛和高第莫[6]詳細檢驗了本頓的數據，並且提出這樣的結論：「在大部分的時候，多樣化（diversification）是由推理行為而非指數行為所決定，會受到一些罕見的、短暫的……災難性的事件阻隔，而且這些事件通常都指向大滅絕。」

事實上，數據顯示了生長的本質取決於我們所用的時間尺標。從五億年前到現在的這整個時期，本頓的數據（圖八五）約略展現出指數增長，這部分本頓是對的。但另一方面，他的數據與完美的指數增長曲線之間的差異相當大，而且呈現高度規律的差異。

如果我們把本頓的數據所形成的曲線，按三次主要的大滅絕年代分段，那麼模式就很清楚地顯現出來了：每一段的增長在定性上像是推理曲線，但是等物種的數量一達到飽和時，遲早會發生一次急遽的衰亡——也就是大滅絕。在那之後，就有新的推理曲線開始。寇第洛和高第莫為這樣的一系列曲線找到最佳的定量擬合，他們還證明（看圖就可以預期到）了，即使在考慮額外的自由度，也就是擬合幾個而不只一個曲線之後，這種「多推理曲線」要比單獨一條指數曲線更

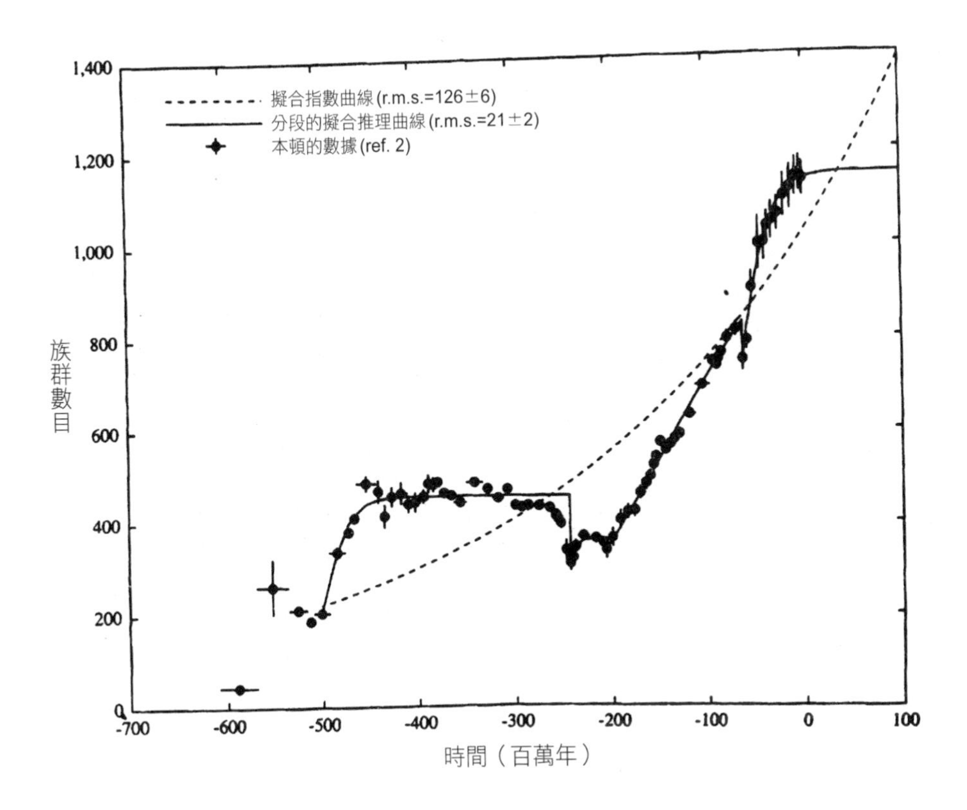

圖八五　海洋物種的多樣性，虛線部分為擬合的指數曲線。

能擬合這些數據。

不過，本頓在「多樣性整體的變化大致呈指數趨勢」的論調上是對的，而這種論述也隱含幾個寇第洛和高第莫發現的個別推理曲線。這就是說，對相鄰的兩條推理曲線來說，後一時期開始時的物種數目一定大於前一時期；另外，每條新曲線上的物種數目也一定比前一條曲線上的增加得更快，不時增減一點小誤差。

化石的紀錄證實了這些敘述，同時也驅使我們去問為何會如此。是不是舊的物種消失了之後，會更有機會產生新物種？這種想法似乎有點太天真；寇第洛和高第莫曾說，如果前一階段的滅絕更激烈的話，新曲線的增長速率就比較小。如果這種「舊物種清除理論」是對的，那麼滅絕愈激烈，新物種當然應該愈有機會產生，所以增長速率也應該更快才是。

也許答案是：生態區位[7]並不是事先固定的，而是由已存在的物種來決定。（例如，如果沒有狗，狗蚤哪來的生態區位？）

在《真實的虛構》（*Figments of Reality*）[8]一書中，寇恩和我用了星際遊戲的用語來討論演化，並且清楚區分業餘競賽和職業競賽：前者是指遊戲規則甚至還沒全部確定，而玩家可以走很多錯步；後者則是指遊戲策略已經形成一些較為固定的形式。

大滅絕給了整個生態系一個極好的刺激，接著，大自然會拿這個刺激所帶來的結果進行實驗，因此演化必定會以某種業餘的方式持續進行一陣子。由於新生物體的生態區位部分取決於留存下來的舊生物，所以（在某個範圍之內），舊有的生物留存得愈多，業餘的新來者可開拓的生態區位就愈多。（順便一提，生存下來的老手現在又變回生手，因為遊戲規則全部要再重新爭奪一次。）然而，如果舊的物種殘留得太多，那麼你所掌握的刺激也不會太多，因此某處會出現一平衡點。

推理曲線只能應用在單一物種，的確，這種曲線也是把一物種的各年齡群體統合在一起，混雜了年輕的與年老的。比較複雜的族群模型，則使用到很多年齡群體，而且可以處理多種物種之間的相互影響。此類模型多半是迭代的（iterative），就像費布納西的模型：在已知的繁殖季裡，我們假設特定物種與年齡層的生物族群，取決於前一季所有物種與所有年齡層的族群大小，兩者間的關聯可用特定數學公式來表示。

目前已經有極多公式被提出，每一種都有一票護衛者，企圖掌握生物族群動態的特點。那些特點包括了兩種已經為古典數學家所熟知的特徵：

◇ **穩態**：族群大小在每一代都會維持相同——一個恆定的族群。

◇ **週期循環**：族群大小的變化呈反覆循環（譬如由高值變至低值，然後又回到原先的高值，一再無限重複這兩個值）——一個可預測且規律變動的族群。

不過，還有第三種可能性，也就是自一九六〇年代後期，非線性數學被應用到迭代方程式以來，才為科學界所知的可能性：

◇ **混沌狀態**：族群的變動似乎顯得無法預測而且相當雜亂。

事實上，混沌的變動當中隱藏了不少模式，但這些模式十分微妙，漫不經心的觀察者不太容易察覺。混沌的行為具有某種程度的可預測性，但只是短時間內而已[9]。沒多久之前，這種不規則變化被看成是受到某種外在的影響——而且我們一直很想找出是哪一種。不過，我們現在知道，這些不規則的變動可能產生自族群本身的自然動態；但在不規則的背後，或許也沒有任何外來的影響力。認知到混沌的這種可能性之後，可以省去我們很多無謂的努力。

數學模型的一大好處，就是可以讓你捉摸各種不同層面的細節。對於真實的生態系，你不可能只保留大褐藻、海膽和龍蝦，而除去所有其他物種——所以你也無法說出這三種物種是否會引發重要行為。相反的，你卻可以把一個生態系的數學模型拿來一步一步地簡化，看看是否會發生本質上的行為變化；若利用這種方式，你就能移除不必要的細節，藉此發掘出深藏在生態系動態中的定律。生物學沉迷於細節，數學卻寧可避免這些細節，且愈少愈好；兩種學問可以互補。

數學讓我們探索所有的可能性，並有系統地把這些可能性關聯起來。數學甚至讓我們引入新的因子到方程式中，看看會造成什麼差異：如果沒有任何不同，就可以忽略；如果有造成差異，我們就又多知道了一些有用的、而且也許是至關重要的訊息。

珊瑚礁爭奪戰

第一個珊瑚礁生態系的數學模型透露出令人困惑的謎。在此，我們暫且拋開人類的干預，只把注意力集中在不同珊瑚品種間的爭奪戰。

如果去模擬珊瑚的戰場，你會發現在理論上，其中一個品種，也就是最能適應該品種所在環境的物種，應該會贏。珊瑚會設法侵入鄰近的領域，所以在兩種珊瑚當中，較快侵入鄰近領域的那一種，最後就會占主要地位。在模擬時我們就會發現，珊瑚的領域會以極快的速度，如紙風車般疾轉，互相追逐對方的尾巴——旋轉得最快的，會併吞掉整片地方。

不過，真正的珊瑚礁情況與上述情景十分不同，甚至差異極大。難道是數學家把描述珊瑚族群動態的方程式給弄錯了？不，那個部分並沒有錯。那麼究竟是什麼東西錯了？這就得歸結於數學模型的適應性了。你可以丟入任何你認為需要增加的因素——然後看看會發生什麼結果；譬如，真實珊瑚礁裡的多樣性也許是病害所導致的。當珊瑚礁朝向單一族群時，主宰的物種也許較易受到傳染。所以我們就加進一些方程式，來表示受病害生物體的影響力。我們做出了正確的猜測，然後鍵入我們所知的真正珊瑚病變。這樣做的結果可以避免起初的單一族群嗎？似乎不行。

好啦，所以那並不是原因。那麼，也許是因為鸚鵡魚啃掉了珊瑚。這回，改將這個因素加進去看看，仍是用鸚鵡魚族群動態的良好模型。情況有改善嗎？仍然沒有。

呃……有沒有可能是環境的因素？祕密是來自整體珊瑚礁之外？熱帶海洋不會總是風平浪靜，海洋上會有暴風雨、氣旋、颶風——甚至海底地震所造成的海嘯。就珊瑚礁的生態系而言，這些都會隨時襲擊，所以我們就需要配備有隨機環境干擾的數學模型，盡可能符合實際珊瑚礁天氣狀況的統計資料。

上面這一段所提的因素似乎有趣多了。今天，珊瑚礁的戰爭並不只有一位勝利者。在某一珊瑚品種可能消滅掉所有其他品種之前，可能會遭受颶風的侵襲。颶風會捲起沙和淤泥，多方面干擾到生態系。突然之間，使該種珊瑚較占優勢的條件不復存在，然後在新的優勝者出現之前，珊瑚礁又會受到另一波的干擾，如此反覆不停。

一直在改變的珊瑚礁環境條件，替珊瑚礁保持了多樣性。自相矛盾的是，颶風所造成的破壞，是保持珊瑚礁所必需的。數百萬年來，珊瑚礁已經演化出各式各樣的生物體，能夠在外界衝擊下生存下來。

如果不知道這些，而只是一味思考如何管理珊瑚礁，我們就可能會以為颶風非常具破壞力，因而可能去建造一面巨大的海牆來阻擋颶風。（我懷疑會有人做這種事，因為花費極大，不過你應該瞭解我的意思。）據最新的瞭解顯示，如果我

們這樣做，反而會造成更大的災難，會摧毀生命的豐富多樣性，而使珊瑚礁值得賞遊的，正是此多樣性。

要充分瞭解，不要干預

在管理森林生態系的同時，我們發現了一個假設性較少的案例，在這個案例當中，正因為我們對生態系的瞭解過於天真，而使我們走入嚴重的歧途。數十年來，美國的許多專家為了防止國家公園火災的發生，採用了各種不同的方法，而目前所用的方法是故意引起範圍有限的小火災。森林的確需要火災，來除去雜亂的矮樹叢，以便重新生長出新樹苗。如果沒有小火災，矮樹叢就會一直長，有一天整片森林就會被燒光。

我並不是在說：「我們不應干預自然。」我們已經干預了，將來也必須一再干預。畢竟，我們也是生活在這星球上。我真正的意思是，如果我們用天真的方法來干預，或甚至以天真的方法選擇不去干預，那麼生態系的反直覺機制可能就會正面衝擊我們。我們必須確實瞭解生態系，而不只是誇大地尊敬生態系。在瞭解的同時，也必須發展出一整套新穎的、經常是非正統的數學工具。我們的研究技術必須是數學的；我們不敢冒險用真正的生態系來做實驗，除非我們已經充分明瞭會發生什麼樣的狀況。

【注釋】

1. 詳見J. von Neumann, *Theory of Self-Reproducing Automata*, University of Illinois Press, Urbana, 1966。
2. 我不禁想知道馮紐曼的想法是否下意識地來自哥德爾（Kurt Gödel, 1906-1978，原籍奧地利的美國數學大師，提出哥德爾定理）和圖靈的研究，後面這兩位數學家證明了，有一些答案既非「是」也非「不是」的數學問題是存在的，而且這樣的答案是經過證明的。當然，馮紐曼曉得他們的研究剛好根據了對於資訊的相同雙重解釋：首先是當做一組在選定系統中具有意義的指令，稍後又被視為一串毫無意義的符號。這種差別，以及哥德爾與DNA之間的關聯，正是電腦學家霍夫史達特（Douglas R. Hofstadter）的著作《哥德爾、艾雪與巴哈——一條永恆的金帶》（*Gödel, Escher, Bach: An Eternal Golden Braid*, Penguin Books , Harmondsworth, England (1980)）當中諸多絕妙段落之一。
3. 詳見S. Wolfram, *Theory and Applications of Cellular Automata*, World Scientific, Singapore (1986); Melanie Mitchell, "Computation in cellular automata: A selected review," preprint 96-09-074, Santa Fe Institute (1996)。也可參考Christopher G. Langton, "Studying artificial life with cellular automata"一文，*Physica* D 22 (1986), 120-149。

4. 詳 見J. M. McGlade and A. R. G. Price, " Multi-disciplinary modelling: an overview and practical implications for the governance of the gulf region"一文，*Marine Pollution Bulletin* 27 (1993), 361-377。
5. 詳 見Ronald L. Graham, Donald E. Knuth, and Oren Patashnik, *Concrete Mathematics*, Addison-Wesley, Reading, Mass. (1994), pp. 290-301，尤其是第299頁關於方程式的部分（6.123）。
6. 詳見V. Courtillot and Y. Gaudemer, " Effects of mass extinctions on biodiversity"一文，*Nature* 381 (1996), 146-148。欲知有關最重要的一次大滅絕的相關描述，可參考Jeffrey S. Levinton, " The Big Bang of animal evolution"一文，*Scientific American* (November 1992), 52-59。
7. 名詞注釋：生態區位（ecological niche）：生物的生理結構、反應和行為，決定了生物族群的生活方式與適應能力；生態區位愈多，表示該族群經由調整生理結構、反應和行為之後，所能適應的生活形態愈多，生存能力也就愈強。
8. 詳見Ian Stewart and Jack Cohen, *Figments of Reality*, Cambridge University Press, Cambridge, England (1997)。
9. 想進一步瞭解混沌，不妨參考作者的另一本書《骰子能扮演上帝嗎？》

第12章

追尋生命的另一個奧祕

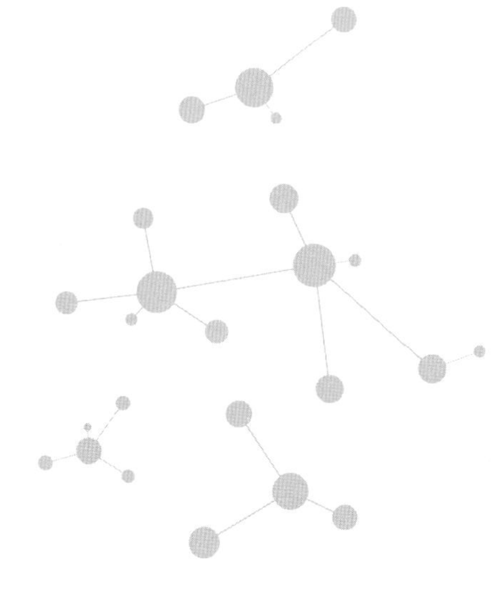

現在，我們已注意到了這些深藏原理當中的幾個，
但我們需要知道得更多。
我們也需要更加瞭解如何運用這些原理，
還需要擴展數學可以處理的系統範圍。

我們對生物形態所做的研究，也就是我們所稱的形態學，其實只是那更廣泛的形態科學的一部分，形態科學討論物質在所有條件下的各種形態，若再廣泛一點，討論的範圍還包含了理論上可以想像的一切形態。

——湯普生，《論生長與形態》，第十七章

好啦，我們現在進入到最後一章了。我又要問一次下面這個問題：生命是什麼？首先我要說明生命不是什麼。答案是：生命不是DNA。

曾有一段時期，生物學關心的主題是生物。生物學家研究動物學和植物學，用顯微鏡觀察一切。他們用生命的性質來描述生命，像是：生殖、移動的自主性（也就是自由選擇自己要做什麼，或至少要很有這種自由的樣子）、對環境的因應、尋找食物的能力（和需求）等等。

今天，生物學活動的主要領域已經移轉到分子。科學家研究生物化學和分子遺傳學，觀察DNA序列。他們用基因組，用DNA密碼序列（用「生命擁有

DNA密碼序列」這個事實）來描繪生命的特點。

像很多科學家一樣，我對這種發展有很矛盾的感覺。一方面，這樣的發展以前所未有的方式揭開了生物世界的面貌。幾乎每個星期都有讓人驚奇的新技術出現，用來探索生命的許多化學機制，像是用以抓罪犯的DNA指紋、或是試管嬰兒、製造醫藥的新法，甚至著名的複製羊桃莉（Dolly）。克里克和華生的發現確實是劃時代的——這項發現已經完全改變了我們對生物學的看法，未來也會改變我們的世界。

但另一方面，科學家變得太過強調DNA和基因了。像「DNA是生命之書，基因是生命唯一的重要特徵」這類過於單純的印象，已經深植於一般大眾的心中。例如，我們很容易受到新聞報導及科學期刊上的消息所影響，很容易因為醫學研究人員已經針對譬如阿茲海默氏症（Alzheimer's disease）、肥胖症、同性戀，或行為上的怪癖「找出基因」，而受到左右。然而，這些報導差不多總是在幾個月後就消失不見了，因為又有人發現了相關的基因不一定都會導致該疾病，或是那還牽涉到別的基因。

這中間的主要錯誤在於，我們假設那些能以生物整體的層面被認知的特徵，是產生自許多單一基因。這種假設有時是對的：例如，白化症（albinism）是導因於製造某種色素的某個基因發生了錯誤。不過，這種簡單、直接的環節因果關係只是例外，不是常規。

第二個錯誤是假設所有的疾病都是因為遺傳——儘管我們知道有很多就不是，譬如水痘。當然，我不該用「所有的疾病」這幾個字，醫學研究人員都十分清楚水痘的成因。我應該說成「除了那些我們知道有外來的、非遺傳病因以外的所有疾病」。但是，這樣說也同樣不好。在此，我未明言的假設是，如果我們不知道病因，那麼就必定是得自遺傳，因此我們應該找出相關的基因。然而，不知外來的原因，並不是支持遺傳原因的證據；沒有多久之前，我們並不知道水痘的成因，所以如果用相同的推理，就表示應該是遺傳——但其實不是。

對自私基因的誤解

差不多在一九九六年，我對某位生物學家在電視上談到的「老化基因」這種假設感到困惑，他的假設相當明確：老化是一種疾病，所以一定是由某個基因導致的。哇！去找吧，這樣就能長生不老了！他似乎沒想到，我們也許不需要一個使自己老化的基因：老化很可能是一種預設的途徑，一種身體系統衰退的自然結果。畢竟，車子不需要基因來告訴它怎麼生鏽。另外，如果老化真的有遺傳原因，是不是也有同樣的可能是「某種使我們保持年輕的基因被關掉了」呢？

科學家正是持這種看法，更何況是一般人。常有人說，生孩子是「為了把他們的基因傳遞給下一代」。我認為遺傳學家也許會因這種方式而受到鼓舞，但是我知道當我決定要有孩子的時候，我一點也沒注意到基因傳衍的問題。我要把這類無意義的想法，歸咎於對「自私的基因」（selfish gene）這種觀點的廣泛誤解，這種觀點主張，我們之所以生存，是因為這樣一來我們的基因就可以複製。

自私基因的概念是一種高明而不尋常的方法，用以解釋DNA序列的某些奇特性，譬如垃圾DNA[1]，其作用我們還不清楚，但它仍然與基因組當中的其餘部分一起複製。不過，如此一來，也很可能等於在倡導「奴性基因學說」（slavish gene theory）[2]，此學說所說的是，基因很擔心自己所在的生物體是否能生存，因此自己做牛做馬，也要保障生物體的生存。（如果基因不能產生出可存活的生物體，這些基因不也就全死光了？）也許自私的基因擁有的勝算比我所想的還要多，不過即使如此，那仍是停留在基因的敘述層級。

就某種有意義的方面而言，基因也許是專注在使自己複製——但那並不意味著人類也在專心於使他們的基因複製。坦白說，我不是很在乎我的基因是否會傳給後代；我想要有孩子的決定，是一種社會性決定，是為了人性的理由。我承認，在做此決定的背後（在我們內心深處、意識不及之處），是可追溯至數十億年前的演化歷史所傳下來的古老義務。演化牽涉到生存；而生存的能力，則由基因來傳遞。儘管如此，人們會關心自己的基因這種想法是可笑的。家庭才是人們所關心的。

基因決定論已遍布人類社會

同樣的非人性化，如今也在社會其他領域四處可見。有愈來愈多受審判的犯罪被告，拒絕為自己所犯罪行負起責任，他們所依據的理由是，促使他們殺人、強姦、偷竊或施暴的是他們的基因。這個領域很棘手，因為在一些極端的個案裡，這樣的陳述也許有某種真實性，然而，說容易犯罪是因為一個基因所引起的，實在是無稽之談。人會犯罪，是為了很多綜合起來的理由；即使罪犯的基因衝動稍微發揮了影響力，正常人還是應該對自己的行為做出足夠的控制，以便壓倒這種意向。

無論如何，這種做什麼事都要賴給基因的辯護是非常危險的：如果這些人這麼盲從於他們的基因，即使想要避免也還是犯下嚴重的罪行，那麼他們就是極為危險的人物，根本就不該任他們在正常社會中自由行走。那不是他們的錯——但也不是受害者的錯。除此之外，如果我們相信他們的辯解：「我不是自主的人類，我是被基因控制的機器。」但又依然把他們視為自主的人類來對待，那就是我們的錯，是社會的錯。

我之所以提出這些問題，並不是因為我想討論道德問題，而是要告訴各位，基因決定論的印象已經在社會上遍布得多麼廣。結果我們發現，那種印象所根據的觀念就是：遺傳學是生命的祕密——唯一的祕密。

但我認為，遺傳學只是一連串祕密的最表面而已。你若把DNA永遠放在試管裡，它不會變成生命；它甚至不會複製。當DNA裡的密碼連接上一個由物理及化學組成的複雜輔助網路時，生命（至少在地球上）就產生了。生命的潛能是在宇宙開始之初就有了，DNA剛好是使那種潛能真正實現的途徑之一。

試著用數學來瞭解生命

我相信那不是唯一的途徑，因為真正重要的並不是DNA是什麼，而是DNA在做什麼。我們不妨來嚴肅看待生命現象，把生命的形成看成一種數學挑戰，並思考我們需要發展什麼樣的數學來瞭解生命。開始的時候，我們可以把目標訂得相當明確，設想生命就像存在於地球上的生命，稍後我們就可以更大膽去想像其他形式的生命。

生物體是由極多的細胞所組成，透過共同的邊界（相鄰的細胞膜）來相互作用。在這方面，系統就像一個格狀自動機——但與數學家的玩具自動機有兩項主要的差異。第一，細胞的內部狀態比「黑／白」或「綠／紅／藍」的模式複雜多了。這些狀態類似某種複雜而多維的反應—擴散系統，不過，這個系統也包含了離散計算的單元，像是微管蛋白把自己拆掉再在別處重造的能力。

第二項差異在於，細胞並不是生活在固定的格子中，而是會互相連成網路，會移動、生長、複製或死亡。此外還有許多複雜的反饋系統，不只是從外部動力到內部動力，也可以反方向進行。每個細胞都擁有自己的電腦程式（細胞的遺傳學），這種程式既可以回應該細胞附近的其他細胞所進行的事，也可以限制細胞本身的反應。

要把這些觀念表示成數學是可能的：在這方面我所看到最好的嘗試，是阿嘉瓦的細胞程式語言。不過，我們對這種形式主義所意味的一般現象所知甚少，而現在所能做的最好選擇，是依循這些方式來選取簡單的系統，給予極為簡化的規則，然後用電腦執行，再看看得到什麼結果。

結果很吸引人，融合了彈性和數學模式的混合物也很令人鼓舞，但是我們不能再把未來的五百年，耗費在從模擬來推斷觀察可得的原理。我們必須用更為概念上的方法，來掌握這種結構；我們必須用真實的數學來處理這些結構。

雙向的反饋作用

同樣一種數學模式也上下延伸到微觀結構和巨觀結構。比方說，單獨一個細胞與一組細胞的內部運作，都同樣錯綜複雜，擁有相同的各式要素。不過，我們現在先不要考慮很多細胞之間的相互影響，只要使細胞自己的胞器相互作用就夠了。甚至當我們進入整個生態系的層級，我們會有很多不同的生物體相互作用，所處的環境也更具彈性。所有系統當中最令人費解的便是演化：演化含有上述所有要素，而且這些要素全都會在加進的整個物理環境當中互相反饋。

生物體會受到體內單獨一個細胞的微觀結構的影響；該生物體會與同一環境中的其他生物體相互作用，也會與天氣、局部的化學濃度、洋流、撞擊隕石等因素相互作用。另一方面，這種互動的結果，支配了生物體本身的微觀結構是否可以靠著在其他生物體中複製，而繼續生存下去。

所以，反饋作用同時在「微觀—巨觀」和「巨觀—微觀」這兩個方向進行著。我們的數學瞭解，一定要開始掌控到各級系統的一致性；在理想上，必須能解釋為什麼會有這種一致性。

加進遺傳學與表現型理論

通常我不太用基因來解釋，但是基因的角色顯然很重要，所以不能完全忽略。基因以自由運作的數學系統修補並微調它們的動態，所以我們也得把基因建入我們的數學模式。

遺傳學碰巧是生物學的領域裡數學模型建立得最好的一個，可惜的是，傳統的數學遺傳學只是真實演化景觀裡淡淡的影子而已。我們需要（而且即將開始獲得）真正的遺傳學，也就是能充分掌握個別基因在生物體內真實行為的非線性模型，而不只是掌握到攪拌均勻的基因庫中的部分基因而已。線性平均場論（linear mean-field theory）的時代已經（或應該）老早過去了；非線性與複雜性即將來到。

除了遺傳學，我們還需要同樣透徹的研究「表現型」（也就是整個生物的形態和行為）的理論。然後我們需要將此二種理論互相摩擦，看看會產生什麼火花。另外，如果我們想要瞭解摩擦這兩種理論之後所產生的全部含義，就必須面對一深入而普遍化的問題，也就是突現的問題。

當你將兩種豐富多變的系統互相摩擦時，你就會得到寇恩和我所稱的「串通」（complicity）：這兩種系統聯合產生的效應與個別產生的絕不相同[3]。「串通」是一種聯合的突現：同樣的，困難不在於沒有一連串因果關係，而在於任何這串因果關係都太複雜了，使我們無法抓住整體的概念，也沒有有效的方法來扼要歸納。在此，我們又碰到了一種需求：我們急需一個可解釋突現現象的完好而正式的理論。

複製模式與編碼模式

克里克和華生對於DNA的其中一個特定模式非常感興趣：DNA可藉由一簡單分子機制而複製的可能性。複製不是DNA的專利，而是宇宙中一種基本的數學模式。馮紐曼證明出，我們可以讓一個像格狀自動機這樣的抽象數學系統，自己複製自己。這裡的物理模式展現得相當清楚。

物理宇宙的定律允許某些系統可以複製其他系統，也就是萬用複製機。而當這種系統用在自己身上時，就變成了自身複製（self-replicating）。這種概念環路的封閉性是極為重要的，因為自身複製是呈指數增長的；相對的，當萬用複製機複製別的系統時，則呈線性增長。例如，一般的影印機每天可複印一千份文件，那麼一年就可複印三十六萬五千份。不過，如果此影印機的確是一台不只能複印文件、而且還可複製機器的萬用複製機的話，現在若假設它每天複製一份自己，那麼一年以後，它就複印了2^{365}份——約為「十的一百一十次方」：也就是1的後面有一百一十個0。自身複製裝置「放大」了裝置本身的能力，因為裝置被複製時，其功能也被複製了。

單靠複製並不足以形成生命——但總是一個開始，畢竟這是讓克里克和華生在發現ＤＮＡ雙螺旋結構時特別興奮的原因。ＤＮＡ的另一個特徵是可以將指令編碼。同樣的，這種模式是來自物理宇宙。

密碼就是一種轉換，一種可以將密碼轉成任何一種意義的輸入—輸出裝置。指令是一密碼序列，轉譯之後可以產生某種連貫的事件。首先，ＤＮＡ密碼是製造蛋白質的指令，而蛋白質，是生物體的分子構成要素。在這之後，我們卻變得不甚瞭解生物是如何構成的：我們十分確知的是，那些被稱為「同源區基因」的特殊ＤＮＡ序列，將有助於安排哪些製造蛋白質的基因要開啟以及哪些不需開啟，但對於蛋白質是如何被放置在正確位置上，我們仍然百思不得其解。我並不是指生物學家沒有在思考這些問題，我也不是說他們對這些問題一點也不瞭解——但是我們所瞭解的部分，與生物的真實表現比較起來，還是相當粗淺的。

質比量來得重要

把ＤＮＡ說成是提供給生物體的「資訊」（information），這種毫無意義的說法人們說得太多了，諷刺的是，在這同樣的情況下，數學的形象卻嚴重被過度簡化與誤解。

資訊的概念來自通訊理論，而通訊理論處理的是訊息（message），譬如字碼的序列。基本上，一個訊息當中的資訊數量，就等於該訊息的長度。長的訊息比短訊息傳達的資訊更多。不過，真正重要的是所傳達的資訊的質，而不在於量。譬如說，「二加二等於十七」雖然比「2＋2＝4」來得長，卻是廢話。

更微妙的是，訊息的概念牽涉到必須知道「字母是適當的組成要素」，所以某些裝置必須可以讀取那些字母，並解釋其意義。一片CD容納了很多資訊，但是如果沒有雷射唱機，你就無從知道裡面是什麼音樂，甚至壓根不知道裡面容納了資訊。

如果只專門探討DNA密碼，我們就會像那些想要瞭解音樂的人只知道去注意CD片本身，而不去看雷射唱機的內部。我覺得CD上面用來儲存資訊的部分反而是很簡單的手法，並不是特別有趣；重要的作用全都在唱機裡。這就是把CD轉換成音樂的神奇之處。

瞭解生命系統的性質

用DNA所描述的生命特性，比早年用一些像是生殖、對環境的反應等性質所描述的特性還要深入得多，這正是現在普遍的科學現象。不過，科學往往會循環——唯一不同的是，當回到原先的位置時，會比原先要更高一層，所以比較像是沿著螺旋階梯往上爬。當我們把注意力再次集中在生命做了些什麼、而不是生命由什麼組成的時候，我們的重點才會回到生命系統的特質。不過，這次我們不只是希望能條列出這些特質，更希望能瞭解這些特質。

鑑定一位真正的工程師，不是看他是否可以製造出一件特殊的機器，而是要看他是否瞭解機器背後的一般原理，以及是否能把這些原理應用到所面對的任何狀況。同樣的，如果我們真正瞭解地球上的生命，那麼我們應該也能找出生命的基礎通性，能（這就得取決於實際的條件）構思、甚至製造出新的生命類型：機器生命、電腦生命、黏土生命、由外來分子組成的分子生命、電漿旋渦生命等等。在此，我用「生命」二字代表那些能夠表現豐富生物行為的系統，也就是擁有相同基本性質的系統。

要是明天有人（應該說是有個東西）乘坐著幽浮來到地球，還帶著一個可以做人類所能做的任何事的機器人（不只是模仿外表而已，而是真正能夠自主、生殖等等），我就不會浪費時間爭辯這機器人是否是真正的人類了。

這些問題只是定義上的問題，並沒有指出重點。我更有興趣的是找出機器人的運作方式，因為這個部分可以提供許多新看法，幫助我們更瞭解所有這些系統（包括人類）如何運作。

換句話說，要研究生命問題，有兩個層級可以著手，其中一種是當今分子生物學家所喜好的：觀察生命一般概念的某個特定體現，看看它是用什麼做的，看看做一些修補之後會發生什麼結果，並利用由這些研究中得到的所有東西。

我感興趣的則是另外一個不同的層級：這個層級的目標在於瞭解地球上的生命有哪些性質可以應用到其他的生命形式。地球生命所利用的潛藏規則是什麼？這些規則包括一些像是生殖、自主行為等程序。DNA只是地球上的生命用來開拓潛藏規則的手法；DNA不是規則本身。

規則是數學的材料，而不是生物學的材料。當然，數學可以從今日的生物學當中學習到很多，但是觀點自是不同。數學家總是把任何特定的物體看做是一般物體的特例。例如看到一個三角形，他們不會去量它的角度，看它是哪種三角形，而是會問這個三角形的哪些特徵是所有三角形共有的；如果看到青蛙，他們並不會列出牠的DNA序列，而是會問青蛙的什麼特性是與更普遍、更抽象且帶有類似特徵的系統所共通的。數學家所想要瞭解的生命是屬於抽象層面的，而不是特定、實質的。

這就是生命的真正定律必須存在之處。如果我們可以瞭解這些定律（我並不是說我們現在就可以瞭解——我們還辦不到，還需要一段時間），我們就能描述生命所有可能形態的特性。

自主性真的存在嗎？

我仍然沒有告訴你生命是什麼，但是我希望各位瞭解我追尋的是什麼樣的答案。我們現在再更進一步探討下去。

前面我提到了DNA的兩個著名特性：複製和編碼。讓人吃驚的是，「自主性」這個生命當中真正難以解釋之謎，在DNA裡好像一點也看不到。物理學和化學根本沒有任何明顯的自主特徵。的確，在哲學的層面上，我們很難看出一個以規則為基礎的系統要怎樣才會有自主性。既然系統的決策必定會由規則來操控，那又怎麼可能選擇自己要做什麼？我們目前擁有的遺傳學知識，一點也不能幫助我們瞭解自主性。

我覺得自主性很有可能環繞著兩種不同的敘述階層。一種階層是規則所在的階層，在這裡，系統的運作是僵化的、預先規定的。第二個階層是比較廣泛的，是屬於那些規則的突現結果。因為結果是突現的，所以人類沒辦法把這些結果回溯至背後的規則。這種關聯是存在的，因此宇宙在遵循自己的規則之後，就會產生突現的行為——但是我們若想找出這中間的實際因果關係，是沒有捷徑可循的。

就我們目前所能瞭解的，突現行為與規則是沒有關聯的，特別是一些像決策力、簡單性和自主性這樣的特徵，都不是產生自規則轉化成突現行為的過程當中。當然，我們人類的一項特性就是，我們知道的每一件外在世界的事物都是經由我們的知覺傳入的，所以就某種意義而言，我們所能觀察到的一切就是我們的有限知覺。

所以說，生物體表現的明顯自主性幾乎可說是一種幻覺，因為潛在的規則事實上是一成不變的。然而，在生物體本身的階層上，那些規則的運作產生了帶有所有自主特徵的突現行為。變形蟲看起來好像可以選擇要不要去找尋食物，牠也這樣做了——但是若更深入去探究，那種選擇事實上是被隱藏的一連串規則所操縱的。不過，規則和行為之間的關聯太複雜了，所以即使真的知道規則，你也絕不可能由規則預測出行為。同樣的，我們雖然知道天氣的規則，但因為混沌現象，因此我們也知道自己無法從規則去預測四、五天以後的天氣。關聯的確存在於物理宇宙裡，但我們的心思無法跟上。

如果任何一門新數學可以比其他任何分支更能點明生命的普遍概念，那就會使我剛剛所說的更有意義：它可以抓住自主系統的抽象本質，去導出該系統的性質，並證明自主性會產生自這個系統。如果可以做到這些，我們就能開始發展一種描述自主系統動力學的數學理論，也就是這些系統改變時所依據的一般模式。

考夫曼獲得的進展

一九九〇年代中期，考夫曼在這個方向有了一點進展。自主系統（抽象的生命）的另一個特點是會演化，而演化最令人印象深刻的特徵之一，就是它的遊戲規則常常會完全改變。當地球的大氣中出現氧氣時，生命開始朝一個全新的方向去演化——真核生物；後來在飛行生物第一次出現在地球上時，這些利用大氣的存在與空氣動力學定律的生物又改變了一次遊戲規則，不過這些生物不只是為了自己而做改變，也是為所有生活在地上的生命形態而改變。（舉例來說，如果沒有老鷹的話，田鼠的生活可能會很不一樣。）

統計力學（statistical mechanics，物理學的一支，研究質點的集體行為）當中有一個基本定律，稱做「熱力學第二定律」，這個定律通常是說：「如果一個系統沒有外部能量進來，該系統非常有可能會隨著時間變得愈來愈沒有次序。」有趣的結構會瓦解，而且終至消失。

自主系統則相反，彷彿躲藏在機率近似零的夾縫中，讓第二定律不能發揮作用似的。這種系統的典型傾向是使自己的結構複雜化，而且是自發的、勢所難免的、（看起來）完全自然的。考夫曼認為，自主系統會隨時間愈變愈複雜——而且會在系統不至於分解的情形下，盡可能快速進行這個複雜化過程。系統的次序會在一段時間之後增加，並在受到某些限制的情況下用最快的速度來進行。

這種暫定的「自主系統複雜化定律」在敘述上可能不符真正的情形，但是卻比熱力學第二定律更接近事實。第二定律是個統計的定律，聲明了非常可能發生的事，但它是假設所有的可能性都同樣可能。相反的，自主系統的行為則顯示「不是」所有可能性都同樣可能。

自主系統很愉快地適應了第二定律的許多漏洞——事實上是在尋求這些漏洞，因為這類系統就是利用這些漏洞來作用的。這有點像飛安做得不好的機場。你可能會認為最危險的機場事故率會最高——就像華盛頓國家機場（Washington National），在那兒每當一架飛機開始沿著跑道起飛時，總會有前一架已經著陸的飛機還停留在同一跑道上。不過，駕駛員都知道這個機場危險，這反而使他們特別小心，因此發生事故的統計數字並不像你所預期的那麼高。

自主系統的統計力學也不會像你所想的那麼糟糕。也許吧。無論如何，這總是一個有趣的想法。

數學模式是生命的基礎

雖然生物學自一九一七年湯普生出版《論生長與形態》以來，已全然改觀，但湯普生所透露的主要觀點卻一直完整留存至今：生命的建立基礎是物理世界裡的數學模式。遺傳學應用並組織了這些模式，但物理學則使這些模式成為可能，並規範模式的可能形態。

有機世界將數學的規則性應用在不同層級的形態、結構、模式、行為、交互作用和演化上。數學存在於DNA的分子鷹架、全球生態系的長期演化動態、馬的慢跑、海膽的嚼食大褐藻、雄孔雀尾巴的絢麗奪目、蝴蝶的華麗翅膀、貝殼上的條紋、向日葵花朵裡的排列、螞蟻窩內的組織……還有，在很多令人困惑的深層難題，諸如中心體的微管蛋白構築能力、胚胎的發育過程、細胞的分裂及生態系的動態，也都有帶著數學特徵的證據，暗示了許多新類型的數學見識也許即將出現。

數學並不是鑄記在石板上的古老指示；數學的有趣研究、數學的樂趣、對智慧的挑戰，以及實際的回報，全在於把新的戒律雕刻在新石板上，而不是一味遵循舊的指令。

我們在這裡面臨的多半是挑戰，偶爾才會獲得答案。不管那是什麼樣的挑戰，都絕對不是一個僅靠寫下生命的方程式然後求解的簡單問題。我非常懷疑會有這麼一個簡單的問題存在。數學被賦予的合理角色，並不是在找出最終定律的正確解答，數學在物理學當中並不是擔當這種角色，在生物學上當然也不應該是扮演這樣的角色。

數學的真正角色是要分析模型的含意。數學追求的是某些結構特性的必要結果：如果可以把行星視為均勻的球體，那麼重力會變成什麼模樣？要是光的行為像波一樣，那麼兩列波交錯時，會發生什麼情況？從這種觀點來看，數學也應該以同樣的方式應用在生物學上：在簡單的狀況下，如果動物的移動是受神經元小網路的自然振盪模式所支配，那麼這種網路應該是哪一種？倘若細胞的移動在某些狀況下主要是受物理作用力所控制，而不是一些像粒線體這樣的複雜內部特徵所影響，那麼細胞會有怎樣的行為？

從這種觀點而言，數學的角色並不在解釋生物學的細節，而是要幫助我們鑑定出生命的哪些性質是無機世界裡數學模式所造成的結果，以及區分出冗長的DNA密碼序列裡哪些是任意初始條件的結果。

在這之後，我們又要走向哪裡？未來的數學概念還有一些尚待開發的空間，而在這些空間的某處，有一些極為重要的概念是關於突現形態本質的。我這麼說，並不是在鼓吹任何一個現代思想學派，像是混沌理論、複雜理論、巨變理論、格狀自動機、神經網路、遺傳演算法、失稱……這些僅只是提示，是線索，

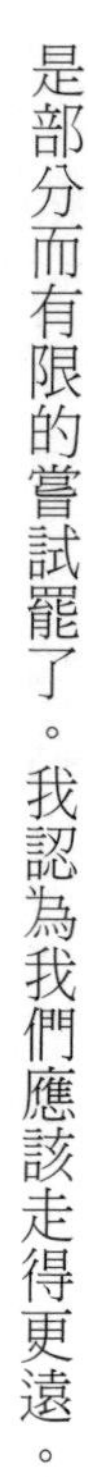

是部分而有限的嘗試罷了。我認為我們應該走得更遠。

期待形態數學的出現

從牛頓瞭解到微分方程可以用來理解物理科學以來，這中間又歷時了三百年，科學家才真正充分瞭解到微分方程的用途。微分方程是什麼？若用簡單的一句話來說，就是對「空間上一點」隨時間而變化的一種數學敘述。請注意，是單一一點。

不過，差不多每一樣有趣的事物都有空間結構；每個原子都占有空間上的某個區域。這就是所謂的形態。現在的確有一門微分方程理論的延伸理論應用到這類問題上：偏微分方程理論。偏微分方程是用來研究流體、熱、光、聲音、電，而且在這些領域中，偏微分方程的應用都十分成功。譬如每次搭飛機，你就是在利用偏微分方程的功能，因為工程師就是用偏微分方程來模擬空氣在機翼上的流動，來瞭解飛機飛行時的升力與穩定性。

然而我們對偏微分方程的瞭解，遠比對常微分方程的瞭解來得少，幾乎每一個有關特殊偏微分方程的有趣問題，都是靠大電腦執行出來的近似值來求解。在大部分的情形下，我們並不知道為什麼計算出來的解會與真實的行為一樣；我們僅僅知道電腦可以保證這種行為是初始方程式的合理結果。

電腦的確可以正常執行，電腦是符合實際的——但是我並不認為電腦會是適合用來解釋大自然的工具。電腦不能告訴我為什麼偏微分方程會產生那樣的行為，電腦不會幫助我求解接下來的、有關「模式形成」問題的新的偏微分方程：我所能做的就只有把問題再次輸入電腦，求出近似解，然後在得到結果時，仍然像以前那樣滿腦疑惑。對於一些特定的問題，我們或許可以提供像「電腦是這樣說的」這樣的答案，但這種答案並沒有提供任何建設性的見解。數學家的本能其實應該是：除非推導過程使結果看起來是必然的，否則永遠無法滿意。舉例來說，天擇就是受到數學家尊敬的一種生物學見解。

我無意冒犯偏微分方程的理論學者，他們對以上的瞭解已經做了很大的貢獻。不過，瞭解生命是一件很不容易的工作，而我所希望尋求的，是深入到最深層的瞭解。我相信在智慧的最深層會有新的數學理論存在，我也相信生物學是發現這個理論的關鍵。如果我們真的能發現這理論，我極希望這個理論可以徹底闡明一些生物學上的大謎題——發育、生殖、生態系的動力學、演化……不管是否能徹底闡釋，這個理論一定會給數學家很多仔細思考的空間，會為物理科學帶來許多附帶產生的結果。我甚至已給它起了個名字：形態數學（morphomatics）。

不過，名字容易取，其實我就連該如何開始建構形態數學，都還沒有明確的概念，更別談瞭解了。牛頓的偉大成就，就是除了發明一門新的數學微積分，還發明了足夠的機制，用來解開真正的問題。我並不奢望成為第二個牛頓——我甚至發明不出數學，更不必說去發展數學，更絕不可能去應用數學。

但是我可以看到這門新數學可能就在那裡。我就從目前確實存在的一些要素開始。我對於細節，並不像對哲學態度和概念上的觀點那麼感興趣。請聽我慢慢解釋，你就會知道我所指的是什麼。

定性與定量之間的論戰

一般而言，近年來最重要的發展之一是數學變得愈來愈幾何化。（此處的幾何，並不是指歐氏幾何——也就是人眼的視覺幾何學。）這種發展所導致的其中一項重要結果就是，定性（qualitative）推論已經被當成正式的基礎，並進一步轉化成確切的工具。物理學家拉塞福（Ernest Rutherford）曾說過「定性是差勁的定量敘述」，這種輕蔑的評論似乎為他帶來了麻煩，這真是遺憾。

若依據他當時的背景來看，也就是他量測實驗數值時的情況，拉塞福對定性描述的反感是合理的；以預測降雨情況為例，如果能預測到「明天將降雨六七．三公釐」，要比只預測說「明天會下大雨」還更令人印象深刻得多。不過，還是有很多情形真正重要的是定性資訊，而定量（quantitative）的量測卻是找出那種資訊的最差途徑；例如對於橋梁最重要的問題是：「橋會不會垮掉？」若為了得到「是」或「不是」的答案而用超級電腦來計算精確的斷裂應力，這方法就顯得太過繁複了——可能也是一種繁複卻不必要的方法。

更重要的是，有時反而會因為系統太過複雜，而使大部分的定量資訊變得無用。由於當今儀器的大幅進步，科學家要蒐集大量數據是很平常的事，例如人在嗅聞玫瑰花或注視一幅圖畫時所產生的大腦運作影像。但是，蒐集了這些數據之後，問題來了，因為我們得研究這些數據到底要告訴我們什麼——在這裡，這些原始數字是相當沒用的。我們必須想盡辦法從中得到重要模式，而這個部分，其實就是在試著由定量的數據歸納出重要的定性特徵。

所以，「定性」一詞至少用在兩方面：對拉塞福而言，其意思是「不明確的通則」，然而對今日的數學家來說，則是指「在概念上比純數值更深刻的特徵」。

從相空間到DNA空間

這種思考方式提供給我們的許多想法當中，最簡單、也最具見解的一種想法就是「相空間」的概念；所謂的相空間，是指由所有可能發生在一系統當中的事物所組成的空間，而不僅只是現在剛好發生的事物。這種概念是在迫使我們更清楚表達一些與個體行為及系統有關的問題，督促我們把這些問題放進更廣泛的範圍來描述。以觀察水波為例，我們不是光去觀察，然後思考為什麼水波會如此呈現，而是應該要觀察水的可能運動和可能形狀的整個空間，找尋運動與形狀之間的關係，然後找出其中的簡單自然規則如何挑選出實際發生的行為。

已經有愈來愈多生物學家談到生物體所居住的「形態空間」（morphospace），以及代表並排DNA序列有何相似性的「DNA空間」（DNA-space）。我很贊同使用這種數學比喻，並且衷心希望這種趨勢能夠加速。

此外還有很多其他更深入的簡單原理：連續性、連結性、反饋、資訊、有序、無序、分歧、學習、自主性、突現……其中一個特別切合模式形成的深藏原理就是對稱性。我們的宇宙有許多基本的對稱性，造成的結果之一就是：我們居住在一個充滿模式的世界當中。在一九〇〇年代，有些數學家發展出一種對稱微積分，這種微積分讓他們從一般的層級來思考模式，而不必考慮模式內部的精確細節。這種思考方式會使某些事物變得相當顯而易見，例如BZ反應當中的模式與黏菌表現出來的模式之間，顯然應該有很強的相似性[4]。

生長與形態的大一統理論

能夠推動形態數學的動力，一定就是這類大的、抽象的、深藏的數學原理。自然界也許就是靠著某些錯綜複雜的一連串化約活動來建立出模式，但是自然界也會依據個別的有用特性，來選擇哪些要保留或要修改。模式的選擇發生在整體模式的階層；當一隻貓偷偷走近鳥時，牠並不知道鳥擁有哪些基因，但是牠很容易就能看出這隻鳥在面臨危險時是否很慢才飛走。也許是基因造成了那種遲鈍反應，但是貓所能注意到的只有遲鈍反應本身。

現在，我們注意到了這些深藏原理當中的幾個，但我們需要知道更多。我們也需要更加瞭解如何運用這些原理。此外我們還需要擴展數學可以處理的系統範圍。但是正如我前面一直強調的，我們正朝那個方向走。

湯普生如果今天還活著他會很高興，因為他的觀點開始開花結果了；他一定也很樂意學學複雜理論、混沌、碎形、遺傳演算法、神經網路和格狀自動機。我甚至覺得他會更喜歡多活幾個世紀，到時候人類所嘗試發展的，會是一種大一統理論，用來描述那些深藏在生長與形態背後的數學定律的大一統理論。

這就是生命的另外一個祕密。

讓我們拭目以待。

【注釋】

1. 名詞注釋：垃圾ＤＮＡ（junk DNA），由克里克提出的名詞，指間隔在真核生物基因之間，表面上毫無意義的長串ＤＮＡ。
2. 詳見Jack Cohen and Ian Stewart, *The Collapse of Chaos* , Viking, New York (1994)。
3. 詳見Jack Cohen and Ian Stewart, *The Collapse of Chaos* , Viking, New York (1994)；以及Ian Stewart and Jack Cohen, *Figments of Reality*, Cambridge University Press, Cambridge, England (1997)。
4. 詳見Ian Stewart and Martin Golubitsky, *Fearful Symmetry*, Blackwell, Oxford, England (1992); Penguin,

Harmondsworth, England (1993)。

圖3, 21, 23, 24：Richard R. Sinden, *DNA Structure and Function*, Academic Press, San Diego, 1994.

圖4：H. G. Wells, *War of the Worlds*, as illustrated by Paul in a 1927 issue of *Amazing Stories*.

圖5, 6, 7, 8, 9, 10, 11, 34：D'Arcy W. Thompson, *On Growth and Form*, Cambridge University Press, 1992. Reprinted with the permission of Cambridge University Press.

圖12, 16, 19, 20, 22, 41, 42, 43, 44, 45, 52, 53, 63, 65, 68, 75, 77, 78, 79, 83：Drawn by Ian Stewart.

圖13, 64：Courtesy of *New Scientist*.

圖14：Andrew Goudie, *The Nature of the Environment*, Blackwell Publishers, 1989, pp. 131-132, Fig. 5.7.

圖15：G. Nicolis, *Introduction to Nonlinear Science*, Cambridge University Press, Cambridge 1995; p. 17, Fig. 1.11b. Reprinted by permission from Cambridge University Press.

圖17：M. Shumway, *Anatomical Record*, Vols. 78 and 83, New York, 1942.

圖18：From J. M. T. Thompson and H. B. Stewart, *Nonlinear Dynamics and Chaos*. © John Wiley & Sons, Limited, 1986. Reproduced with permission.

圖片來源

彩圖1：Courtesy of Jack Cohen.

彩圖2, 3：Courtesy of Thomas Höfer.

彩圖4：Stéphane Douady and Yves Couder, “La physique des spirales végétales,” *La Recherche* 24 (January 1993) 26-35; p. 26 (bottom).

彩圖5：Przemyslaw Prusinkiewicz & Aristid Lindenmayer, *The Algorithmic Beauty of Plants*, Springer-Verlag, New York 1990; p. 84, Fig. 3.14.

彩圖6：Przemyslaw Prusinkiewicz & Aristid Lindenmayer, *The Algorithmic Beauty of Plants*, Springer-Verlag, New York 1990; p. 92, Fig. 3.19.

彩圖7：Hans Meinhardt, *The Algorithmic Beauty of Sea Shells*, Sprinter-Verlag, Berlin 1995; p. 179, Fig. 10.18.

彩圖8：Hans Meinhardt, *The Algorithmic Beauty of Sea Shells*, Sprinter-Verlag, Berlin 1995; p. 178, Fig. 10.17.

彩圖9, 10：Zigmund Leszczynski/Animals Animals Enterprises, Inc.

彩圖11：Courtesy of G. Keith Still.

彩圖12：Courtesy of Jacqueline M. McGlade.

內文附圖

圖1：NASA.

圖2：Courtesy of Dawn Wright.

végétales," *La Recherche* 24 (January 1993) 26-35; p. 29 Fig. 3 (bottom).

圖48：Stéphane Douady and Yves Couder, "La physique des spirales végétales," *La Recherche* 24 (January 1993) 26-35; p. 33 Fig. A.

圖49：Przemyslaw Prusinkiewicz and Aristid Lindenmayer, *The Algorithmic Beauty of Plants*, Springer-Verlag, New York 1990; p. 101, Fig. 4.2.

圖50：Stéphane Douady and Yves Couder, "La physique des spirales végétales," *La Recherche* 24 (January 1993) 26-35; p. 30 BOX (bottom).

圖51：Stéphane Douady and Yves Couder, "La physique des spirales végétales," *La Recherche* 24 (January 1993) 26-35; p. 33 Fig. B.

圖54：Przemyslaw Prusinkiewicz & Aristid Lindenmayer, *The Algorithmic Beauty of Plants*, Springer-Verlag, New York 1990; p. 25, Fig. 1.24.

圖55：Przemyslaw Prusinkiewicz & Aristid Lindenmayer, *The Algorithmic Beauty of Plants*, Springer-Verlag, New York 1990; p. 34, Fig. 1.31.

圖56：Brian C. Goodwin and Stuart A. Kauffman, "Spatial harmonics and pattern specification in early *Drosophila* development. Part I. Bifurcation sequences and gene expression," *Journal of Theoretical Biology*, 144 (1990) 303-319. Courtesy of Academic Press.

圖57：Q. Quyang and Harry L. Swinney, "Transition from a uniform state to hexagonal and striped Turning patterns," *Nature* 352 (1991) 610-612; p. 610, Fig. 1. Reprinted by permission from Nature. © 1991 Macmillan Magazines Ltd..

圖25：Courtesy of Nicholas R. Cozzarelli.

圖26：Ronald Brown, "Out of line," *Royal Institution Proceedings*, 64, 207-243; Fig. 19 on page 223. Courtesy of Ronald Brown and T. Porter.

圖27, 28：J. L. Casti/A. Karlquist, *Boundaries and Barriers*, (Figs. 5 & 6 from page 27). © 1996 by John Casti. Reprinted by permission of Addison-Wesley Longman, Inc..

圖29：Courtesy of John T. Finch.

圖30, 31：Courtesy of Allen Beechel.

圖32：Ian Stewart, *Game, Set, & Math: Enigmas & Conundrums*, Blackwell Publishers, 1989.

圖33：Reprinted with permission of Dimitry Schildlovsky.

圖35：© David M. Phillips/Photo Researchers.

圖36, 37：C. Goodwin and Norbert H. J. Lacroix, "A further study of the holoblastic cleavage field," *Journal of Theoretical Biology*, 109 (1984) 41-58. Courtesy of Academic Press.

圖38, 39, 40：Thomas Höfer, *Modelling Dictyostelium Aggregation*, Ph.D. thesis, Balliol College, Oxford University, 1996. Art courtesy of Thomas Höfer and Professor Peter Newell of Oxford University.

圖46：Courtesy of Jean Loup Charmet, Paris.

圖47：Stéphane Douady and Yves Couder, "La physique des spirales and G. Goldspink, *Mechanics and Energetics of Animal Locomotion*, Chapman and Hall, London, 1977.

圖71, 73, 74：© Keter Publishing House Limited.

圖72：David P. Maitland, "Locomotion by jumping in the Mediterranean fruit-fly larva *Ceratitis capitata*," *Nature* 355 (1992) 159-160; p. 160, Fig 3. Reprinted by permission from *Nature*. © 1992 Macmillan Magazines Ltd..

圖76：J. J. Collins and I. N. Stewart, "Hexapodal gaits and coupled nonlinear oscillator models," *Biological Cybernetics*, 68, (1993) 287-292.

圖80：R. McNeil Alexander, "Terrestrial locomotion," in R. McNeil Alexander and G. Goldspink, *Mechanics and Energetics of Animal Locomotion*, Chapman and Hall, London, 1977.

圖82：Ricard V. Solé, Octavio Miramontes, and Brian C. Goodwin, "Oscillations and chaos in ant societies," *Journal of Theoretical Biology*, 161 (1993) 434-357. Courtesy of Academic Press.

圖84：T. Toffoli and N. Margolus, *Cellular Automata Machines: A New Environment for Modeling*, MIT Press, 1987.

圖85：Reprinted with permission from *Nature*. V. Courtillot and Y. Gaudemer, "Effects of mass extinctions on biodiversity," *Nature* 381 (1996), 146-148. Courtesy of Y. Gaudemer.

圖58：J. D. Murray, *Mathematical Biology*, Springer-Verlag, New York, 1989, Fig. 15.5, p. 444.

圖59, 81：Courtesy of Patricia J. Wynne.

圖60：Shigeru Kondo and Rihito Asai, "A reaction-diffusion wave on the skin of the marine angelfish *Pomacanthus*," *Nature* 376 (1995) 765-768; p. 766, Fig. 1. Reprinted by permission from Nature. © 1995 Macmillan Magazines Ltd..

圖61：Shigeru Kondo and Rihito Asai, "A reaction-diffusion wave on the skin of the marine angelfish *Pomacanthus*," *Nature* 376 (1995) 765-768; p. 767, Fig. 2. Reprinted by permission from *Nature*. © 1995 Macmillan Magazines Ltd..

圖62：Shigeru Kondo and Rihito Asai, "A reaction-diffusion wave on the skin of the marine angelfish *Pomacanthus*," *Nature* 376 (1995) 765-768; p. 767, Fig. 3. Reprinted by permission from Nature. © 1995 Macmillan Magazines Ltd..

圖66：Wiley Photo Library.

圖67：Drawn by Ian Stewart based on Georgina Ferry, "Networks on the brain, " *New Scientist* (16 July 1987), 54-58.

圖69：Courtesy of J. D. Cowan.

圖70：Sir James Gray, *Animal locomotion*, Weidenfield & Nicolson, London, 1968. See R. McNeil Alexander, "Swimming," in R. McNeil Alexander

國家圖書館出版品預行編目(CIP)資料

生物世界的數學遊戲／史都華（Ian Stewart）著；蔡信行譯. -- 第三版. -- 臺北市：遠見天下文化出版股份有限公司, 2022.09
512面；14.8 x 21公分. --（科學文化；BCS061B）
譯自：Life's other secret : the new mathematics of the living world

ISBN 978-986-525-801-6（平裝）

1.CST: 數理生物學

360.13　　111013393

科學文化 061B

生物世界的數學遊戲

Life's Other Secret: The New Mathematics of the Living World

作者 — 史都華(Ian Stewart)
譯者 — 蔡信行
科學叢書策劃群 — 林和(總策劃)、牟中原、李國偉、周成功

總編輯 — 吳佩穎
編輯顧問 — 林榮崧
責任編輯 — 畢馨云;吳育燐、林韋萱
封面設計暨美術編輯 — 許盈珠
校對 — 呂佳真

出版者 — 遠見天下文化出版股份有限公司
創辦人 — 高希均、王力行
遠見・天下文化 事業群董事長 — 高希均
事業群發行人/CEO — 王力行
天下文化社長 — 林天來
天下文化總經理 — 林芳燕
國際事務開發部兼版權中心總監 — 潘欣
法律顧問 — 理律法律事務所陳長文律師
著作權顧問 — 魏啟翔律師
社址 — 台北市 104 松江路 93 巷 1 號
讀者服務專線 —(02)2662-0012 | 傳真 —(02)2662-0007;(02)2662-0009
電子郵件信箱 — cwpc@cwgv.com.tw
直接郵撥帳號 — 1326703-6 號 遠見天下文化出版股份有限公司

電腦排版 — 立全電腦印前排版有限公司
製版廠 — 東豪印刷事業有限公司
印刷廠 — 祥峰印刷事業有限公司
裝訂廠 — 台興印刷裝訂股份有限公司
登記證 — 局版台業字第 2517 號
總經銷 — 大和書報圖書股份有限公司 | 電話 —(02)8990-2588
出版日期 — 2000 年 12 月 30 日第一版
2022 年 9 月 30 日第三版第 1 次印行

定價 — NT 500 元
ISBN — 978-986-525-801-6(平裝)| EISBN 9789865258474(EPUB);9789865258481(PDF)
書號 — BCS061B
天下文化官網 — bookzone.cwgv.com.tw

天下文化
BELIEVE IN READING